高职高专"十二五"规划教材

Pro/Engineer Wildfire 4.0（中文版）
钣金设计与焊接设计教程

主　编　王新江
副主编　吕海珠　任晓光

北　京
冶金工业出版社
2014

内 容 提 要

本书分为钣金设计和焊接设计上下两篇。其中钣金设计主要介绍了创建钣金壁和止裂槽、钣金的折弯特征、展平特征、高级处理方法及特征设置、从实体设计钣金和钣金工程图等内容；焊接设计主要介绍了焊接特征、焊条、焊接工艺参数、焊缝参数、焊接工程图的生成等内容。

本书可作为焊接专业教材，也可供企业相关人员参考。

图书在版编目（CIP）数据

Pro/Engineer Wildfire 4.0（中文版）钣金设计与焊接设计教程/王新江主编. —北京：冶金工业出版社，2014.8

高职高专"十二五"规划教材

ISBN 978-7-5024-6692-3

Ⅰ.①P… Ⅱ.①王… Ⅲ.①钣金工—计算机辅助设计—应用软件—高等职业教育—教材 ②焊接—计算机辅助设计—应用软件—高等职业教育—教材 Ⅳ.①TG382-39 ②TG409

中国版本图书馆 CIP 数据核字（2014）第 198302 号

出 版 人 谭学余
地　　址　北京市东城区嵩祝院北巷 39 号　邮编　100009　电话　（010）64027926
网　　址　www.cnmip.com.cn　电子信箱　yjcbs@cnmip.com.cn
责任编辑　俞跃春　陈慰萍　美术编辑　杨　帆　版式设计　葛新霞
责任校对　石　静　责任印制　李玉山
ISBN 978-7-5024-6692-3
冶金工业出版社出版发行；各地新华书店经销；北京百善印刷厂印刷
2014 年 8 月第 1 版，2014 年 8 月第 1 次印刷
787mm×1092mm　1/16；16.25 印张；392 千字；247 页
40.00 元

冶金工业出版社　投稿电话　（010）64027932　投稿信箱　tougao@cnmip.com.cn
冶金工业出版社营销中心　电话　（010）64044283　传真　（010）64027893
冶金书店　地址　北京市东四西大街 46 号（100010）　电话　（010）65289081（兼传真）
冶金工业出版社天猫旗舰店　yjgy.tmall.com
（本书如有印装质量问题，本社营销中心负责退换）

前　言

Pro/Engineer（简称 Pro/E）是美国参数化公司（PTC）推出的一套以参数化为基础的 CAD/CAM/CAE/CAW 集成软件，是世界最著名的软件之一，在我国应用很广泛。它具有零件设计、产品装配、模具开发、二维工程图制作、NC 加工、钣金设计、焊接设计、结构分析、机构仿真等功能。

本书以 Pro/Engineer Wildfire 4.0 为平台，详细讲解 3D 钣金设计和焊接的操作方法、步骤和使用技巧。

目前，Pro/E 焊接设计教程，包括网络上的相关教程，大多仅是软件中"帮助"信息的"复本"，并没有对"帮助"信息进行全面的解读。本书焊接设计部分是编者经过实践，整理出的有实用价值的教程，对学习使用 Pro/E 软件进行焊接设计，有很大的帮助。在中小企业里，焊工往往要独立完成部分的钣金操作，所以焊接专业的学生，在学习 Pro/E 焊接设计的同时，也需要学习一定的 Pro/E 钣金设计知识。因此编写一本整合钣金设计和焊接设计知识、适合焊接专业的教材以满足学生学习的需要，非常必要。本书在正式出版前，经过 8 年多的教学实践检验，具有以下特点：

（1）语言简洁、图文并茂，各重要知识点均配有大量例题，生动形象。

（2）从焊接设计专业知识结构特点出发，结合软件功能特点，安排书中结构，可操作性和实用性强。

（3）书中各章后均安排有大量习题，且习题多为生产实际中的应用实例，以利于读者提高运用已学知识和技能来解决实际问题的能力。

书中所有数据，如没有特别说明时，长度单位均默认为毫米（mm）；角度均默认为度（°）。

参加本书编写的为辽宁机电职业技术学院的王新江（第 3、6、10、12 章）、吕海珠（第 7~9、15、16 章，附录 4~6）、任晓光（第 1、2、4、5、11、13、14、17 章，附录 1~3、7）。其中王新江任主编，吕海珠、任晓光任副主编。本书在编写过程中得到了曙光汽车集团丹东黄海汽车有限责任公司工程师冯健和辽宁机电学院焊接专业闫希忠教授的指导，在此表示感谢！

由于编者水平有限，书中的错误和不足之处，希望读者不吝指教，作者在此表示感谢。

编　者
2014 年 7 月

目 录

上篇　钣金设计

下篇　焊接设计

上 篇

钣 金 设 计

 钣金设计基础

在介绍 Pro/E 钣金设计之前，有必要先了解有关钣金设计、制造的基础知识。

钣金加工就是冲压加工技术，是利用模具对板料进行冲压，使之分离或变形的加工方法。钣金件是一种常用的结构件（见图 1-1），在通信、电子、家用电器、汽车和农业机械等行业有着广泛应用。

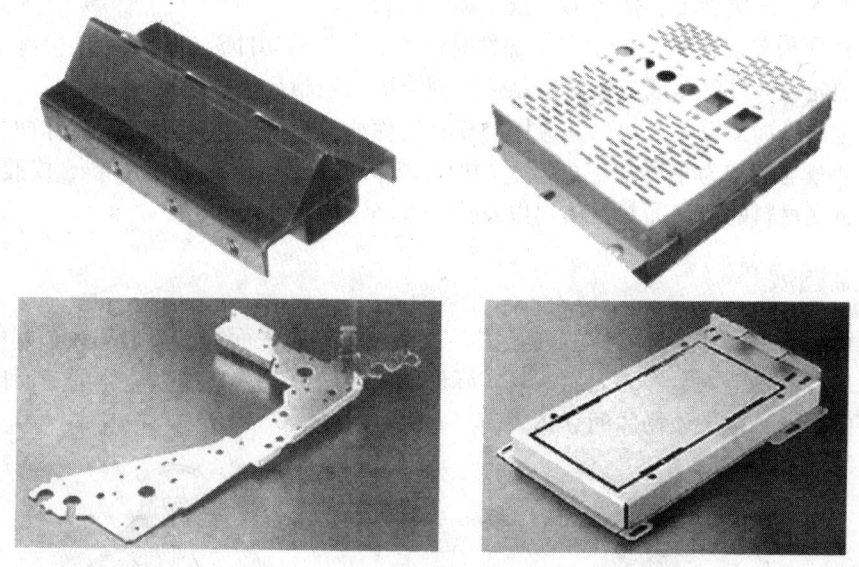

图 1-1 钣金件

1.1 钣金的加工方式

（1）冲裁加工。冲裁加工是指将钣金片材裁剪成需要的形状与尺寸，以做进一步的加工。这是与传统切削加工方式迥然不同的一种加工方法。其因适用于各种机械加工用零件以及冲压加工用的坯料，而被广泛应用。冲裁本身属于一种简单的工作，然而利用此种加工方法制造的各类机械零部件，有着极高的精密度与互换性，这是此种加工的一大特色。

冲裁加工的主要种类有落料、冲孔、冲口、切断/剪断、分断、切边、切舌、刮缘以及精密落料等。

（2）弯曲加工。弯曲加工是指将板材或板状半成品压弯成所需形状的一种加工方式。在加工过程中，材料的变形都发生在弯曲的中性层直轴周围，而且垂直于板材的纵长方向。同时其金属流动都在塑性范围内生成，因此，外力去除后，材料仍然能够保持永久变形，但通常都会伴有回弹现象。弯曲的内侧承受压应力，外侧承受拉应力的作用。弯曲加工的主要种类有 V 形弯曲、U 形弯曲、L 形弯曲、卷边加工、管材成型、接缝弯曲以及管子的弯曲等。

（3）拉伸加工。拉伸加工也称抽引、抽形、拉长、抽制，是指在不生成显著的皱纹、变薄或裂痕的情况下，将预先冲裁好的平板金属坯料（或半成品容器）加工形成所需的空心容器的形状。

拉伸的主要种类包括圆筒形拉伸、锥筒形拉伸、角筒形拉伸、异形筒拉伸、球形筒拉伸、再拉伸、反向再拉伸、变薄拉伸、颈锁拉伸、伸展成型、凸胀成型以及孔凸缘成型。

（4）压缩加工。压缩加工是将板材或坯料放在压缩加工的冲头和凹模之间，再利用冲床施加压力，以制造满足各种需求产品的加工方法。此种加工方法起源于古代的高温锻造和高温挤压，后来随着冲床加工技术的提高、模具的进步和冲压机械的高容量化，逐渐演变成常温挤压，并陆续开发出各种类型的崭新的加工方法。压缩加工的主要种类有浮花压制、压印加工、锻压加工、挤压加工以及螺纹滚制等。

（5）冲压模具。模具是指制造零部件时使用的各种剪切冲裁、成型用的模型工具或者能够按照预先设计好的图纸或格式，制造出固定形状的制品实样模型或工具。

在钣金冲压加工模具方面，其应用的模具泛称冲压模具或冲床模具，简称冲模，以薄金属板的冲裁与成型为主要加工内容。同时，塑料板、皮革、纸板、布料、橡胶、软木、云母等非金属材料的剪切冲裁、落料以及冲孔也经常使用冲模。

1.2　钣金图展开

冲压得到的钣金件多是立体的（见图 1-2），而板料是平面的，要表达钣金制作过程中所需的板形，需要把钣金件的表面按其实际形状画在平面上，这称为立体的表面展开。展开所得到的图形，称为该物体的立体表面展开图。

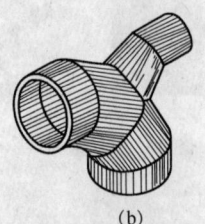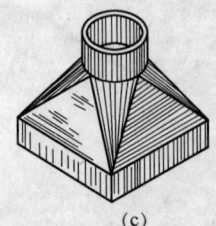

　　　（a）　　　　　　　　　　（b）　　　　　　　　　　（c）

图 1-2　立体钣金件

制件表面根据形状的不同，可分为可展表面和不可展表面两种。

（1）可展表面：凡表面上相邻两条直素线能构成一个平面时（即两直线平行或相交），则称为可展表面，如平面立体、圆柱面、圆锥面等，如图 1-3 所示。

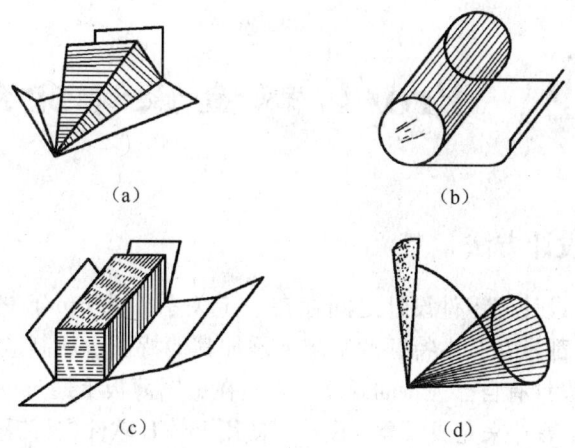

(a)　　　　　　　　　　　　(b)

(c)　　　　　　　　　　　　(d)

图 1-3　可展开曲面

（2）不可展表面：凡母线是曲线，或虽以直线为母线，但相邻两素线是交叉线的表面，则为不可展表面，如球面、环面等。不可展表面常用近似的方法画出其展开图。

1.3　钣金设计要点

钣金只是产品的一部分，因此在加工设计中有以下几个方面需要注意：

（1）造型设计与机械设计两者应该相互平衡。好的造型不一定可以顺利制造，加工制造是否容易，是否会增加制造的成本，是否会降低生产效率等问题，都是一个优秀的设计者应该考虑的问题，应尽量避免设计出一些现有的加工设备无法制造的钣金件造型。

（2）钣金相互连接和固定方式、钣金和塑料件的连接固定方式以及钣金和其他零件的固定和连接方式都是设计考虑的重点。设计不良的连接方式，将直接影响组合装配的效率，并增加人工操作的难度。

（3）钣金的机构设计与强度设计，都是钣金设计的重点。强度的设计将直接影响产品的寿命和耐用性。

（4）钣金组装优先顺序和安装空间，需要从组装合理化和组装便利化的方面来考虑。

（5）钣金的重量及工艺性。钣金是金属材料，当然是轻而强度高最好，但是考虑到成本和加工难易程度等问题，要在尽量满足产品的功能、性能和钣金强度要求的情况下，力求设计简单，减少制造的成本。

（6）维修拆装的难易程度和配合的公差问题是最基本也是比较重要的设计问题。

习　题

1-1　简述钣金的加工方式。

1-2　请在周围找出一两件经钣金加工的生活用品。

1-3　简述钣金设计要点。

② Pro/E 钣金设计介绍

2.1 Pro/E 钣金设计方法

在 Pro/E 中钣金设计与零件设计之间存在一定关系。从 Pro/E 的特征建模过程来说，两者是基本相同的，都是在基本特征的基础上添加其他特征；从制造的角度来看，两者是不同的，Pro/E 钣金设计有自己独特的规律，它是在金属薄板上通过一些钣金工艺处理方法（如折弯、冲孔、印贴等）来完成钣金件设计。使用 Pro/E 软件进行钣金设计有 3 种方法：

（1）将现有实体模型转换成钣金件。在将实体转换成钣金后，它就与正式的钣金件一样，如果转换后的零部件是制造困难（但可以展平）的，那就需要创建钣金转换特征（如裂缝、折弯和拐角止裂槽等），以进行变更。

（2）直接创建钣金设计文件。在 Pro/SheetMetal（钣金件）模式下，使用各种钣金特征，单独创建钣金件。其设计过程大致如下：

1）通过新建的一个钣金件模型，进入钣金设计环境。

2）以钣金件所支持或保护的内部零件大小和形状为基础，创建第一钣金壁（主要钣金壁）。例如设计机床床身护罩时，先要按床身的形状和尺寸创建第一钣金壁。

3）添加附加钣金壁。在第一钣金壁创建之后，往往需要在其基础上添加另外的钣金壁，即附加钣金壁。

4）在钣金模型中，还可以随时添加一些实体特征，如实体切削特征、孔特征、圆角特征和倒角特征等。

5）创建钣金冲孔和切口特征，为钣金的折弯作准备。

6）进行钣金的折弯。

7）进行钣金的展开。

8）创建钣金件的工程图。

（3）在 Pro/E 装配模式下创建新的钣金零件。此方法适用于已经建好一个组件的装配模型，然后再需要一个钣金件作为此装配模型的外壳或支撑件的情况。可使用在装配中直接建立钣金件的方法，用其他元件作为此钣金件的尺寸和几何约束参照，这样制作的钣金件与整个装配协调，以后对组件的尺寸作调整，零件也会自动进行相应调整。

2.2 钣金设计界面介绍

进入钣金设计环境方法也有三种：一是建立或打开钣金文件；二是在实体模型设计环境中，从主窗口执行菜单【应用程序】→【钣金件】；三是在装配设计环境中，从主窗口执行菜单【插入】→【元件】→【创建】→【钣金件】。

图 2-1 所示为钣金设计工作界面。它与实体模型设计工作界面基本相同，不同之处主要是：【插入】下拉菜单中的命令不同；增加了【钣金件】工具栏。下面用图示方式作以简要说明。

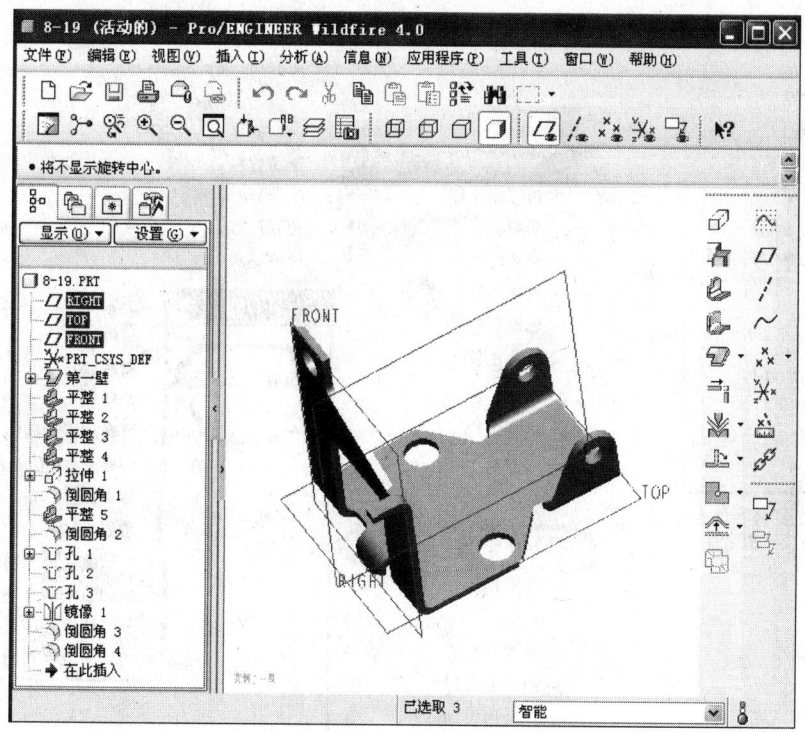

图 2-1 Pro/E Wildfire 4.0 钣金设计工作界面

（1）【钣金件】工具栏中图标命令简介。【钣金件】工具栏中的图标及其含义如图 2-2 所示。

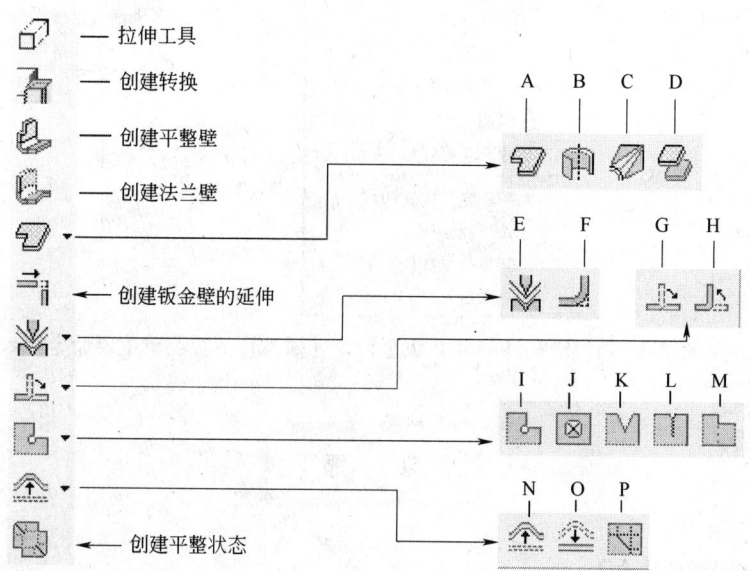

图 2-2 钣金专用工具栏【钣金件】的按钮

A—创建分离的平整壁；B—创建分离的旋转壁；C—创建分离的混合壁；D—创建偏移壁；E—创建折弯；
F—创建边折弯；G—创建展平；H—折弯回去；I—创建另角止裂槽；J—创建冲孔；K—创建凹槽；
L—创建扯裂；M—合并壁；N—创建钣金成型特征；O—平整成型特征；P—创建变形区

（2）【插入】下拉菜单中部分钣金设计命令。【插入】下拉菜单中部分钣金设计命令如图 2-3 所示。

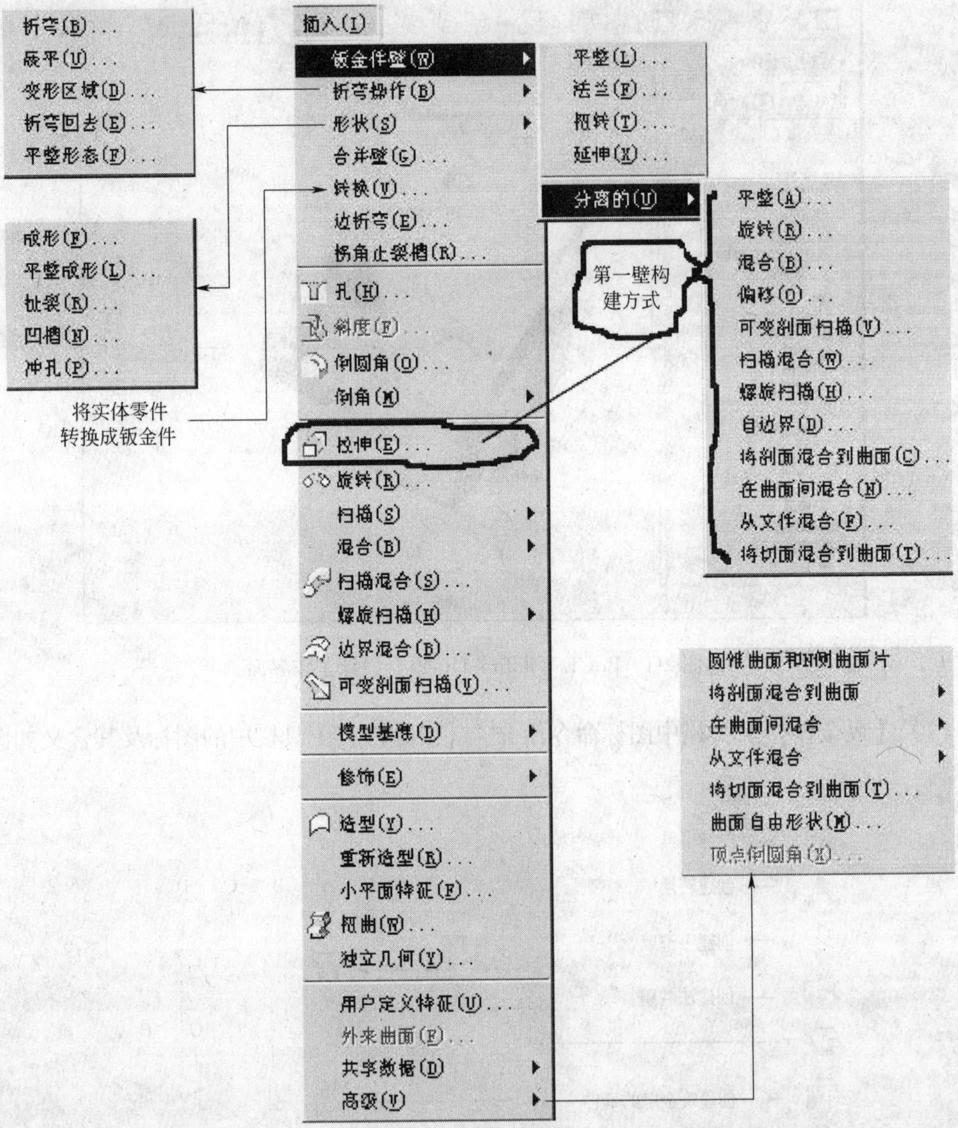

折弯(B)...
展平(U)...
变形区域(D)...
折弯回去(E)...
平整形态(F)...

成形(F)...
平整成形(L)...
延展(R)...
凹槽(N)...
冲孔(P)...

将实体零件
转换成钣金件

插入(I)	
钣金件壁(W)	▶
折弯操作(B)	▶
形状(S)	▶
合并壁(G)...	
转换(V)...	
边折弯(E)...	
拐角止裂槽(R)...	
孔(H)...	
斜度(F)...	
倒圆角(O)...	
倒角(N)	▶
拉伸(E)...	
旋转(R)...	
扫描(S)	▶
混合(B)	▶
扫描混合(S)...	
螺旋扫描(H)	▶
边界混合(B)...	
可变剖面扫描(V)...	
模型基准(D)	▶
修饰(E)	▶
造型(Y)...	
重新造型(R)...	
小平面特征(F)...	
扭曲(W)...	
独立几何(Y)...	
用户定义特征(U)...	
外来曲面(E)...	
共享数据(D)	▶
高级(V)	▶

平整(L)...
法兰(F)...
扭转(T)...
延伸(I)...

分离的(U)	▶

第一壁构
建方式

平整(A)...
旋转(R)...
混合(B)...
偏移(O)...
可变剖面扫描(V)...
扫描混合(W)...
螺旋扫描(H)...
自边界(D)...
将剖面混合到曲面(C)...
在曲面间混合(N)...
从文件混合(F)...
将切面混合到曲面(T)...

圆锥曲面和N侧曲面片	
将剖面混合到曲面	▶
在曲面间混合	▶
从文件混合	▶
将切面混合到曲面(T)...	
曲面自由形状(M)...	
顶点倒圆角(X)...	

图 2-3　Pro/E Wildfire 4.0 钣金设计【插入】下拉菜单主要命令

2-1　简述钣金设计的两种途径。

2-2　简述打开 Pro/E 软件后，要进入钣金设计环境的三种方法。

 创建钣金壁

钣金壁是钣金设计中钣金材料的任何截面，钣金壁的厚度是通过钣金零件的驱动曲面偏移到它的另一曲面（称为"偏移曲面"）而得到的（即"驱动曲面"到"偏移曲面"的距离就是钣金壁厚）。

钣金壁是钣金零件的一个"基础"，其他的钣金特征（如冲孔、成型、折弯、切割等）都要在这个"基础"上构建，因而钣金壁是钣金件最重要的部分。

在 Pro/E Wildfire 4.0 中，创建钣金壁的有关命令位于【插入】下拉菜单中。如图 2-2 所示，【插入】→【钣金件壁】→中所有命令，以及【插入】→【拉伸】命令都属于创建钣金壁的有关命令。在【钣金件】工具栏中也有钣金壁操作命令。

3.1 创建第一钣金壁

首次建立钣金的 3D 实体模型时，用户创建的第一个钣金壁特征称为第一钣金壁，之后所创建的其他钣金壁有分离的附加壁（也就是与现有钣金没有自动合并的实体，简称"分离壁"）和连接的附加壁（与现有钣金壁能自动合并的实体。简称"附加壁"），如图 3-1 所示。

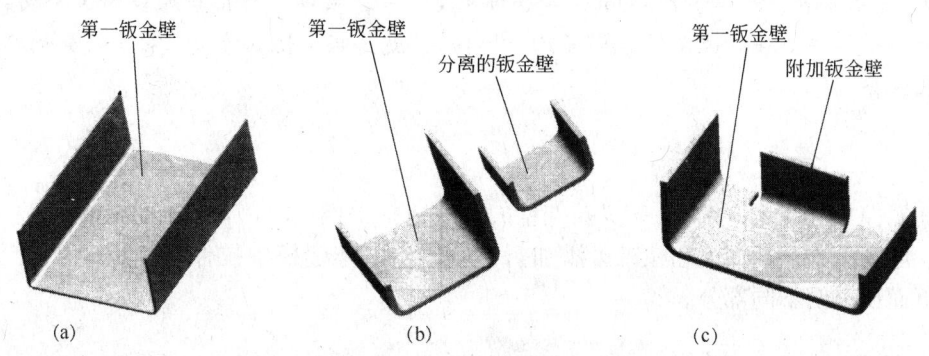

图 3-1 钣金壁

（a）第一钣金壁；（b）分离壁；（c）附加壁

3.1.1 拉伸壁

用拉伸方式创建第一钣金壁时，首先绘制钣金壁的侧面轮廓草图，然后给定钣金厚度值和拉伸深度值，则系统将轮廓草图延伸至指定的深度，形成薄壁实体。拉伸壁的草图可以封闭，也可以不封闭，如图 3-2 和图 3-3 所示。

3.1.1.1 命令调用方式

在【钣金件】工具栏中，单击 图标，也可以单击下拉菜单【插入】→【拉伸】，

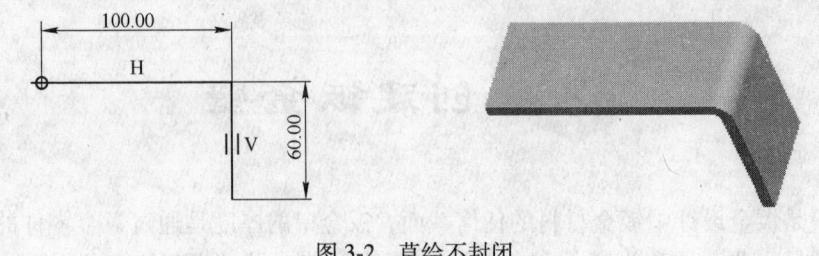

图 3-2　草绘不封闭

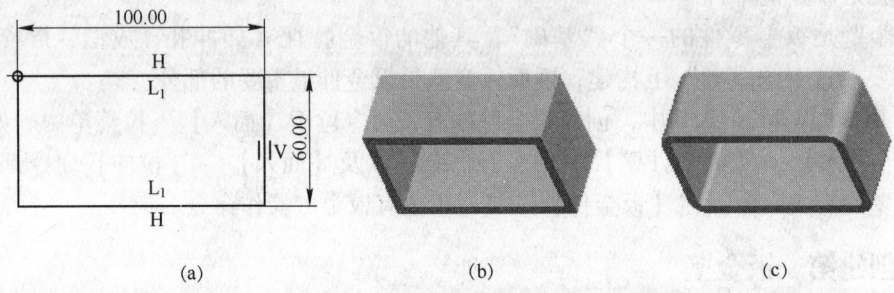

（a）　　　　　　　　　　（b）　　　　　　　　　（c）

图 3-3　草绘封闭

（a）草图封闭；（b）有锐边；（c）在锐边添加折弯

之后在操控板中设置拉伸壁的各项属性。

● 注意要点：在 Pro/E Wildfire 4.0 钣金设计中，拉伸壁特征与原来的钣金切割特征合并为一个特征，如果选择的是 🔲（切除材料），就是钣金切割特征。关于钣金切割特征，将在后续介绍。

3.1.1.2　拉伸壁的选项

在操控板（见图 3-4）上定义拉伸壁的选项包括单侧或双侧拉伸属性、草绘截面、材料侧、厚度、方向、深度和在锐边添加折弯等，与实体建模中拉伸操控板中含义基本相同。下面仅说明不同部分。

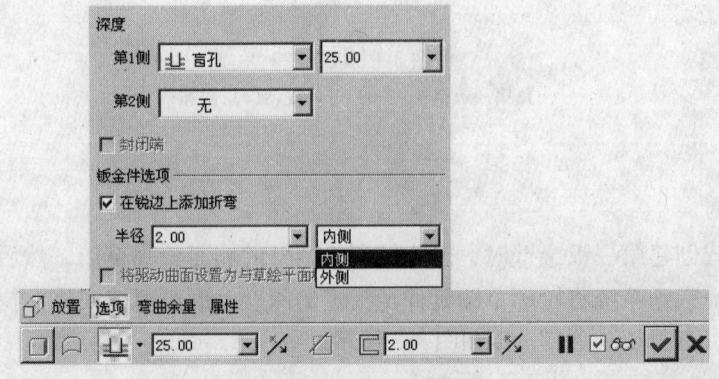

图 3-4　拉伸壁操控板

（1）【材料侧】：钣金件是具有等厚度的金属薄件，而创建特征时只绘制钣金特征的轮廓线，因此需要指定厚度的增加方向，即所谓的材料侧（反映出"驱动面"及"偏移面"在哪一侧）。

（2）【厚度】：钣金厚度输入有两种方法，一种在操控板中输入，另一种是在草图环境中，选择【草图】→【特征工具】→【加厚】。

（3）【在锐边上添加折弯】：该项在操控板的【选项】→【钣金件选项】中，是将钣金件草绘上出现尖点的地方用等半径圆弧来光滑连接，如图 3-3（c）所示。在【半径所在的侧】列表中指定半径类型，【内侧】表示指定光滑连接部位内侧的圆弧半径值，【外侧】表示光滑连接部位外侧的圆弧半径值，内外侧半径与钣金件厚度的关系为：

$$外侧半径 = 内侧半径 + 钣金件的厚度$$

3.1.1.3 创建拉伸壁的操作步骤

（1）创建新钣金文件。

1）单击菜单【文件】→【新建】命令（或单击工具栏中的□按钮），系统打开【新建】对话框。

2）在【新建】对话框中【类型】选项区中使用默认选项，【子类型】选项区中选择【钣金件】，在【名称】文本框中输入钣金件名称"extrude-bm"，取消【使用缺省模板】选项的选中状态，然后单击【确定】按钮。

3）在【新文件选项】对话框中选择模板文件为"mmns-part-sheetmetal"后，单击【确定】按钮。

（2）使用"拉伸"构建壁特征，作为第一壁。

1）单击下拉菜单【插入】→【拉伸】→出现【拉伸】操控板→输入钣金厚度 2。

2）单击【放置】→【定义】→出现【草绘】对话框。

3）设置草绘平面：选择 TOP 基准面为草绘平面，默认参照 RIGHT 及其方向"右"，单击【草绘】进入草绘环境，默认参照，单击【关闭】。

4）绘制草绘剖面，如图 3-5 所示。

5）单击【草绘】→【特征工具】→【加厚】，确定加厚方向后单击【确定】，如图 3-6 所示。此时，可以标注内圆角的尺寸，删除外圆角的尺寸标注（钣金一般标注的是内圆角的尺寸），然后单击草绘工具栏中的✓按钮。

6）在操控板上，输入拉伸深度，选择【盲孔】，输入"25"，在操控板中单击✓按钮，完成壁特征的创建，如图 3-7 所示。

（3）保存后退出。

1）单击【文件】→【保存】→【确定】。

2）单击【文件】→【拭除】→【当前】（将该钣金文件从内存中删除）。

3）单击【文件】→【拭除】→【不显示】（删除创建该钣金时产生的所有临时文件）。

3.1.2 平整壁

平整壁是钣金件的平面、平滑或展平的部分，就是一块等厚度的平的金属薄板。首先

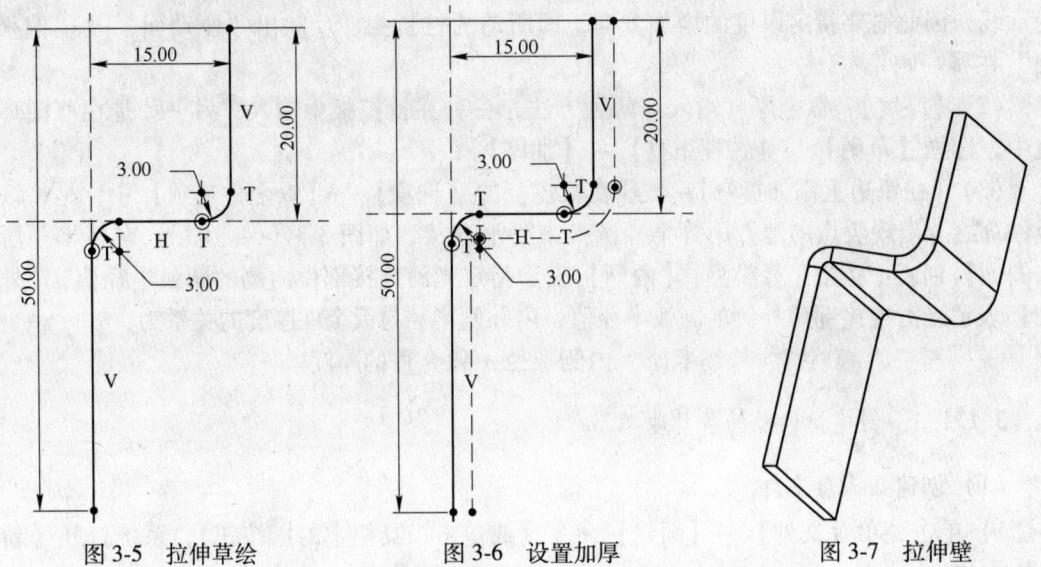

图 3-5　拉伸草绘　　　　　　图 3-6　设置加厚　　　　　　图 3-7　拉伸壁

在草绘中绘制一个封闭线框，然后系统在线框中加入材料，并输入钣金厚度，即可生成钣金薄壁特征。

　　调用方法是：单击菜单【插入】→【钣金件壁】→【分离的】→【平整】，或者在【钣金件】工具栏中单击平整图标。

　　图 3-8（a）所示为草绘图，平整结果如图 3-8（b）所示。

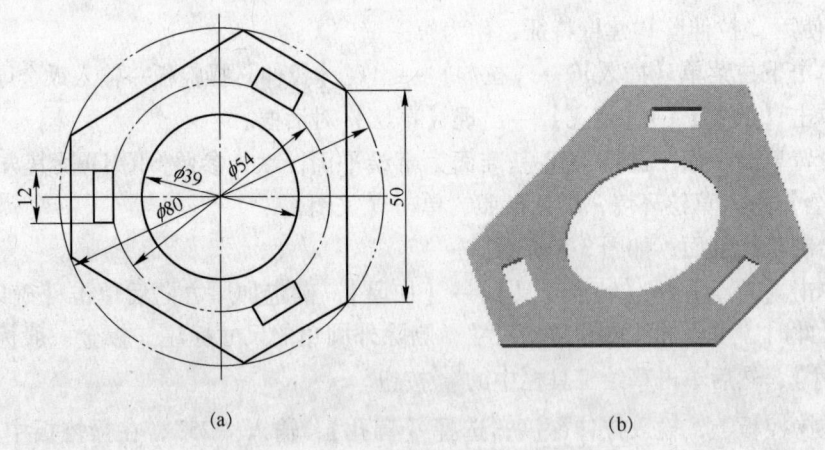

(a)　　　　　　　　　　　　　　(b)

图 3-8　平整壁

(a) 草绘图；(b) 三维视角

3.1.3　旋转壁

　　旋转壁特征是将草绘截面按指定的旋转方向，以某一旋转角度绕中心线放置而形成的一类钣金特征。它适合创建回转体，旋转截面必须有一条中心线，并且旋转截面必须在中心一侧。

　　创建旋转壁操作步骤如下：

（1）创建新钣金文件。

1）单击菜单【文件】→【新建】命令（或单击工具栏中的 ▯ 按钮），系统打开【新建】对话框。

2）在【新建】对话框中的【类型】选项区中使用默认选项，【子类型】选项区中选择【钣金件】，在【名称】文本框中输入钣金件名称"revolve-wall"，取消【使用缺省模板】选项的选中状态，然后单击【确定】按钮。

3）在【新文件选项】对话框中选择模板文件为"mmns-part-sheetmetal"后，单击【确定】按钮。

（2）使用"旋转"构建壁特征，作为第一壁。

1）单击下拉菜单【插入】→【钣金件壁】→【分离的】→【旋转】，出现【第一壁：旋转】对话框及【旋转】菜单，如图3-9所示。

2）定义属性，并单击【完成】选项。【属性】菜单中的【单侧】的含义是指定草绘图形在草绘平面的一侧单向旋转；【双侧】的含义是指定草绘图形在草绘平面的双侧双向对称旋转。

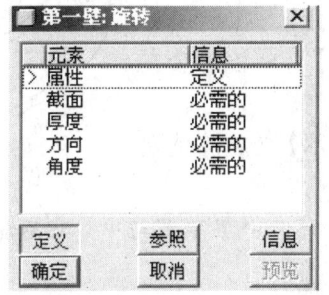 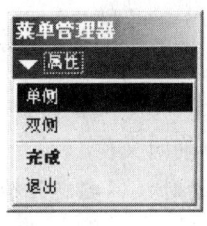

图3-9 旋转壁对话框及【属性】菜单

3）设置草绘平面。根据图3-10所示的菜单提示，依次选择FRONT基准面为草绘平面→单击【正向】确定旋转方向→为草绘选择或创建一个水平或垂直的参照，选择【缺省】选项。

  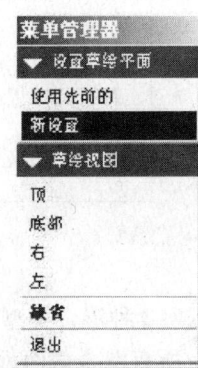

图3-10 定义草绘平面及其参照的菜单

4）绘制草绘剖面。如图3-11所示，草绘中必须包括中心线。

5）单击菜单【草绘】→【特征工具】→【加厚】→确定加厚方向【正向】，输入厚度为1，如图3-12所示（注意：此步骤也可以在退出草绘后完成）。

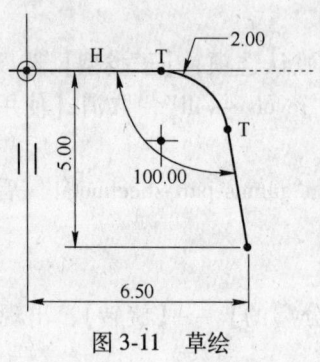

图 3-11　草绘

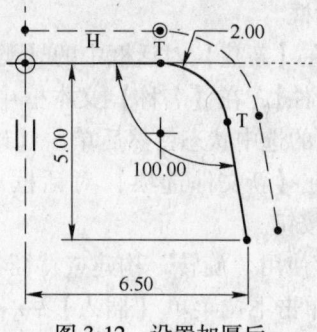

图 3-12　设置加厚后

6）在特征创建对话框中单击【确定】按钮，完成壁特征，如图3-13所示。

（3）保存后退出。

1）单击【文件】→【保存】→【确定】。

2）单击【文件】→【拭除】→【当前】（将该钣金文件从内存中删除）。

3）单击【文件】→【拭除】→【不显示】（删除创建该钣金时产生的所有临时文件）。

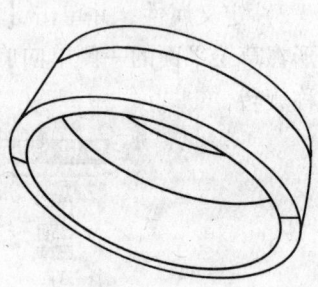

图 3-13　旋转壁

- 注意：在草绘时，不要忘记绘制中心线，并且草图与中心线不能交叉。

3.1.4　混合壁

混合壁（见图3-14）操作由多个截面混合生成，截面不能少于两个，各个截面的线段数量必须相等，还要合理的确定每个截面的起始点，这与通用建模中混合操作方式基本相同。

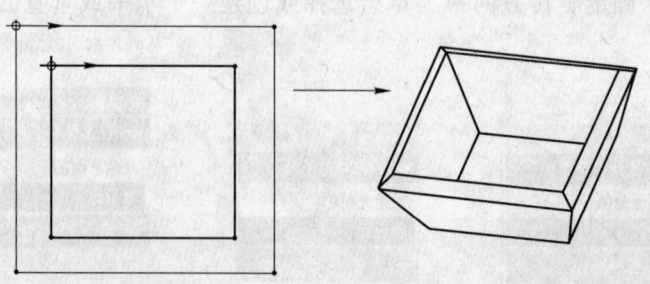

图 3-14　混合壁

可以使用下列3种混合类型草绘壁截面的多个边界并连接它们。

（1）平行：所有混合截面都位于草绘中的平行平面上。

（2）旋转：混合截面绕 Y 轴旋转，最大角度可达120°。可以单独草绘各截面然后利用坐标系对齐它们。

（3）一般：混合截面绕 X、Y 和 Z 轴旋转，也可沿这三条轴平移。可以单独草绘各截面然后利用坐标系对齐它们。

调用方法是：单击菜单【插入】→【钣金件壁】→【分离的】→【混合】，或者在【钣金件】工具栏中单击混合图标。

3.1.5　偏移壁

偏移薄壁是选取一个面组或实体的一个面按指定的方向、距离偏移一段距离后，再增加厚度面而产生的钣金。可以选择现有曲面或草绘一个新的曲面进行偏移。除非转换实体零件，否则偏移壁不能是设计中创建的第一个特征。图 3-15 所示是对实体表面偏移得到的薄壁。

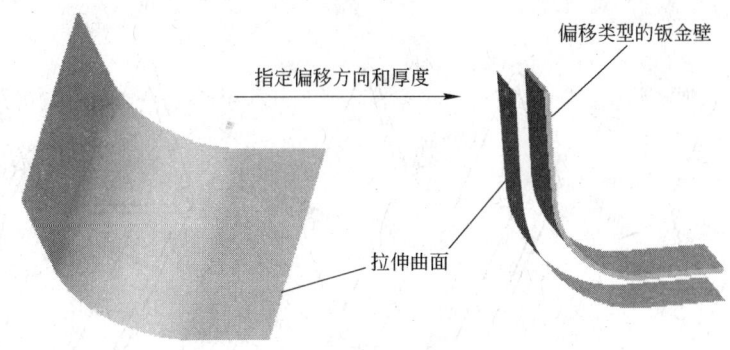

图 3-15　偏移壁

调用方法是：单击菜单【插入】→【钣金件壁】→【分离的】→【偏移】，或者在【钣金件】工具栏中单击偏移图标。

定义偏移壁的选项包括曲面、距离、偏距类型、排除、材料侧、厚度和交换侧。

（1）【曲面】。指定要偏移的曲面。如果原来是一个曲面组，则可以选取整个曲面组；如果选取实体上的曲面，则只能选取其中一个面。

（2）【距离】：曲面偏移的距离（即偏移壁距所选曲面的距离）。

（3）【偏距类型】：可以创建【垂直于曲面】、【控制拟合】和【自动拟合】3 种类型的偏移壁。

（4）【排除】：只在【垂直于曲面】情况下可用，当选择的曲面是面组时，可以用该选项来删除不需进行偏移的曲面。

（5）【材料侧】与【厚度】：设置钣金件的材料侧和厚度。

（6）【交换侧】：在已有第一壁特征后再创建偏移壁独有的选项，它用来交换驱动面与非驱动面，即交换在模型上显示哪一面为白色面哪一面为绿色面，它对钣金件形状和大小没有任何改变，如果要更换驱动曲面，只要在【不连接壁：偏距】对话框中双击此选项即可。

3.1.6　高级壁特征

以上所介绍的均为基础第一壁特征，它们不能实现用途复杂的钣金件，此时，就需要通过高级钣金壁特征来完成。这些特征包括：可变剖面扫描、扫描混合、螺旋扫描、自边界、将剖面混合到曲面，在曲面间混合、从文件混合和将切面混合到曲面。

由于高级壁是难于展平且不经常使用的轮廓，因此在此不多做介绍。

3.2　创建分离的附加钣金壁

　　分离的附加钣金壁是与现有钣金没有连接的实体，最后，必须连接成合并壁。分离壁虽然看似独立于第一壁，但要切记，分离壁从属于第一壁，如果删除了第一壁，则分离壁也随之删除。

　　可创建分离的附加壁特征有拉伸、旋转、混合、偏距、平整和所有高级特征。操作方法与第一壁完全相同。

　　例 3-1　图 3-16 所示为已有的钣金壁，要再创建如图 3-17 和图 3-18 所示的两个分离的附加钣金壁。

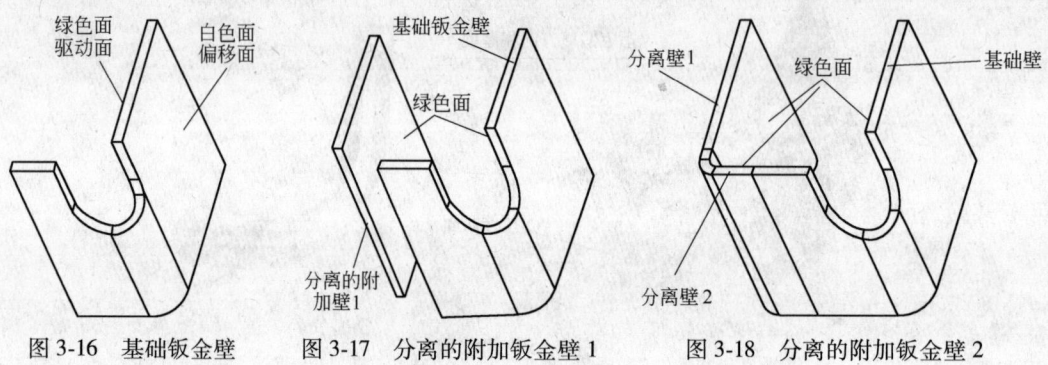

图 3-16　基础钣金壁　　　图 3-17　分离的附加钣金壁 1　　　图 3-18　分离的附加钣金壁 2

　　（1）设置工作目录。

　　（2）创建钣金文件 bj_flb. prt。参照附录 7 中的附图 7-11 所示分离壁尺寸创建第一壁，如图 3-16 所示。

　　（3）创建第一个分离的钣金壁。

　　1）创建辅助基准平面 DTM1。以 RIGHT 面向左偏移 25mm，创建基准平面 DTM1。

　　2）用【平整壁】命令创建分离壁 1。单击【平整壁】→【参照】→【定义】草绘→选取 DTM1→草绘参照"TOP：F2（基准平面）"，方向："顶"→单击【草绘】→按图 3-19 所示完成草绘→✓→注意调整厚度方向，使绿色面与基础壁对应→✓，完成如图 3-17 所示分离壁 1。

　　（4）用拉伸壁命令创建分离壁 2。单击【拉伸】→在操控板上单击【去除材料】选项按钮（要添加钣金壁，不采用去除材料）→【放置】→【定义】草绘→选取 TOP 面→草绘参照"RIGHT：F1（基准平面）"，方向："右"→单击【草绘】→按图 3-20 所示完

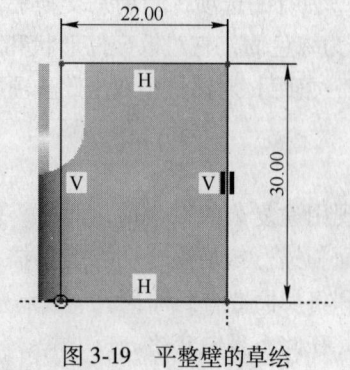

图 3-19　平整壁的草绘

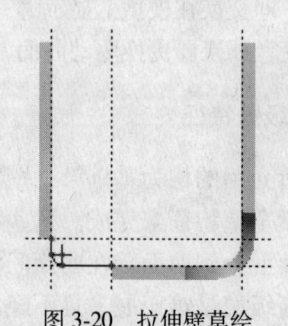

图 3-20　拉伸壁草绘

成草绘→✓→注意调整厚度方向，使绿色面与基础壁对应，调整拉伸方向，深度为30→
✓，完成如图3-18所示分离壁2。

3.3 合并壁

合并壁能够将至少两个分离壁合并到一个零件中，合并时要求：

（1）分离壁必须与其邻接区域互相相切（或壁对接接头相对）。

（2）每个壁的驱动侧（即绿色面）匹配。

（3）两壁相接触端，不得有重叠，不得有分离缝隙，必须重合。

创建合并壁有下面两种方式：

（1）从菜单中单击【插入】→【合并壁】命令→出现【壁选项：合并】对话框。

（2）单击【钣金件】工具栏按钮▨→出现【壁选项：合并】对话框。

在对话框中依次定义以下元素：

（1）基参照：选取基础壁的曲面，通常选择先创建的壁。

（2）合并几何形状：指定要合并壁的曲面。

（3）合并边：指定从合并中排除的边。这是可选项。

（4）保持线：指定控制曲面接头上合并边的可见性，默认为"不保留直线"。

下面通过几个实例来介绍分离壁和合并壁的操作。

例3-2 合并图3-21（a）所示的分离壁。

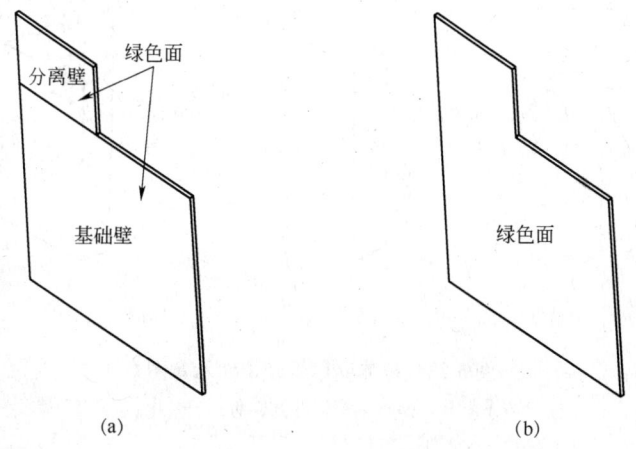

（a）　　　　　　　　　　　　（b）

图 3-21　合并壁

（a）合并之前；（b）合并壁之后

（1）创建新钣金文件。

1）单击菜单【文件】→【新建】命令（或单击工具栏中的▯按钮），系统打开【新建】对话框。

2）在【新建】对话框中的【类型】选项区中使用默认选项，【子类型】选项区中选择【钣金件】，在【名称】文本框中输入钣金件名称"merge-wall01"，取消【使用缺省模板】选项的选中状态，单击【确定】按钮。

3）在【新文件选项】对话框中选择模板文件为"mmns-part-sheetmetal"，单击【确定】按钮。

（2）使用【平整】构建壁特征，作为第一壁，如图 3-22 所示，壁厚度为 6。

（3）使用【拉伸】创建分离的薄壁。

1）单击下拉菜单【插入】→【拉伸】→出现【拉伸】操控板。

2）单击【放置】→【定义】→出现【草绘】对话框。

3）设置草绘平面：选择与前一特征相垂直面作为草绘面，如选择平整壁绿色面的垂直面作草绘平面。

4）绘制草绘剖面，如图 3-23（a）所示。拉伸壁的草绘为一直线。切记，草绘一定要与平整壁的绿色面或白色面重合。单击草绘工具栏中的 ✔ 按钮，完成草绘。

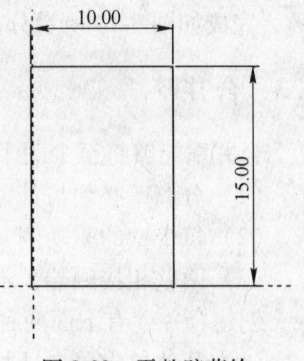

图 3-22　平整壁草绘

5）如图 3-23（b）所示，注意观察拉伸壁的拉伸方向与壁厚方向，以确保拉伸壁的绿色面与平整壁的绿色面重合（否则，两个壁无法合并）。给出拉伸深度 5，在操控板中单击 ✔ 按钮，完成壁特征的创建，如图 3-24 所示。

● 注意：如果拉伸草绘与基础壁的白色面重合，此时必须在控制板的【选项】中勾选"将驱动曲面设置为与草绘平面相对"。

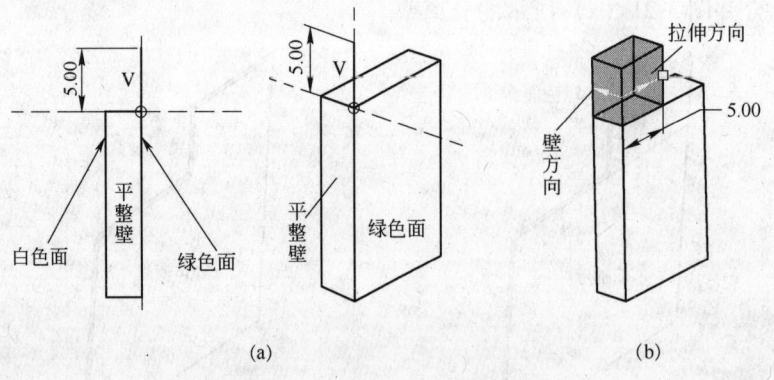

(a)　　　　　　　　　(b)

图 3-23　拉伸壁草绘、拉伸示意图
(a) 草绘；(b) 拉伸

（4）将以上两个钣金壁合并为一。

1）单击菜单【插入】→【合并壁】命令（或单击【钣金件】工具栏中的 ▧ 按钮）。

2）先选择分离壁上要合并的曲面（平整钣金壁的绿色面），即选择图 3-24 所示的 b 面为基础曲面，单击菜单中【完成参考】命令，接着选择将被合并到基础曲面的曲面（拉伸钣金壁的绿色面），即图 3-24 所示的 a 面，再次单击菜单中【完成参考】命令，单击【壁选项：合并】对话框中的【确定】按钮。合并结果如图 3-25 所示。

（5）保存后退出。

1）单击【文件】→【保存】→【确定】。

2）单击【文件】→【拭除】→【当前】（将该钣金文件从内存中删除）。

3）单击【文件】→【拭除】→【不显示】（删除创建该钣金时产生的所有临时文件）。

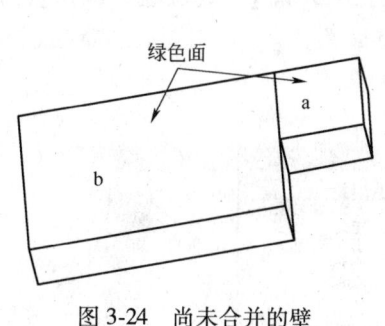

图 3-24　尚未合并的壁

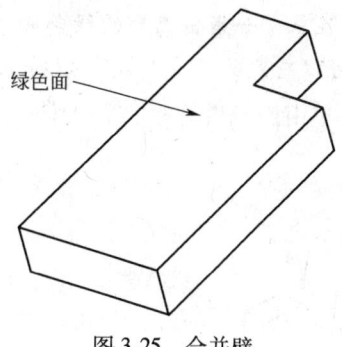

图 3-25　合并壁

例 3-3　合并图 3-26 所示的图形。

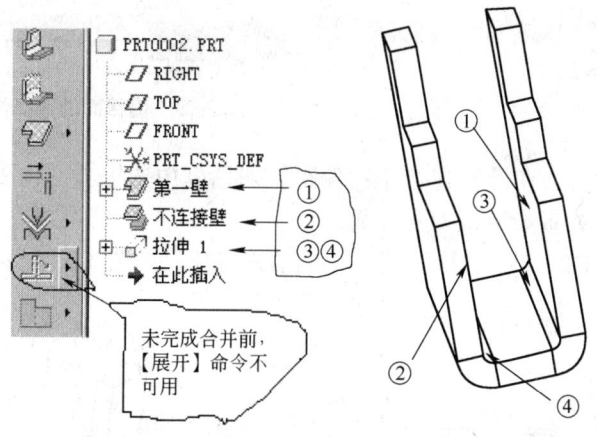

图 3-26　合并操作提示

（1）创建新钣金文件。

1）单击菜单【文件】→【新建】命令（或单击工具栏中的□按钮），系统打开【新建】对话框。

2）在【新建】对话框中【类型】选项区中使用默认选项，【子类型】选项区中选择【钣金件】，在【名称】文本框中输入钣金件名称"merge-wall02"，取消【使用缺省模板】选项的选中状态，单击【确定】按钮。

3）在【新文件选项】对话框中选择模板文件为"mmns-part- sheetmetal"，单击【确定】按钮。

（2）使用【平整】构建壁特征，以此作为第一壁，如图 3-27 所示草绘，图 3-28 所示为平整结果，壁厚为 6。

（3）使用【偏移】特征创建分离壁。

1）单击菜单【插入】→【钣金件壁】→【分离的】→【偏移】命令（或单击【钣金件】工具栏中的□按钮）。

2）选择偏离的参照面，如图 3-29 所示，在信息区输入偏移距离"20"（正数表示向箭头的方向偏移，负数表示偏移方

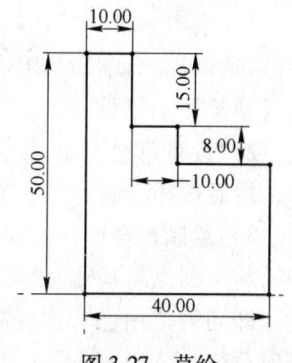

图 3-27　草绘

向相反)。

● 注意：如果偏离壁的绿色面不符合要求，如图3-29中【不连接壁：偏距】对话框所示，可以重定义"交换侧"以将绿色与白色面交换位置。

3）单击操控板的 ✔ 按钮确认。

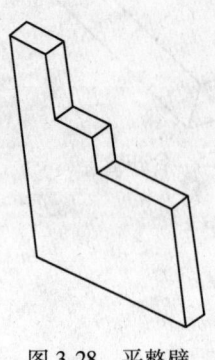

图3-28　平整壁

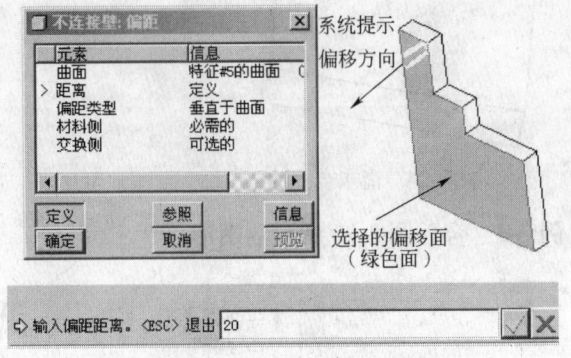

图3-29　偏移面的选择操作

4）如图3-30所示，在【不连接壁：偏距】对话框中选择【交换侧】选项，定义偏移壁的绿色面落在与原始钣金壁成对称布置。

5）单击对话框中的【确定】按钮，完成偏移特征，如图3-31所示。

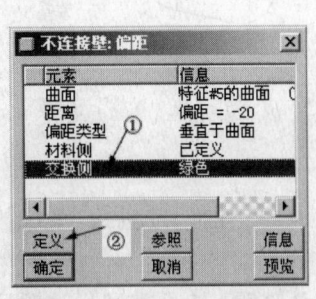

图3-30　【交换侧】操作

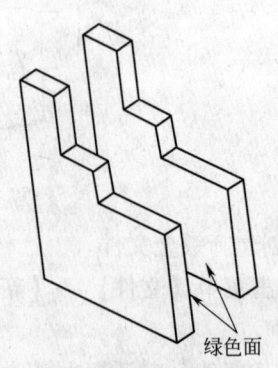

图3-31　偏移特征

(4) 使用【拉伸】创建分离壁。

1）单击菜单【插入】→【钣金件壁】→【拉伸】命令（或单击【钣金件】工具栏的 ⬚ 按钮），在操控板中，单击取消"去除材料"选项→单击【放置】→【定义】→出现【草绘】对话框。

2）设置草绘平面。选择图3-32所示的①面为草绘平面，箭头指示特征创建的拉伸方向，然后选择②面为水平参照，默认参照方向。

3）绘制钣金壁外形线，如图3-33所示，画直线②和圆弧①、③，约束直线与圆弧相切，约束圆弧与基础壁的驱动面相切（这是必需的，两个圆弧必须约束在两个基础壁的同侧，即同为"白色"面或同为"绿色"面，并且草绘线不能与基础壁边线重叠或分离），完成草绘。

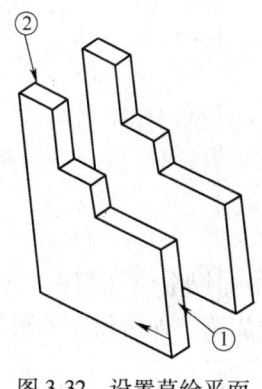

图 3-32 设置草绘平面

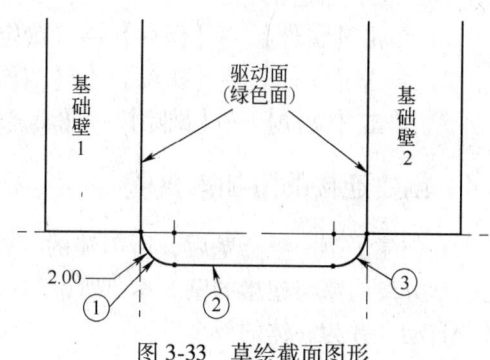

图 3-33 草绘截面图形

4）调整选择壁的加厚方向，调整选择壁的驱动面，使之与基础壁相吻合，如图 3-34（a）所示。

5）指定拉伸方向，如图 3-34（b）所示。选择拉伸长度为"至曲面"，然后选择图 3-34（b）中的①面。

6）单击 ✔ 按钮，完成特征创建。

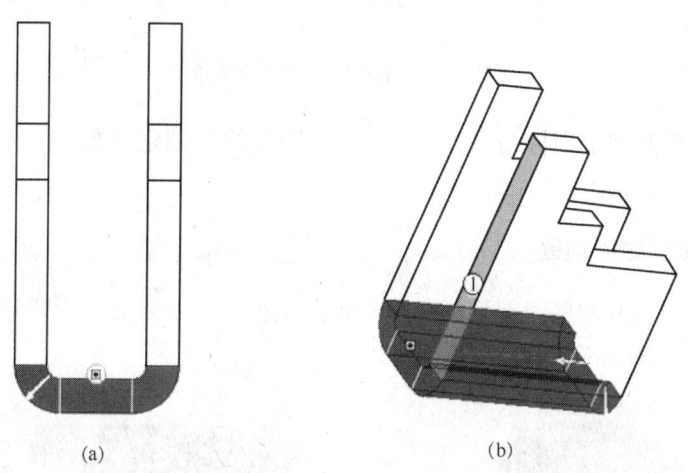

(a)   (b)

图 3-34 定义加厚方向及拉伸方向长度

（a）确定壁加厚方向和驱动侧；（b）确定拉伸方向及其深度

（5）将以上三个分离壁合并。

1）单击菜单【插入】→【合并壁】命令（或单击【钣金件】工具栏中的 ▨ 按钮）。

2）选择两个分离壁要合并到的曲面（也就是"第一壁"和"不连接壁"的"驱动面"），如图 3-26 所示，选择①、②绿色面（选择①后，按住 Ctrl 键的同时单击②绿色面）作为基础曲面，再单击菜单中【完成参考】。

3）选择将合并到基础曲面的曲面（也就是"拉伸 1"的"驱动面"），如图 3-26 所示，选择③、④绿色面（选择③绿色面后，按住 Ctrl 键的同时单击④绿色面），再单击菜单中【完成参考】。最后在【壁选项：合并】对话框中，单击【确定】按钮。

● 注意：合并成功后，【钣金件】工具栏中【展开】命令才变为可选状态。

（6）保存后退出。

1）单击【文件】→【保存】→【确定】。

2）单击【文件】→【拭除】→【当前】（将该钣金文件从内存中删除）。

3）单击【文件】→【拭除】→【不显示】（删除创建该钣金时产生的所有临时文件）。

3.4　创建连接的附加钣金壁

在创建了第一钣金壁后，所创建的其他钣金壁称为附加钣金壁（简称"附加壁"），它包括分离的壁与连接的壁。本节所讲的仅是指连接的附加壁，即所创建的附加壁与其基础壁自动合并为一体的钣金壁。

创建连接的附加壁的方式有"平整"、"法兰"、"延伸"和"扭转"。创建附加壁的菜单命令如图 3-35 所示。

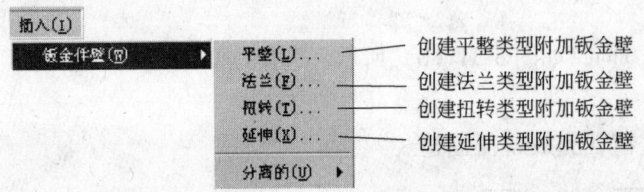

图 3-35　【钣金件壁】子菜单

创建连接的附加壁的图标命令，参阅图 2-2 所示的"创建平整"、"创建法兰"、"创建钣金壁的延伸"图标。

3.4.1　用平整壁创建附加壁

平整壁根据其与基础壁间有无折弯角的连接关系，可以分为无折弯连接（见图 3-36）与有折弯连接（见图 3-37）。

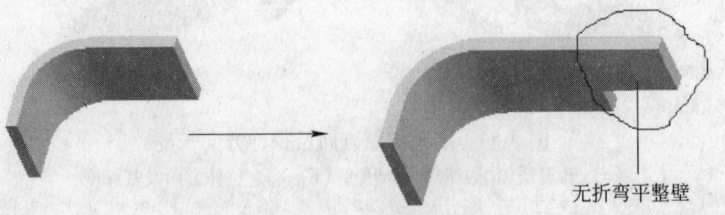

图 3-36　无折弯平整壁

有折弯连接又可以分为无半径的连接与有半径的连接。

此外，根据附加壁宽度的大小，平整壁可以分为完整附加壁与部分附加壁。所谓完整附加壁是指附加壁宽度等于附着边长度（见图 3-37），部分附加壁是指附加壁宽度小于或大于附着边长度（见图 3-36）。

对于部分附加壁，根据附加壁与附着边连接处连接方式，又分为有止裂槽连接和无止裂槽连接。

平整附加壁可以通过如图 3-38 所示的平整壁操控板来定义。操控板中按钮命令简介如下：

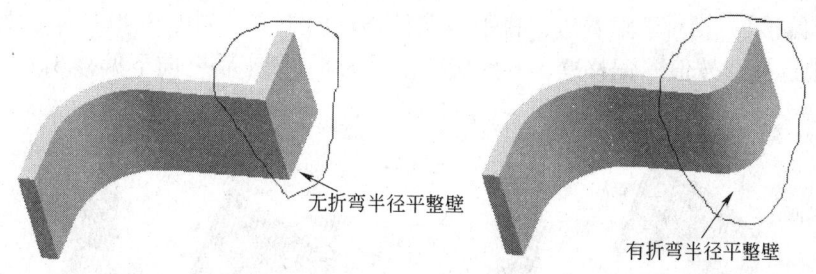

无折弯半径平整壁

有折弯半径平整壁

图 3-37 有折弯平整壁

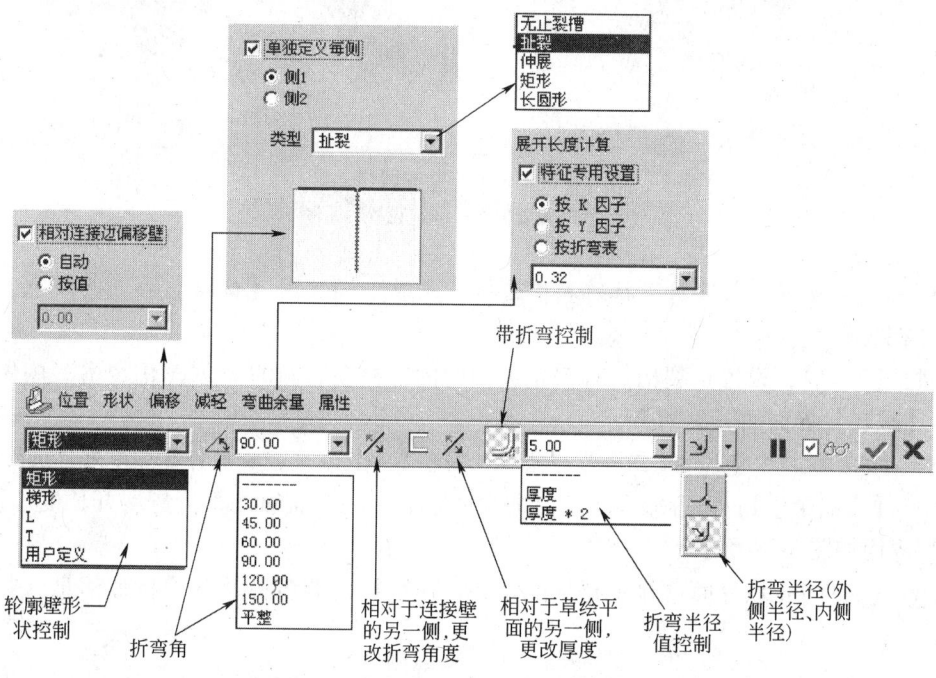

图 3-38 附加钣金壁操作控制板

（1）【位置】：定义平整壁的附着边。

（2）【形状】：设置平整壁的形状及尺寸。选择不同的形状，单击【形状】按钮会出现不同的图形界面。例如当选择"矩形"形状时，其【形状】界面如图 3-39 所示。

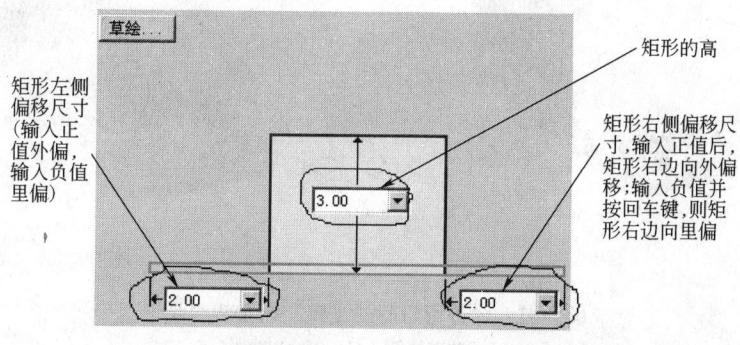

图 3-39 平整壁【形状】界面对话框

（3）【偏移】：相对于附着边，将平整壁偏移一段距离。如图 3-40 所示，如果在【偏移】界面中选择"按值"偏移壁，并将偏移值设为 8，则平整壁向下偏移 8。

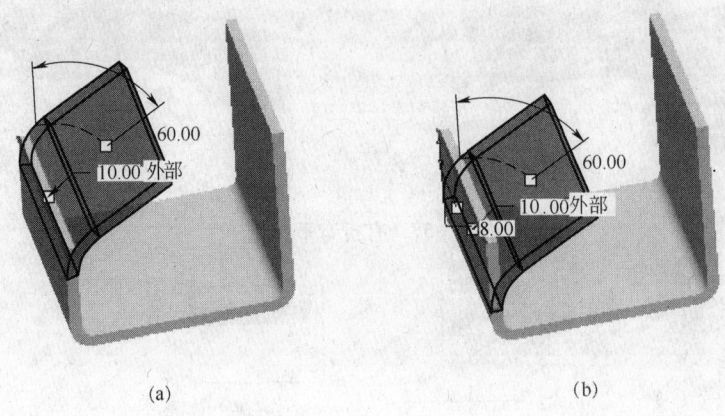

图 3-40　平整壁的偏移

（a）没有设置偏移；（b）设置了偏移

● 注意：如果在折弯角下拉列表中选择"平整"项，则【偏移】按钮为灰色，此时该按钮不起作用。

（4）【减轻】：设置止裂槽。有关止裂槽的内容将在后面的"创建止裂槽"中做详细介绍。【减轻】界面如图 3-38 所示。

● 注意：软件中将 Relief 翻译为"减轻"有些不妥，在此，我们将其翻译为"止裂槽"。

（5）【弯曲余量】：设置钣金折弯时的弯曲系数，以便准确计算折弯展开长度。【弯曲余量】界面如图 3-38 所示。

（6）【属性】：该界面可显示特征的特性，包括特征的名称及各项特征信息（如钣金的厚度）。

3.4.1.1　创建无折弯平整壁

例 3-4　创建如图 3-41（b）所示的无折弯平整附加钣金壁。

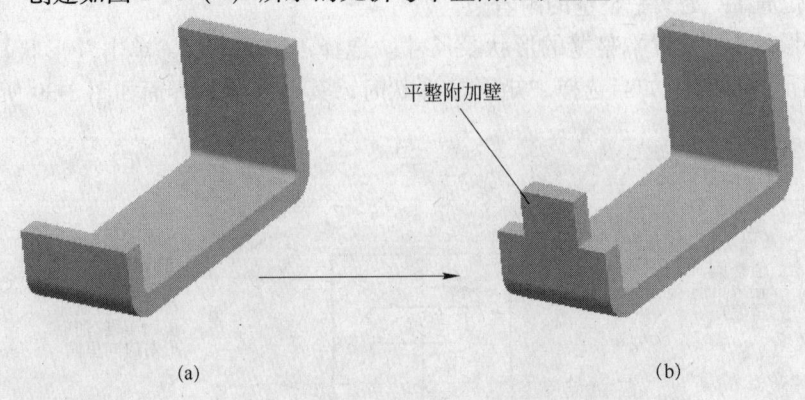

图 3-41　无折弯角的"平整"附加钣金壁

（a）基础壁特征；（b）附加壁特征

（1）创建新钣金文件。

1）单击菜单【文件】→【新建】命令（或单击工具栏中的□按钮），系统打开【新建】对话框。

2）在【新建】对话框中【类型】选项区中使用默认选项，【子类型】选项区中选择【钣金件】，在【名称】文本框中输入钣金件名称"pz-wall01"，取消【使用缺省模板】选项的选中状态，然后单击【确定】按钮。

3）在【新文件选项】对话框中选择模板文件为"mmns-part-sheetmetal"后，单击【确定】按钮。

（2）创建基础壁特征，创建效果如图3-41（a）所示。

（3）创建附加壁特征。

1）选择下拉菜单【插入】→【钣金件壁】→【平整】命令，系统弹出【平整】操控板。

2）选取附着边，在系统"选择一个边连到侧壁上"的提示下，选取如图3-42所示的模型边线为附着边。

3）选择平整壁的形状类型为"矩形"。

4）定义角度。在操控板的【折弯角】下拉文本框中选择【平整】。

5）定义平整壁的形状尺寸。单击操控板上【形状】按钮，系统弹出如图3-39所示的【形状】界面对话框，在其中输入3.0、-2.0、-2.0，并分别按回车键，此时模型如图3-43所示。

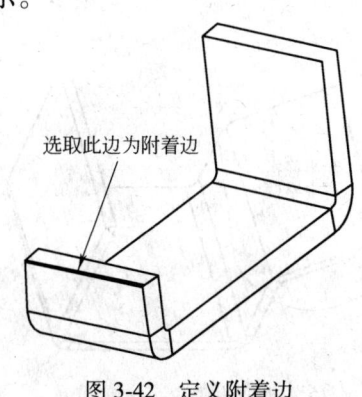

图3-42 定义附着边

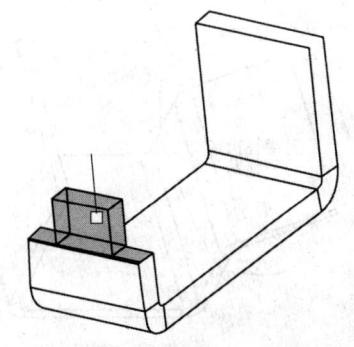

图3-43 定义形状后

6）在操控板中，单击预览按钮∞，查看所创建的平整壁特征；确认无误后，单击完成按钮✔。

（4）保存后退出。

1）单击【文件】→【保存】→【确定】。

2）单击【文件】→【拭除】→【当前】（将该钣金文件从内存中删除）。

3）单击【文件】→【拭除】→【不显示】（删除创建该钣金时产生的所有临时文件）。

3.4.1.2 创建折弯的平整壁

创建折弯平整壁的操作方法与无折弯平整壁的操作方法基本一样，仅需改变部分选项内容即可实现。

　　在前述"无折弯平整壁"的创建过程中，若在操控板中，将【折弯角】的【平整】改为大于0°的任意角度值，可发现附加壁绕连接边旋转，与其基础壁构成不同的夹角，即出现了折弯，如图3-44所示。

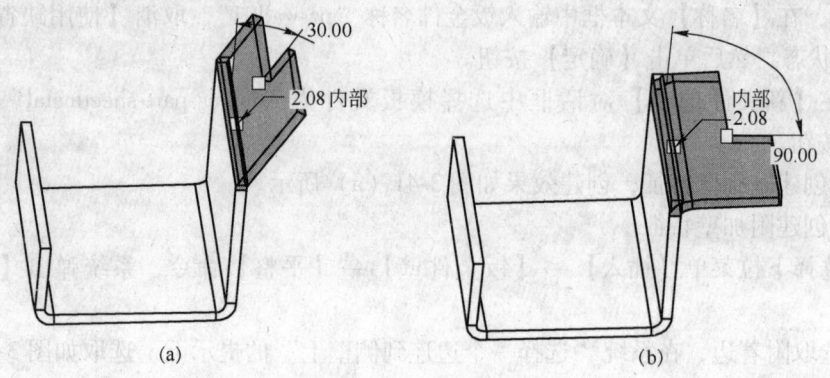

(a)　　　　　　　　　　　　　(b)

图3-44　折弯的平整壁

(a) 折弯角30°；(b) 折弯角90°

　　进一步分析观察，在操控板中，将"有折弯"平整壁的"外侧"折弯半径设为"0"，就会成为"无半径"折弯平整壁；如将折弯半径设为大于"0"，则成为"有半径"的折弯平整壁，如图3-45所示。

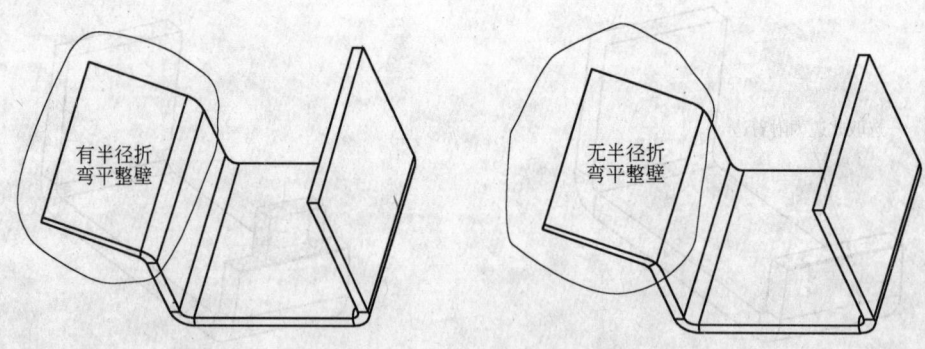

图3-45　"有半径"折弯平整壁与"无半径"折弯平整壁

　　● 注意要点：创建折弯的平整壁，当截面与连接边端点对齐时，可以没有止裂槽，当截面与连接边两端点不完全对齐时，则需考虑使用止裂槽或偏移特征等。

　　例3-5　创建如图3-46所示折弯角为120°、折弯内半径等于壁厚的矩形平整附加壁。

　　(1) 创建新钣金文件。

　　1) 单击菜单【文件】→【新建】命令（或单击工具栏中的□按钮），系统打开【新建】对话框。

　　2) 在【新建】对话框中的【类型】选项区中使用默认选项，【子类型】选项区中选择【钣金件】，在【名称】文本框中输入钣金件名称"pz-wall02"，取消【使用缺省

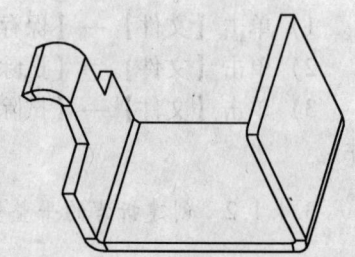

图3-46　有折弯半径的平整附加壁

模板】选项的选中状态，然后单击【确定】按钮。

3）在【新文件选项】对话框中选择模板文件为"mmns-part-sheetmetal"后，单击【确定】按钮。

（2）创建基础壁特征，创建效果如图 3-47 所示。

（3）创建附加壁特征。

1）选择下拉菜单【插入】→【钣金件壁】→【平整】命令，系统弹出【平整】操控板。

2）选取附着边，在系统"选择一个边连到侧壁上"的提示下，选取如图 3-48（a）所示的模型边线为附着边。

3）选择平整壁的形状类型为"矩形"。

4）定义角度。在操控板的【折弯角】下拉文本框中选择 120°，如图 3-48（b）所示。

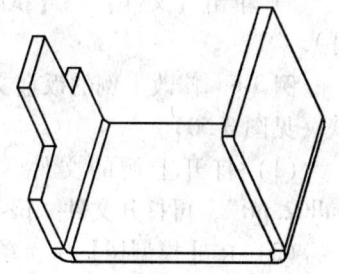

图 3-47 基础壁特征

5）定义附加壁偏移位置。单击【偏移】按钮→☑相对连接边偏移壁→选择【自动】单选按钮，如图 3-49 所示。

6）定义平整壁的形状尺寸。采用默认值。

7）在操控板中，单击预览按钮，查看所创建的平整壁特征；确认无误后，单击完成按钮。结果如图 3-46 所示。

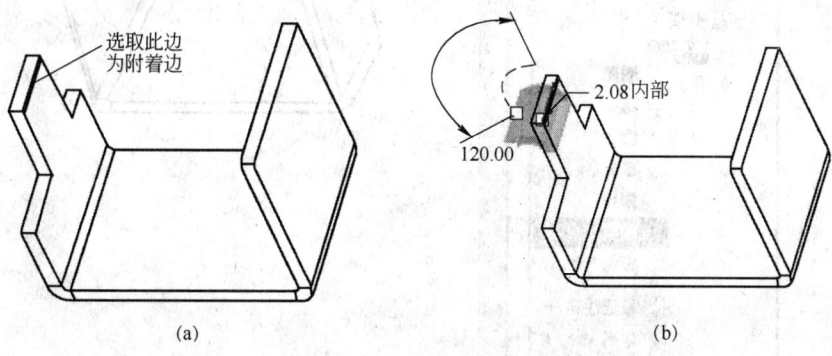

图 3-48 创建附加壁
（a）定义附着边；（b）定义形状及折弯角后

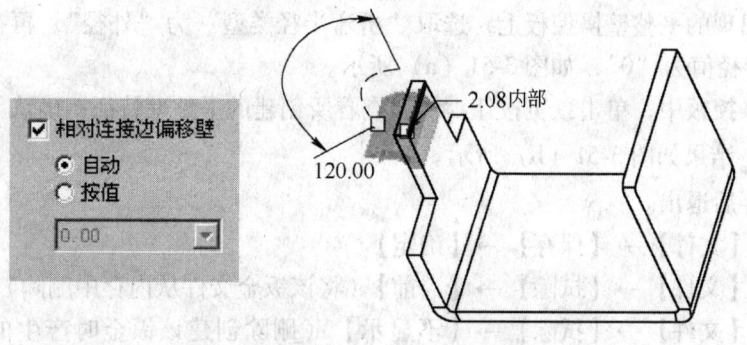

图 3-49 定义偏移方式

（4）保存后退出。

1）单击【文件】→【保存】→【确定】。

2）单击【文件】→【拭除】→【当前】（将该钣金文件从内存中删除）。

3）单击【文件】→【拭除】→【不显示】（删除创建该钣金时产生的所有临时文件）。

例 3-6 修改上例的钣金文件，创建折弯角 120°、折弯外半径等于 0 的矩形平整附加壁（见图 3-50）。

（1）打开上例的文件"pz-wall02. prt"，另存为"pz-wall03. prt"；关闭文件"pz-wall02. prt"，再打开文件"pz-wall03. prt"。

（2）在【模型树】中，单击【平整 2】→单击右键→在快捷菜单中选择【编辑定义】命令，如图 3-50 所示。

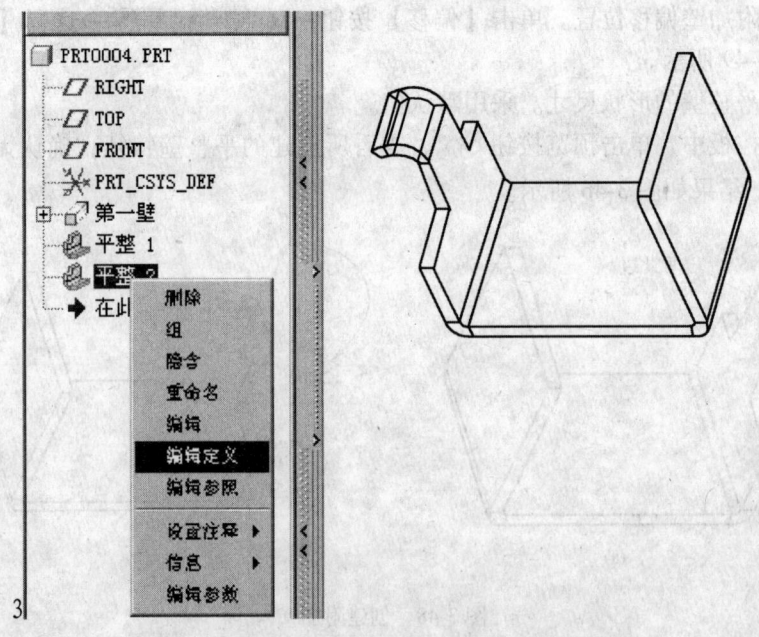

图 3-50　选取修改壁特征

（3）在出现的平整壁操控板上，选取"折弯半径类型"为"外径"，再在折弯半径文本框中输入半径值为"0"，如图 3-51（a）所示。

（4）在操控板中，单击预览按钮 ∞，查看所创建的平整壁特征；确认无误后，单击完成按钮 ✔，结果如图 3-51（b）所示。

（5）保存后退出。

1）单击【文件】→【保存】→【确定】。

2）单击【文件】→【拭除】→【当前】（将该钣金文件从内存中删除）。

3）单击【文件】→【拭除】→【不显示】（删除创建该钣金时产生的所有临时文件）。

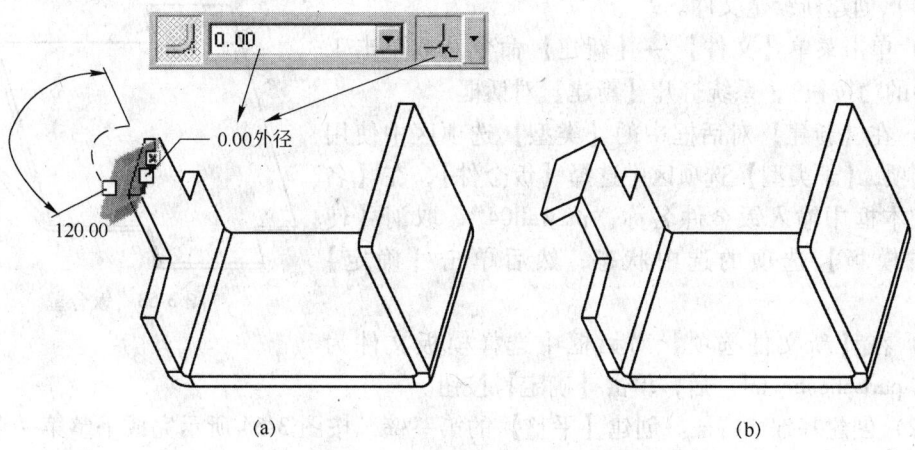

图 3-51　无半径折弯平整壁
（a）选取折弯外径为"0"后；（b）完成的特征

3.4.1.3　创建不同形状的平整壁

创建不同形状平整附加壁的操作方法，与前面所讲述的"矩形"平整附加壁创建方法基本相同，只要从操控板的"轮廓壁形状控制"下拉列表中选择形状，如"矩形"、"梯形"、"T"、"L"或"用户自定义"形状，就可以创建出所需要的平整附加壁形状，如图3-52 所示。

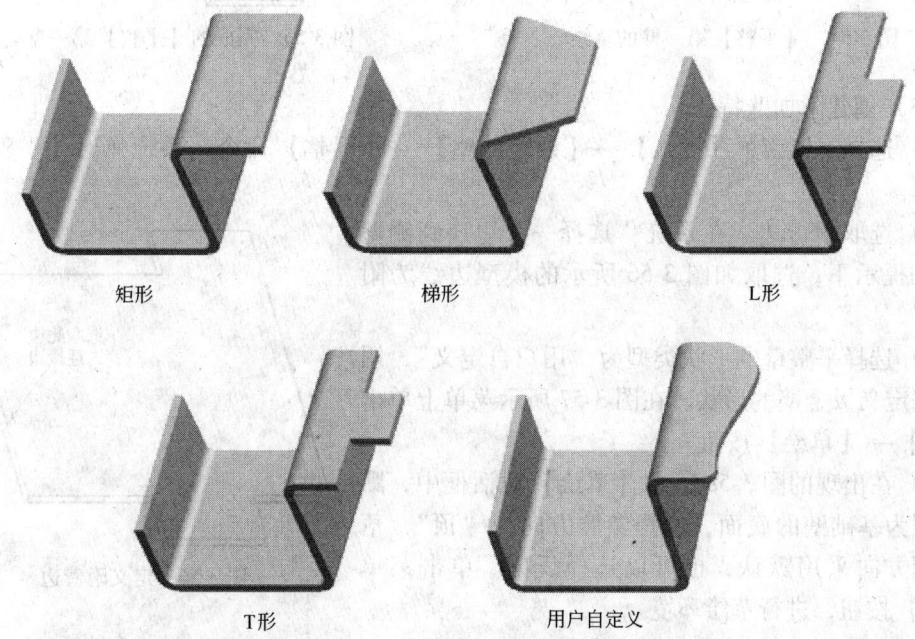

矩形　　　　　梯形　　　　　L形

T形　　　　　用户自定义

图 3-52　选择预定义的壁轮廓

例 3-7　创建折弯角 30°、折弯内半径等于 2 倍壁厚的自定义形状平整附加壁（见图 3-53）。

（1）创建新钣金文件。

1）单击菜单【文件】→【新建】命令（或单击工具栏中的□按钮），系统打开【新建】对话框。

2）在【新建】对话框中的【类型】选项区中使用默认选项，【子类型】选项区中选择【钣金件】，在【名称】文本框中输入钣金件名称"pz-wall04"，取消【使用缺省模板】选项的选中状态，然后单击【确定】按钮。

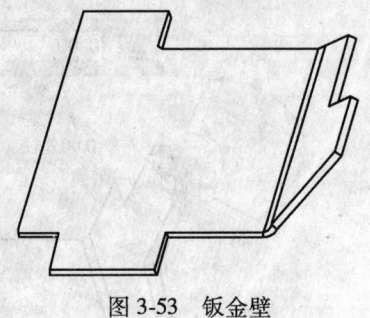

图 3-53　钣金壁

3）在【新文件选项】对话框中选择模板文件为"mmns-part-sheetmetal"后，单击【确定】按钮。

（2）创建基础壁特征。创建【平整】的第一壁，按图 3-54 所示完成平整第一壁的草绘，创建效果如图 3-55 所示。

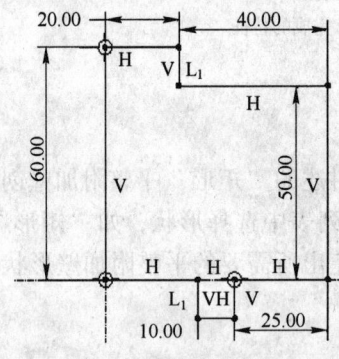

图 3-54　【平整】第一壁的草绘

图 3-55　完成的【平整】第一壁

（3）创建附加壁特征。

1）选择下拉菜单【插入】→【钣金件壁】→【平整】命令，系统弹出【平整】操控板。

2）选取附着边。在系统"选择一个边连到侧壁上"的提示下，选取如图 3-56 所示的模型边线为附着边。

3）选择平整壁的形状类型为"用户自定义"，用草绘来定义钣金壁的形状。在图 3-57 所示菜单上单击【形状】→【草绘】按钮。

4）在出现的图 3-58 所示【草绘】对话框中，默认参照为基础壁的底面，选择参照方向为"顶"，草绘视图方向采用默认，也可以选择反向。单击菜单【草绘】按钮，进行草绘环境。

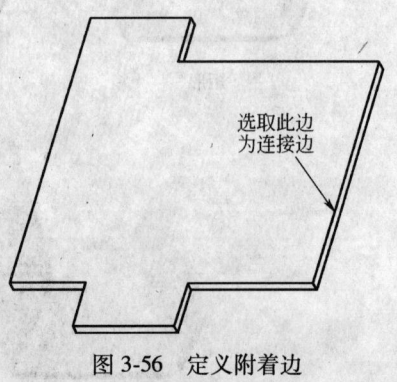

图 3-56　定义附着边

图 3-57　操控板

5）绘制如图 3-59 所示的截面图形，单击草绘器工具栏中的 ✔ 按钮，返回操控板。

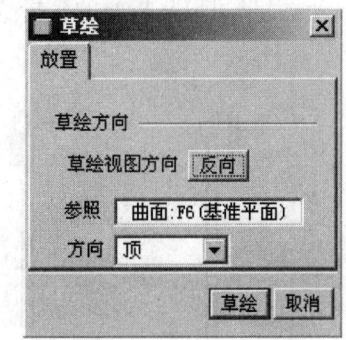

图 3-58 【草绘】对话框

● **注意要点**：选取连接的平整壁【用户自定义】形状时，必须使平整壁草绘为与连接边的加亮顶点对齐的开放环，与连接边相邻的曲面必须是平面。

6）在折弯角度中选择折弯角 30°，按图 3-60 所示设置折弯半径类型及大小。

7）单击操控板中的 ✔ 按钮，完成无半径折弯的平整附加壁的创建，结果如图 3-53 所示。

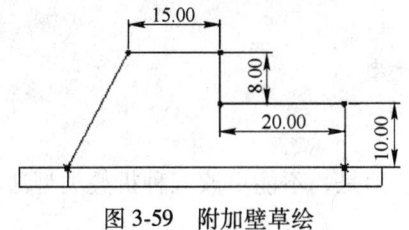

图 3-59 附加壁草绘

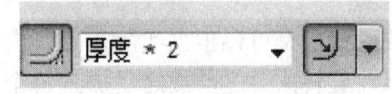

图 3-60 折弯半径选取

（4）保存后退出。

1）单击【文件】→【保存】→【确定】。

2）单击【文件】→【拭除】→【当前】（将该钣金文件从内存中删除）。

3）单击【文件】→【拭除】→【不显示】（删除创建该钣金时产生的所有临时文件）。

3.4.2 用法兰壁创建附加壁

法兰（Flange）附加钣金壁是一种可以定义其侧面形状的钣金薄壁，其壁厚与主钣金壁相同。在创建法兰附加钣金壁时，须先在现有的钣金壁（主钣金壁）上选取某条边线作为附加钣金壁的附着边，然后需要定义其侧面形状和尺寸等参数。

法兰壁有 I 型、圆弧型和 S 型三种最常用类型，如图 3-61 所示。

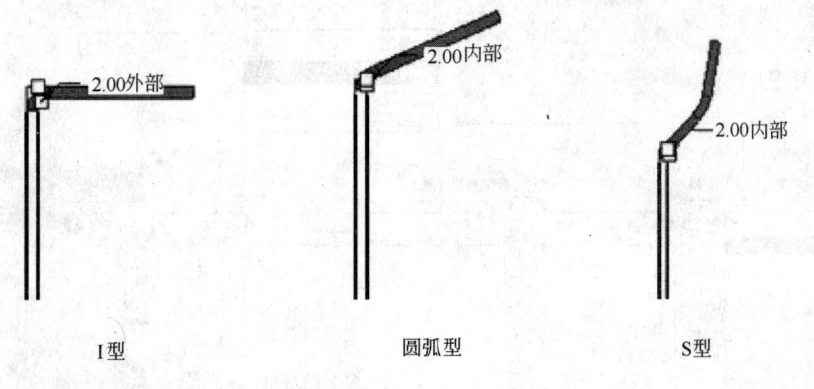

图 3-61 常用法兰类型

法兰壁可以是折叠的，折叠形式有图 3-62 所示的五种。

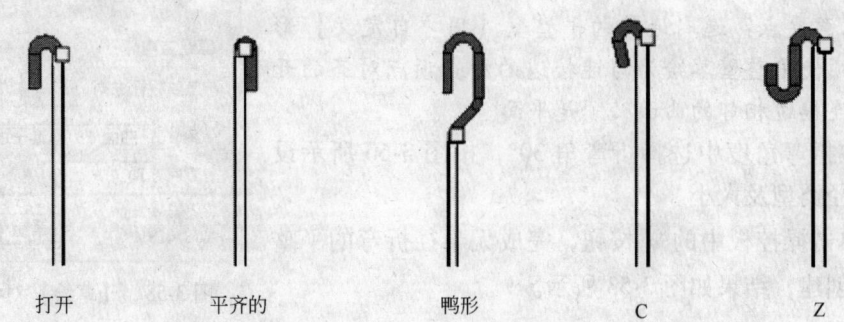

　　打开　　　　　　平齐的　　　　　鸭形　　　　　　C　　　　　　Z

图 3-62　折边法兰类型

法兰壁也是可以根据实际需要，由用户来定义。

可在旋转法兰之前或之后放置每个法兰的属性。但是，不能更改五种折叠类型法兰的材料厚度方向。

对于三种最常用类型法兰壁，可将折弯半径和材料厚度更改到截面的另一侧。

法兰壁操作控制板如图 3-63 所示。

法兰壁从一个边（或链）延伸到空间中，与平整壁相同，可以分为无半径和带半径两种类型。

下面通过一个例子讲解法兰壁的基本用法。

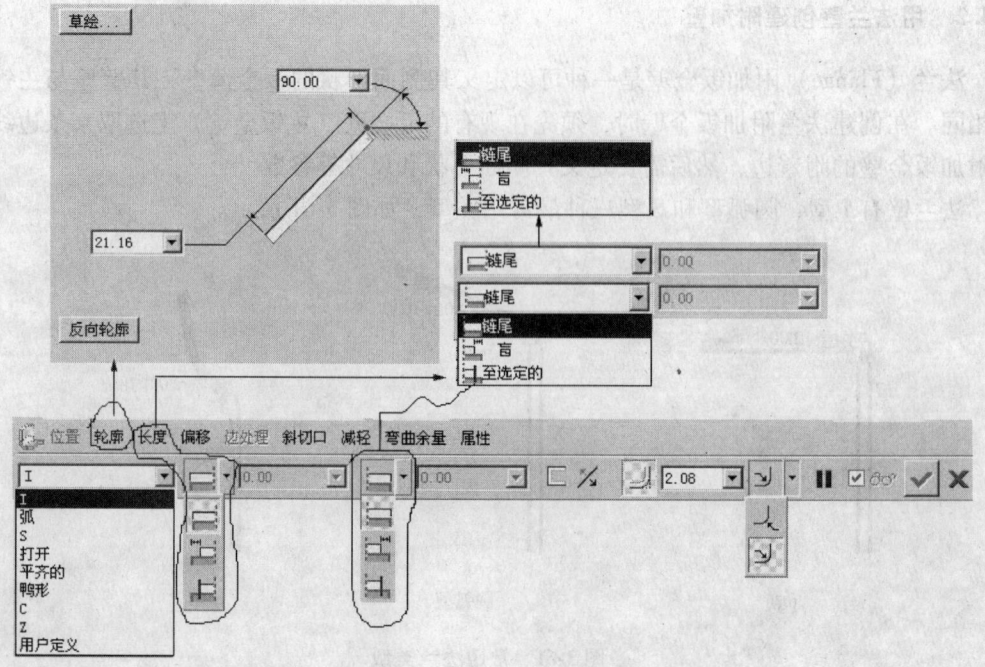

(a)

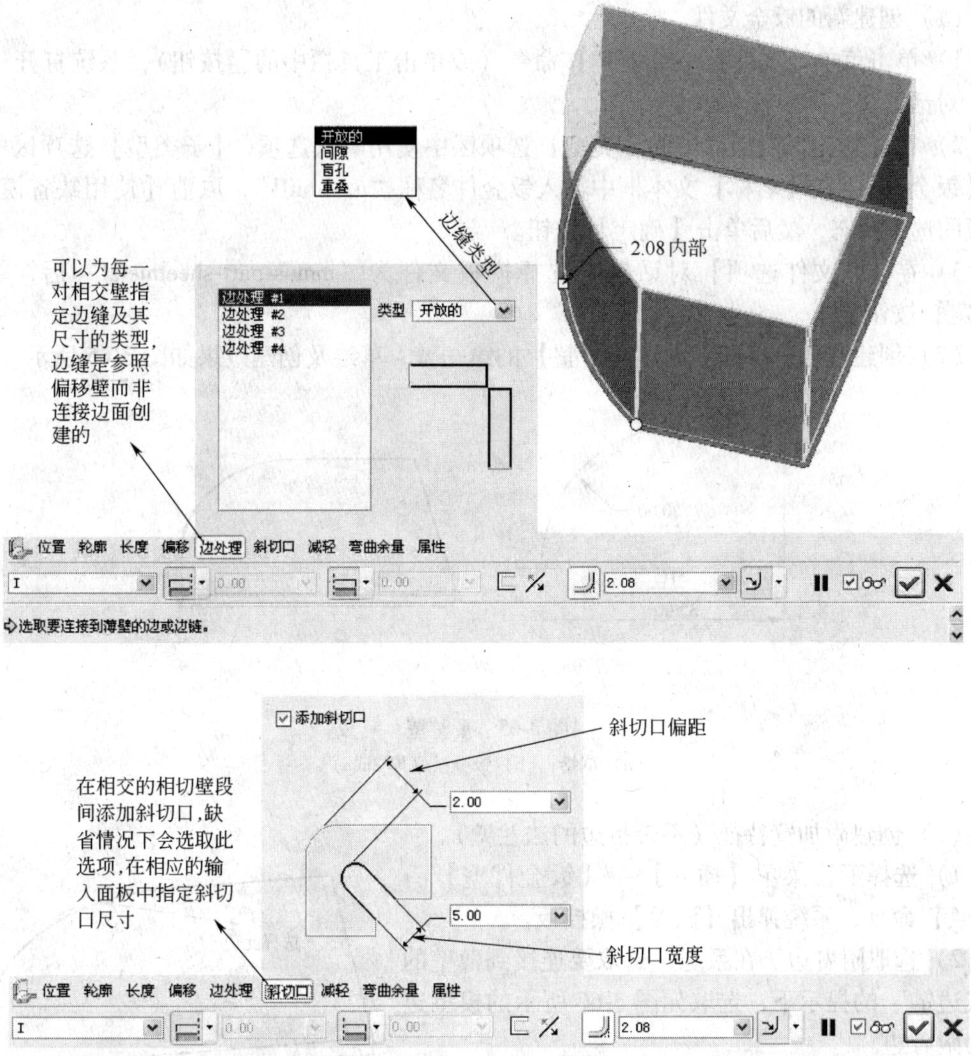

可以为每一对相交壁指定边缝及其尺寸的类型,边缝是参照偏移壁而非连接边面创建的

开放的
间隙
盲孔
重叠

边缝类型

2.08 内部

边处理 #1
边处理 #2
边处理 #3
边处理 #4

类型 开放的

位置 轮廓 长度 偏移 边处理 斜切口 减轻 弯曲余量 属性

I   0.00   0.00   2.08

选取要连接到薄壁的边或边链。

☑添加斜切口

斜切口偏距

2.00

在相交的相切壁段间添加斜切口,缺省情况下会选取此选项,在相应的输入面板中指定斜切口尺寸

5.00

斜切口宽度

位置 轮廓 长度 偏移 边处理 斜切口 减轻 弯曲余量 属性

I   0.00   0.00   2.08

(c)

图 3-63   法兰壁操控板

(a) 轮廓和长度按钮;(b) 边处理按钮;(c) 添加斜切口按钮

例 3-8   创建如图 3-64 所示的法兰壁。

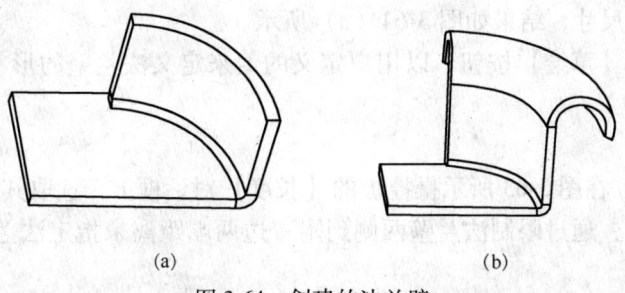

(a)   (b)

图 3-64   创建的法兰壁

(a) I 型法兰壁;(b) 用户定义形状的法兰壁

（1）创建新的钣金文件。

1）单击菜单【文件】→【新建】命令（或单击工具栏中的□按钮），系统打开【新建】对话框。

2）在【新建】对话框中的【类型】选项区中使用默认选项，【子类型】选项区中选择【钣金件】，在【名称】文本框中输入钣金件名称"pz-fabi01"，取消【使用缺省模板】选项的选中状态，然后单击【确定】按钮。

3）在【新文件选项】对话框中选择模板文件为"mmns-part-sheetmetal"后，单击【确定】按钮。

（2）创建基础壁特征。创建【平整】的第一壁，草绘及创建效果如图3-65所示。

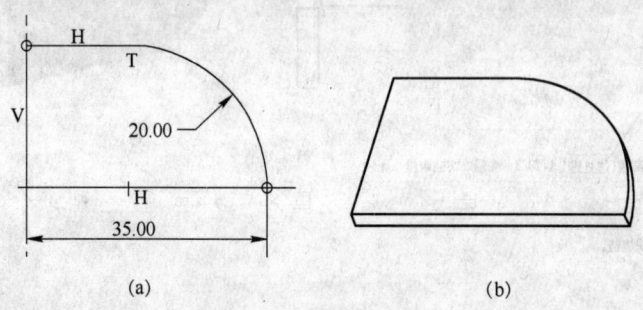

(a)　　　　　　　　　　(b)

图 3-65　平整壁

（a）草绘；（b）钣金壁（厚2mm）

（3）创建附加壁特征（不带折边的法兰壁）。

1）选择下拉菜单【插入】→【钣金件壁】→【法兰】命令，系统弹出【法兰】操控板。

2）选取附着边。在系统"选取要连接到薄壁的边或边链"的提示下，选取如图3-66所示的模型边线为附着边。

3）选取法兰壁的类型。在此选取类型Ⅰ型。

4）定义折弯半径。确认【在连接边上添加折弯】按钮被按下，并确认【内部折弯】，输入折弯内径1.0mm。

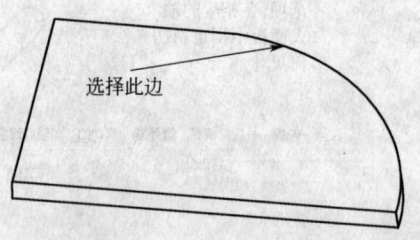

图 3-66　选取法兰的附着边

5）修改轮廓参数。在图3-63所示的【轮廓】对话框上可以进行以下操作：

①更改剖面的尺寸，结果如图3-64（a）所示。

②也可以单击【草绘】按钮，以用户定义的值来定义法兰壁的形状，如图3-64（b）所示。

③反向轮廓。

6）指定长度。在图3-63所示操控板的【长度】对话框上，选取其中一种方式来指定法兰壁的长度（即：通过限制法兰壁两侧到附着边两端距离来指定法兰壁的长度）。此例取默认值。

7）单击完成按钮，完成特征。

（4）保存后退出。

1）单击【文件】→【保存】→【确定】。

2）单击【文件】→【拭除】→【当前】（将该钣金文件从内存中删除）。

3）单击【文件】→【拭除】→【不显示】（删除创建该钣金时产生的所有临时文件）。

3.4.3 用延伸创建附加壁

延伸壁将已有的平钣钣金件延伸到某一指定的位置或指定距离，通常用于壁的拐角处。

延伸壁的创建较为简单，选取附着边后，接着选取某一指定的位置或输入延伸值就可以了，如图3-67所示。

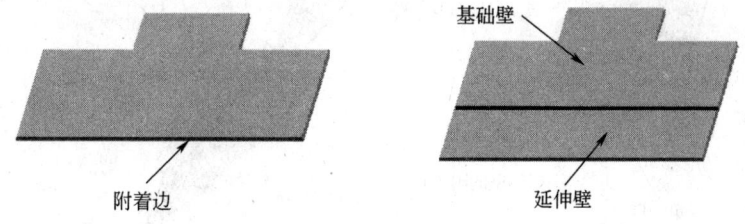

图3-67　延伸壁（延伸后，自动合并）

调用方法是：选择下拉菜单【插入】→【钣金件壁】→【延伸】命令，或者单击【钣金件】工具栏中创建延伸壁命令按钮 。

3.4.4 用扭转创建附加壁

扭转壁是从已有钣金壁的某一边再生成一个具有扭转特征的薄壁，扭转的中心轴线称为扭转轴。

通过扭转壁的表面是扭曲面，所以，可以通过扭转壁作两钣金壁之间的过渡。它可以是梯形或矩形。

● 注意：

（1）如果附加壁无半径并与扭转壁相切，则仅可在扭转端添加一个平整或拉伸壁。

（2）可用常规展开命令展平扭转壁。

（3）扭转轴穿过扭转壁的中心，并与连接边垂直。

图3-68所示的扭转壁各要素的含义如下：

（1）起始宽度：扭转壁在连接边（附着边）处的宽度。

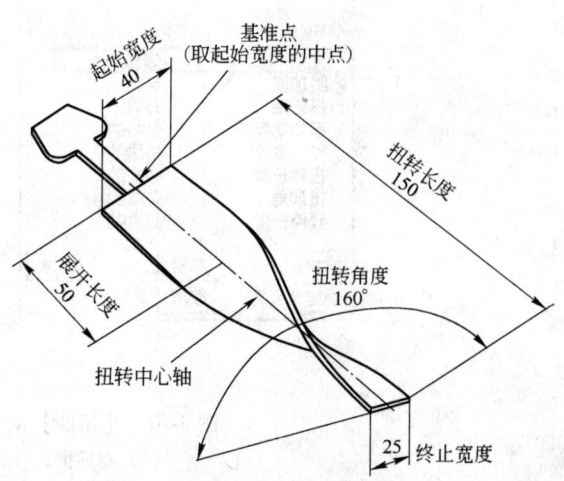

图3-68　创建扭转壁的各要素的含义

（2）终止宽度：扭转壁终止处的宽度。

（3）扭转长度：扭转壁的长度，指附着边到扭转轴末端的长度。

（4）扭转角度：扭转壁的旋转角度。

（5）展开长度：反扭时的扭转壁长度，即扭转部分与不扭转部分的过渡长度。

下面介绍扭转壁的创建操作步骤。

例 3-9　创建如图 3-69（b）所示的扭转壁。

（1）创建新的钣金文件（略）。

（2）用"平整"构建壁特征作为第一壁，效果如图 3-69（a）所示。

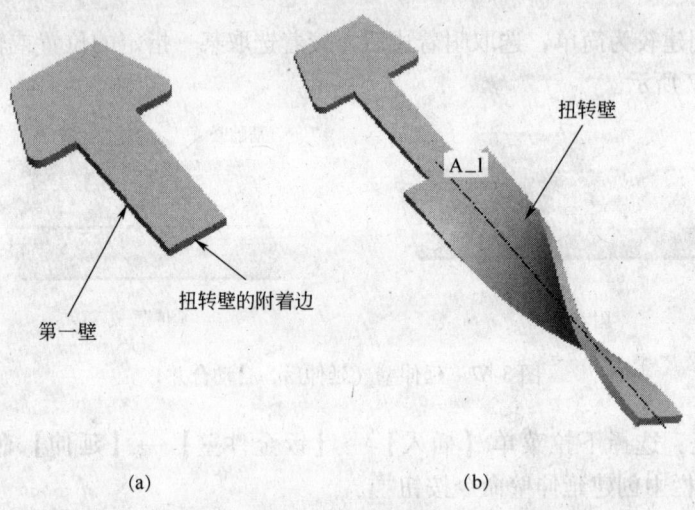

第一壁

扭转壁的附着边

扭转壁

A_1

(a)　　　　　　　　　　　(b)

图 3-69　扭转壁

（3）创建扭转壁。

1）选择下拉菜单【插入】→【钣金件壁】→【扭转】命令，系统弹出如图 3-70（a）所示的对话框。

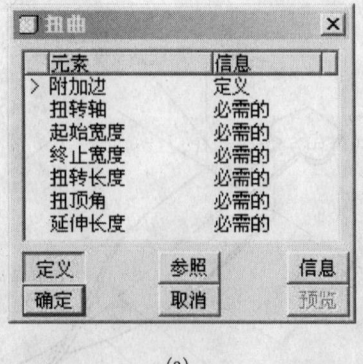
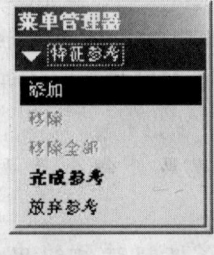

(a)　　　　　　　　　　　(b)

图 3-70　【扭曲】对话框及菜单

(a) 对话框；(b) 菜单

2）为该壁选取附着边。在菜单选取【特征参考】，按系统信息栏提示"选取扭曲侧壁应连接的直边"，选取第一壁的前边为扭转壁的附着边，如图 3-69 所示。

3）选取扭转轴点。在如图 3-71 所示的菜单中，选取"中点"，以附着边的中点确定扭转中心轴的位置。

● 注意：可以事先在附着边的合理位置上创建一个基准点以作为扭转轴定位点，扭转轴通过该点并垂直于起始边。

4）依次输入图 3-68 所示的扭转壁尺寸。

5）单击【扭曲】对话框中的【确定】按钮，完成创建。

（4）保存退出。

图 3-71　【扭曲轴点】菜单

习　题

3-1　思考下列问题：

（1）Pro/E 钣金设计中，何谓第一壁？

（2）列举 Pro/E 钣金设计中，创建第一壁的命令有哪些？这些命令在哪个菜单下？图标命令的图标是什么样？

（3）决定钣金壁厚度的两个面，分别是什么面？

（4）用平整壁所创建的第一壁，其驱动面轮廓线必须具有什么特点？

（5）什么是分离的附加壁？创建分离壁的命令有哪些？

（6）分离壁与第一壁有什么异同点？

（7）要保证两个相连的分离能够顺利地合并成一个壁零件，其前提条件是什么？

（8）两个分离壁之间的连接面有缝隙或有重叠处，能否合并成功？

（9）合并壁的作用是什么？

（10）三个壁之间能否合并，怎样合并？

（11）创建连接的附加壁的命令有哪些？

（12）连接的附加壁与分离的附加壁有什么不同？

（13）连接的平整壁应用于什么情况？

（14）有人说，连接的平整壁能应用的场合都可用法兰壁替代。这种说法准确吗？请举例说明。

（15）连接的平整壁命令中，"预定义的钣金壁形状"有哪几种？

（16）法兰壁命令中，"预定义的钣金壁轮廓"有哪几种？

（17）简述连接的平整壁、法兰壁操作控制板上，"偏移"选项有什么实际的应用意义。

（18）简述连接的平整壁、法兰壁操作控制板上，"相对于草绘平面的另一侧更改厚度"图标 ✎ 有什么实际的应用意义。

3-2　创建图 3-72 所示的杯子。

3-3　创建图 3-73 所示的天圆地方。

操作提示：为保证天圆地方能够展平，两个截面图形都必须以矩形加圆角的方式生成。

3-4　创建图 3-74 所示的变截面弯板。

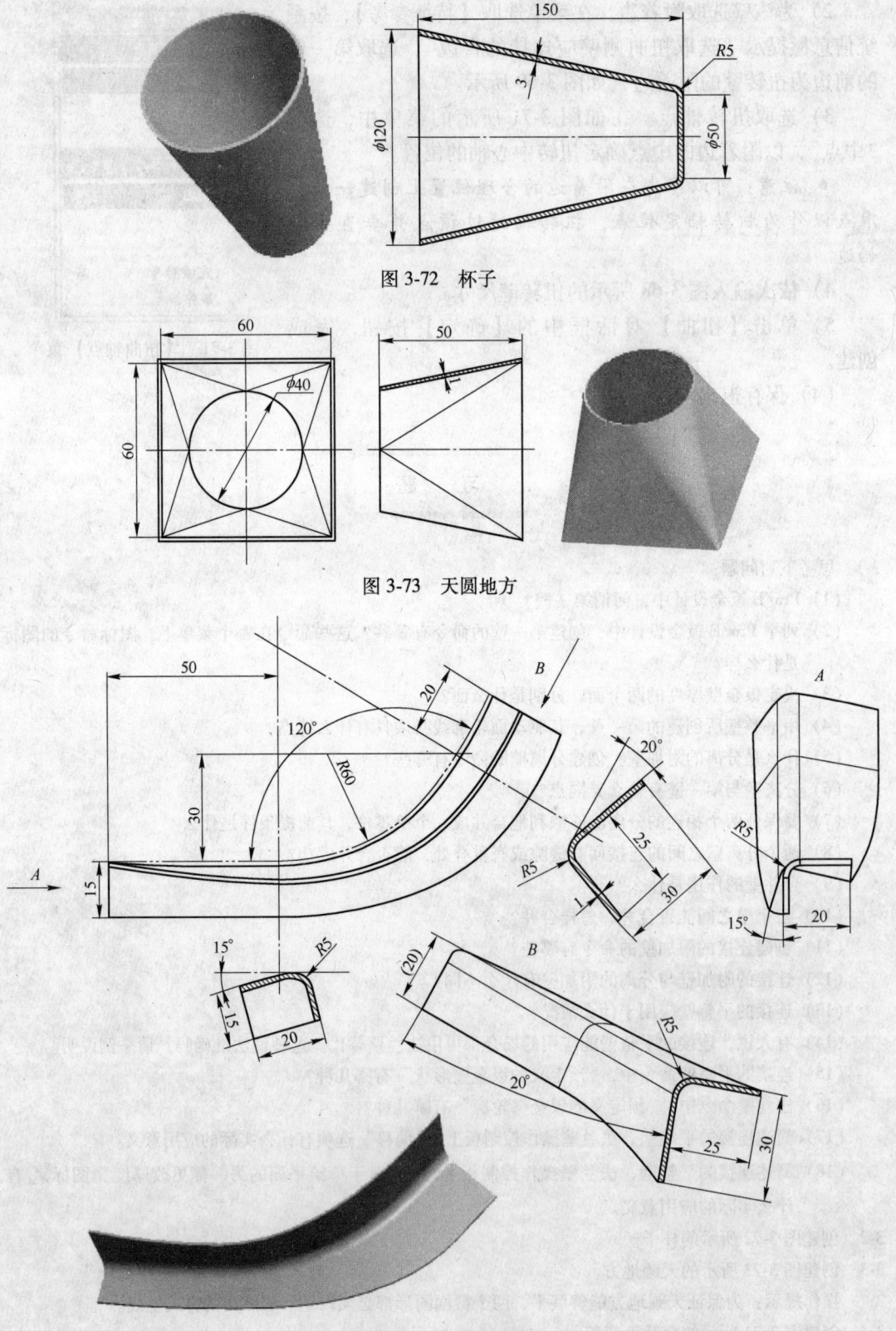

图 3-72　杯子

图 3-73　天圆地方

图 3-74　变截面弯板

3-5　创建图 3-75 所示电线卡子展开的平板（厚度为 0.3mm）。

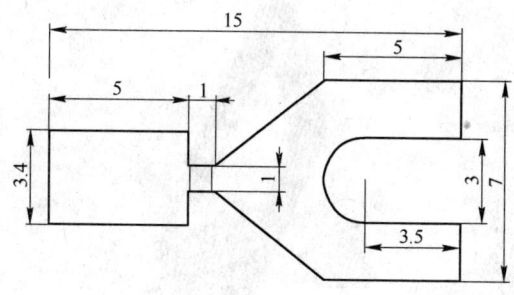

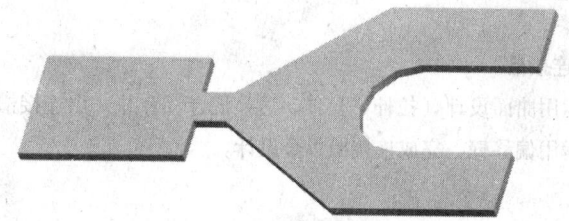

图 3-75　电线卡子展开的平板

3-6　设计图 3-76 所示的书档。

　　操作提示：（1）先运用曲面设计出书档的外形。

　　　　　　　（2）再运用偏移壁，完成书档钣金设计。

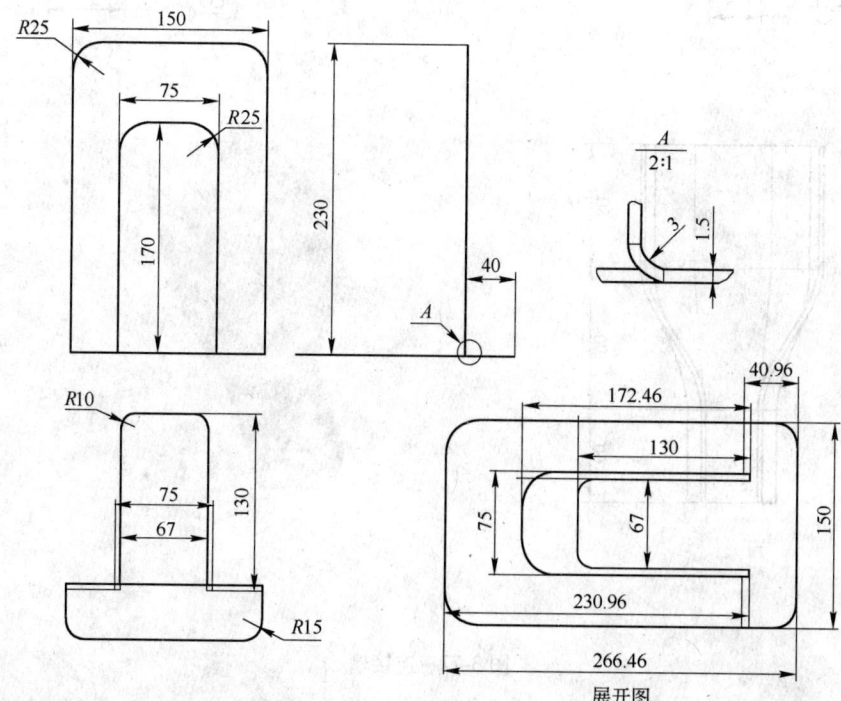

展开图

图 3-76　书档

3-7　设计图 3-77 所示的连接槽。

　　操作提示：（1）先运用曲面设计（拉伸、拉伸、边界混合、合并）出连接槽的外形。

　　　　　　（2）再运用偏移壁，完成连接槽钣金设计。

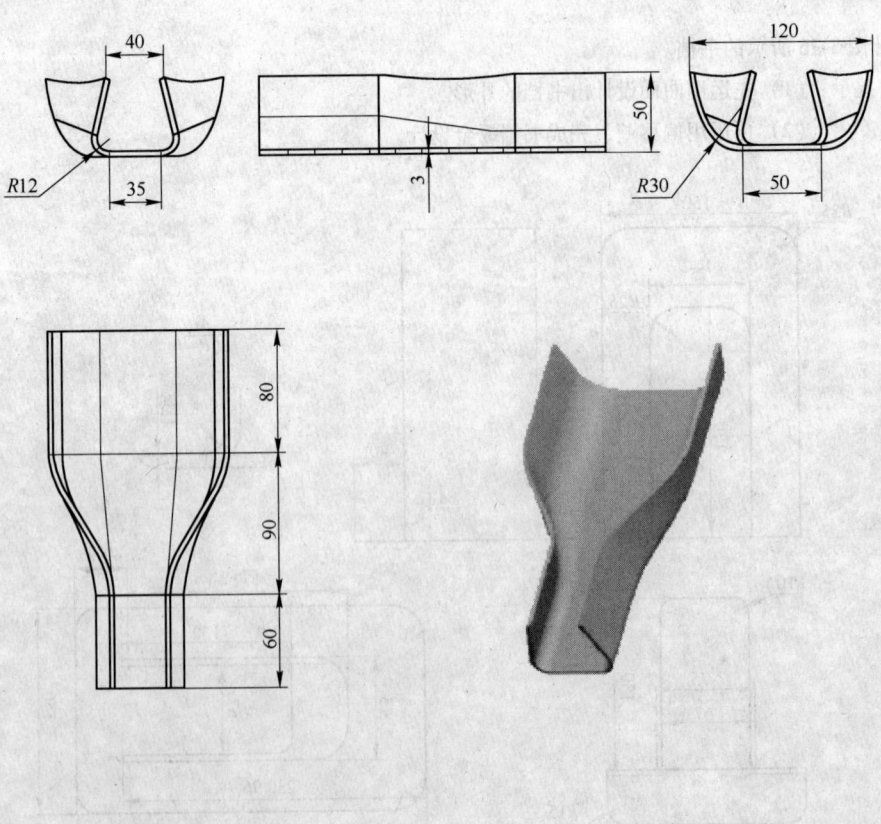

图 3-77　连接槽

3-8 完成图 3-78 所示罐体组件中零件②、④、⑥钣金件的设计。

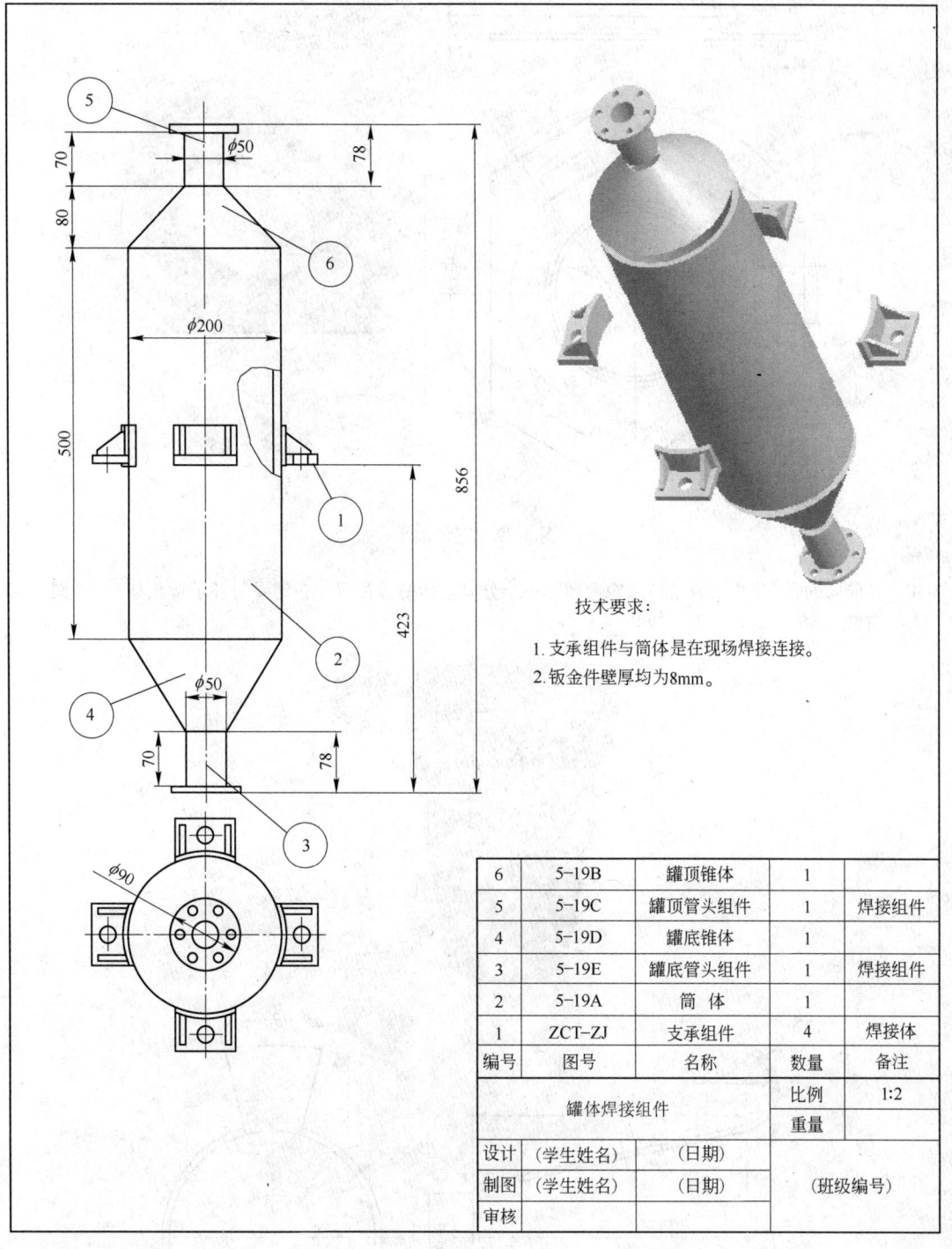

技术要求:

1. 支承组件与筒体是在现场焊接连接。

2. 钣金件壁厚均为8mm。

6	5-19B	罐顶锥体	1	
5	5-19C	罐顶管头组件	1	焊接组件
4	5-19D	罐底锥体	1	
3	5-19E	罐底管头组件	1	焊接组件
2	5-19A	筒 体	1	
1	ZCT-ZJ	支承组件	4	焊接体
编号	图号	名称	数量	备注
罐体焊接组件			比例	1:2
			重量	
设计	(学生姓名)	(日期)		
制图	(学生姓名)	(日期)	(班级编号)	
审核				

图 3-78 罐体组件

3-9 完成图 3-79 所示的三角轴承设计。

操作提示:采用第一壁、分离壁。

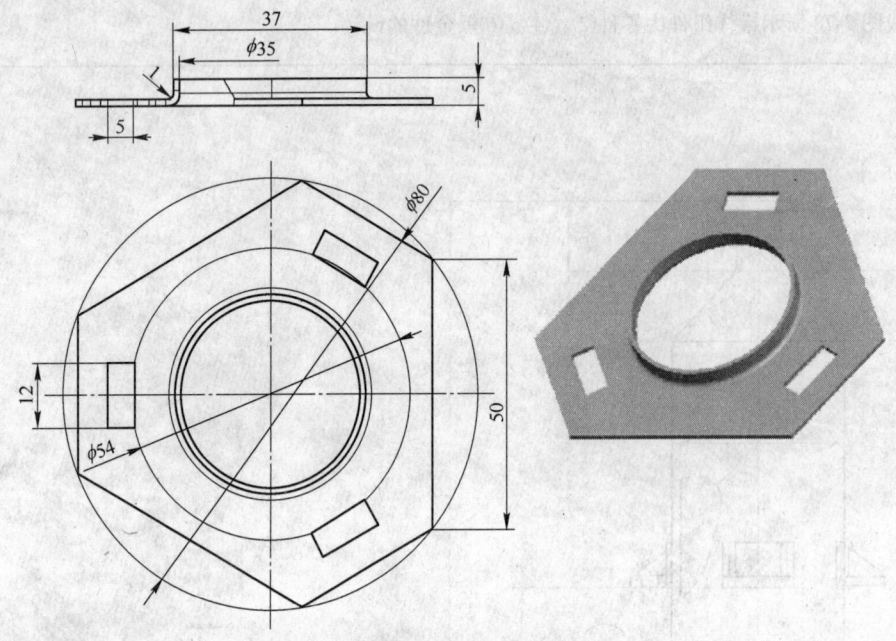

图 3-79　三角轴承

3-10　在前面的题 3-2 中的杯子口边缘上增加一个分离连接壁（注意，一定要与杯子壁相切），如图 3-80
　　　所示。

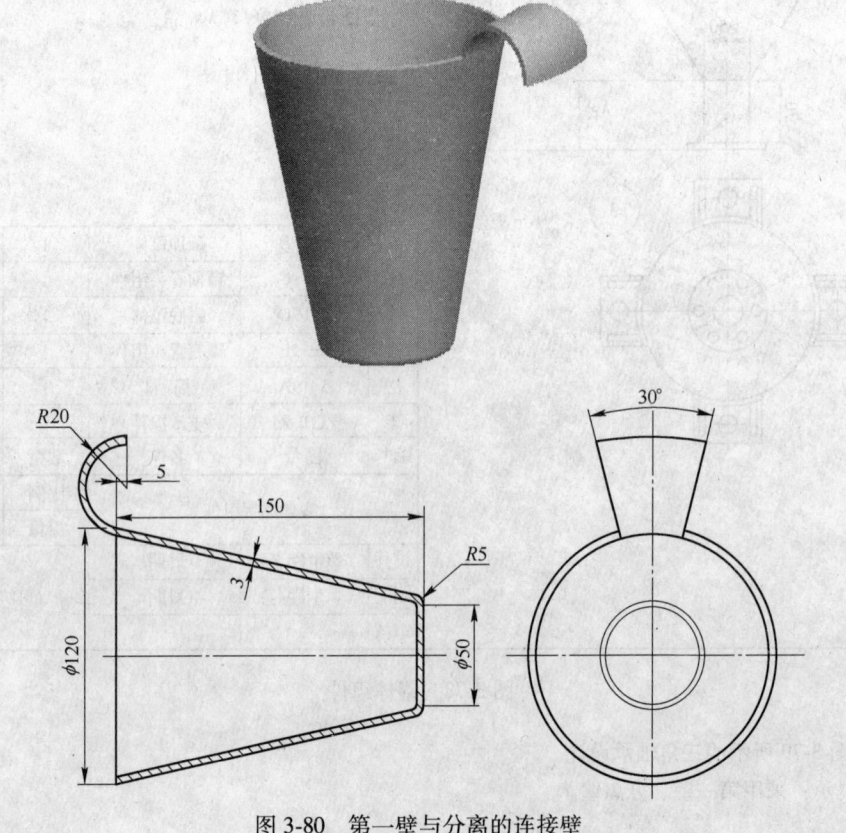

图 3-80　第一壁与分离的连接壁

3-11 运用平整的分离壁、拉伸壁完成题 3-6"书档"的钣金设计。

3-12 接续题 3-9 的操作，完成分离壁合并。

3-13 接续题 3-10 的操作，完成分离壁合并。

3-14 接续题 3-11 的操作，完成分离壁合并。

3-15 完成图 3-81 所示支架钣金件的设计。

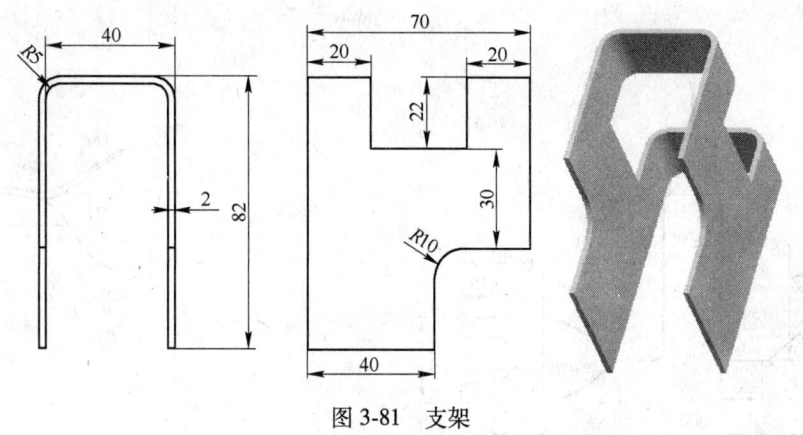

图 3-81　支架

3-16 采用"连接的平整壁"命令完成如图 3-82 所示的电饭锅电源插座罩钣金设计，并注意运用各选项的操作技巧。

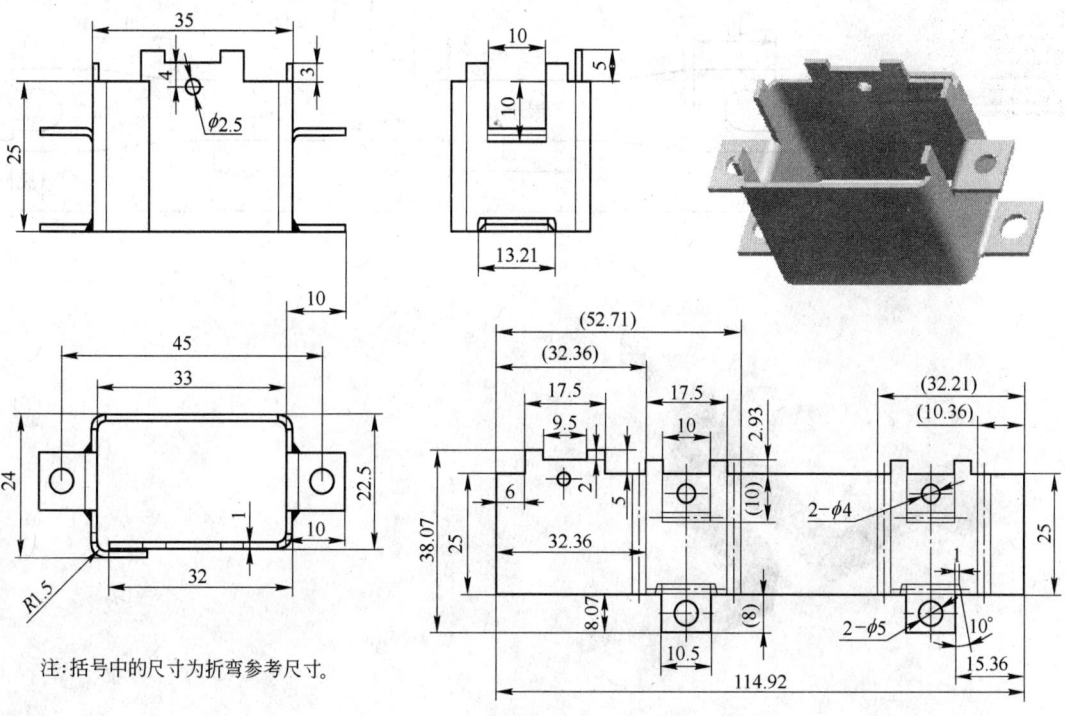

注:括号中的尺寸为折弯参考尺寸。

图 3-82　电饭锅电源插座罩

3-17 请将题 3-9"三角轴承"的钣金设计改为采用"第一壁"和"附加连接壁"的方法设计。

3-18 请将题 3-10 改用法兰壁完成设计。

3-19 完成如图 3-83 所示的挂架的钣金设计。

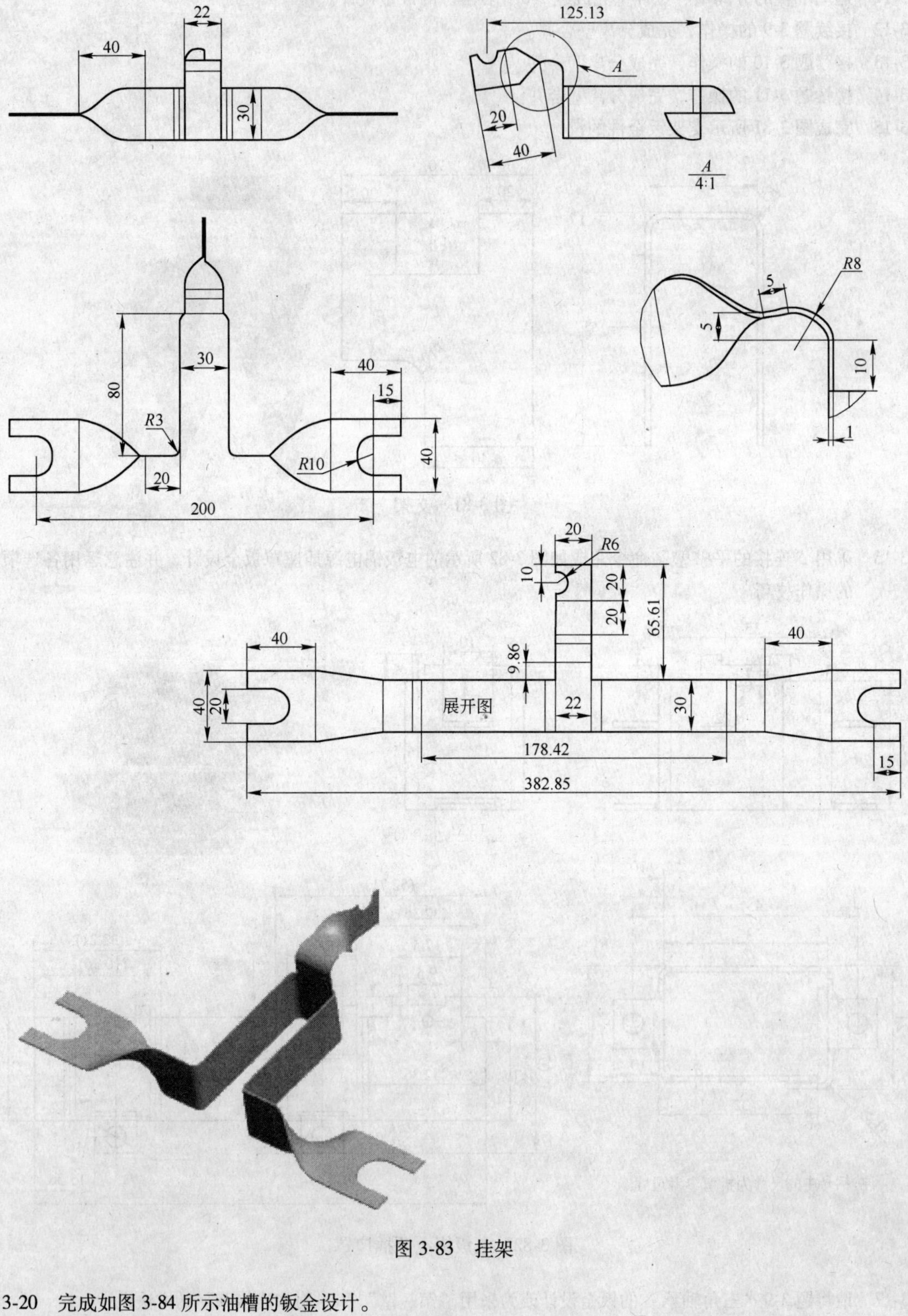

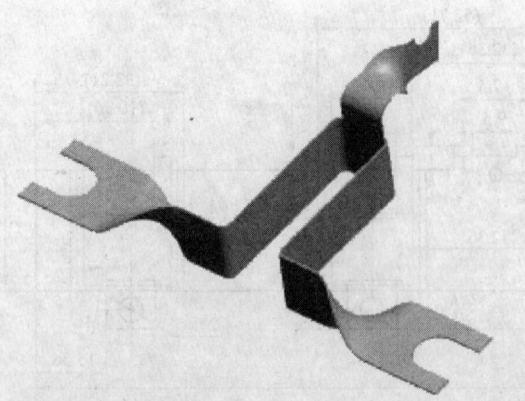

图 3-83　挂架

3-20　完成如图 3-84 所示油槽的钣金设计。
3-21　完成图 3-85 所示物料槽的钣金设计。注意边处理的选择。
3-22　完成图 3-86 所示护罩的钣金设计。注意斜切口处理的选择。

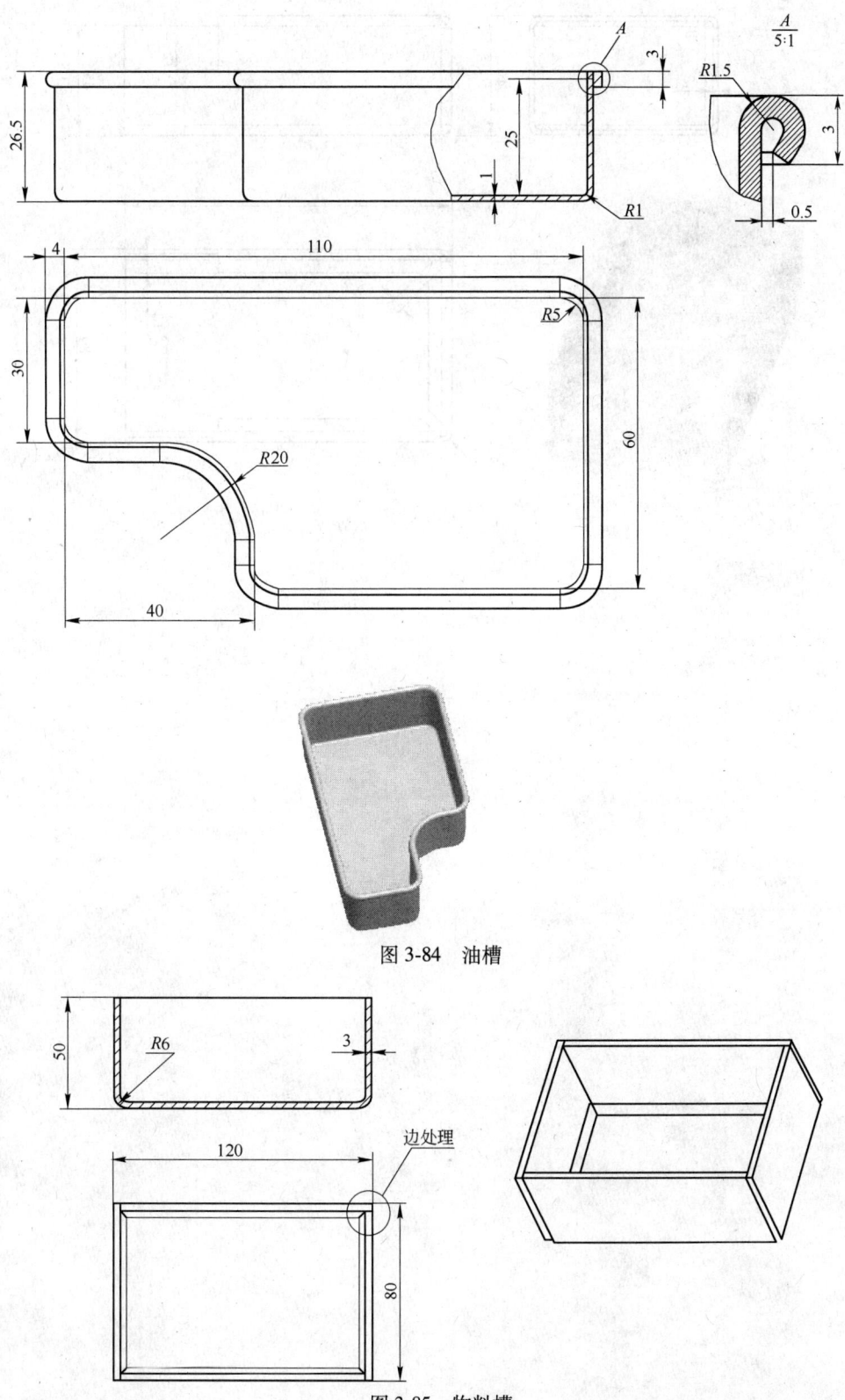

图 3-84　油槽

图 3-85　物料槽

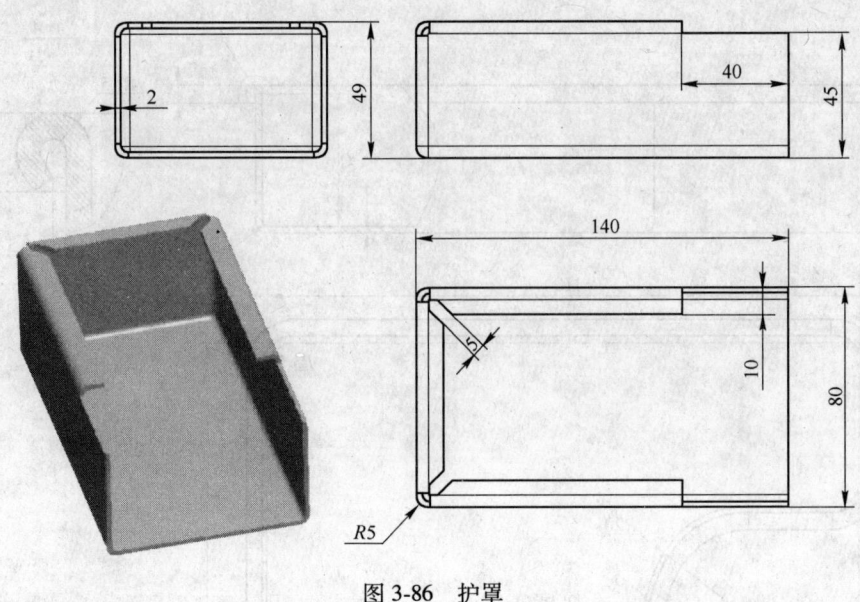

图 3-86　护罩

 **创建止裂槽**

当钣金有折弯结构，并且弯曲角度不为 0 时，为防止弯曲连接处出现不必要的变形或裂缝，需要在连接处的两端创建止裂槽。Pro/E 的钣金特征都可以使用自动止裂槽。止裂槽的类型如图 4-1 所示。

图 4-1　各种止裂槽

（1）无止裂槽：不使用止裂槽连接壁，要求新壁与原壁完全光滑连接，或看成是延长，对绘制的截面很有限制。一般在"折弯"操作中应用效果较好。

（2）伸展止裂槽：在附加壁的连接处有扭转过渡结构与原壁连接。

（3）止裂止裂槽：在附加壁的连接处，通过垂直切割主壁材料折弯线处来构建止裂槽。

（4）矩形止裂槽：在每个连接点处添加一个矩形切口。

（5）长圆形止裂槽：在每个连接点处添加一个长方形，底部为圆弧形的切口。

例 4-1　创建如图 4-2 所示的止裂槽。

（1）在已有的钣金文件中，调入一平整壁特征，如图 4-3 所示。

（2）创建折弯的附加壁，并加入止裂槽。

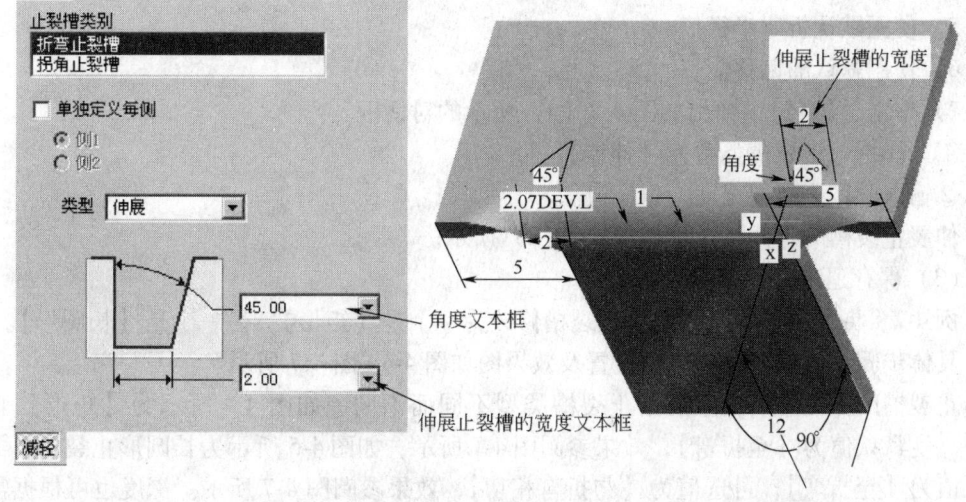

（a）　　　　　　　　（b）

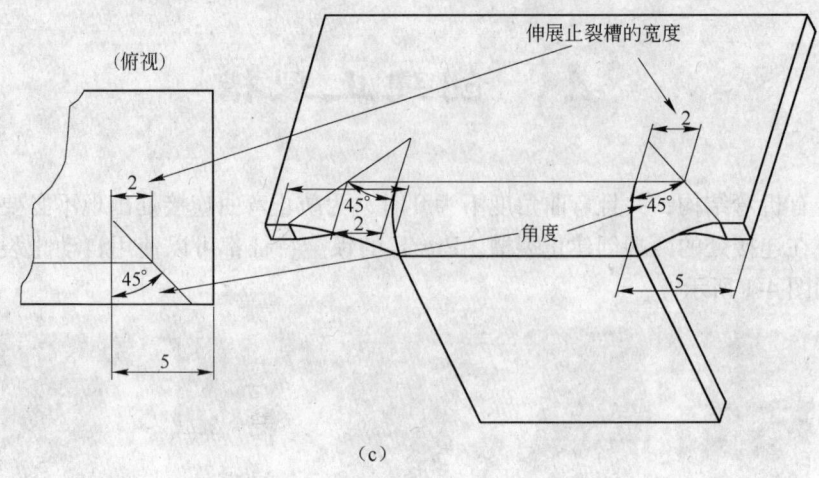

图 4-2　伸展类型止裂槽

(a) 伸展类型止裂槽对话框；(b) 伸展止裂槽的尺寸（一）；(c) 伸展止裂槽的尺寸（二）

图 4-3　平整壁

1）选择菜单【插入】→【钣金件壁】→【法兰】命令，系统弹出【法兰】操控板。

2）选取附着边，在系统"选取要连接到薄壁的边或边链"的提示下，选取图 4-3 所示模型的前边线为附着边。

3）选取法兰壁的类型，在此选取类型 I 型。

4）在【法兰】操控板上单击【长度】，指定长度，两个方向都输入"-5"。

5）使用默认折弯半径值。

6）使用默认的偏移值。

7）单击【减轻】，弹出如图 4-2 (a) 所示的对话框。

①选择折弯止裂槽类型为【伸展】。

②输入两侧止裂槽宽度、角度值。

伸展止裂槽的有关尺寸，如图 4-2 (c) 所示。

(3) 保存退出。

例 4-2　将上例中的左右两个止裂槽修改为一个是【矩形】，另一个是【长圆形】。

具体步骤不再详述。对话框设置及效果图如图 4-4~图 4-7 所示。

止裂槽的深度的默认值根据止裂槽类型不同而不同。如图 4-4 所示为【矩形】止裂槽，深度默认值为【至折弯】，效果参阅图 4-7 所示；如图 4-5 所示为长圆形止裂槽，深度默认值为【至折弯】，可选值为【与折弯相切】，效果参阅图 4-7 所示。深度也可根据需要直接输入，如图 4-6 所示，两个止裂槽的深度都取为"3"。

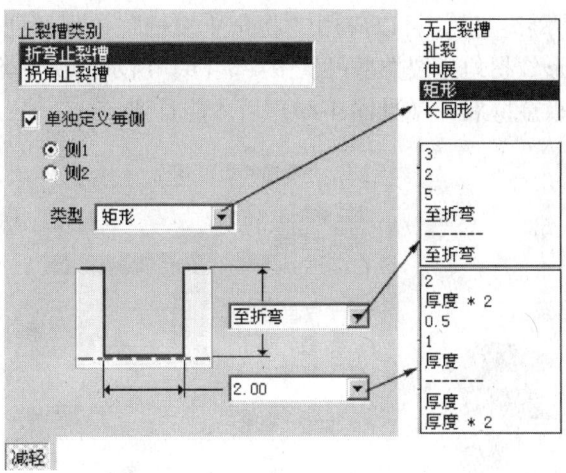

图 4-4　矩形类型止裂槽对话框

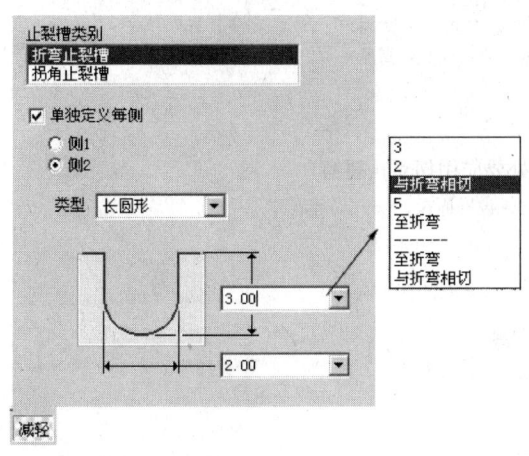

图 4-5　长圆形类型止裂槽对话框

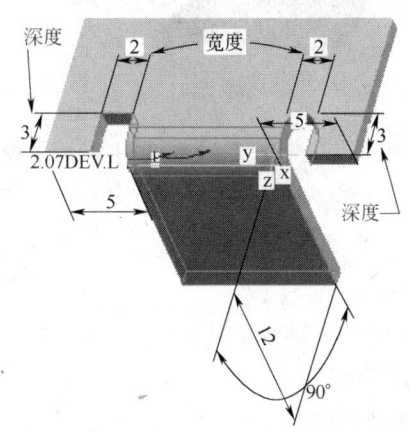

图 4-6　侧 1 为"矩形"止裂槽，
侧 2 为"长圆形"止裂槽

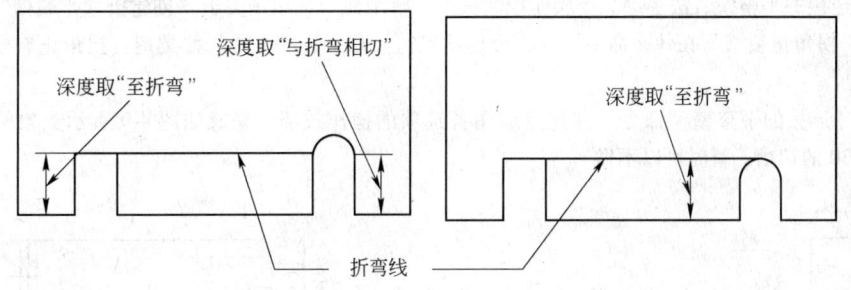

图 4-7　从俯视图观察"深度"取不同值的效果

止裂槽宽度，可选系统提供的默认值，也可输入所需要的宽度值。

从此例可看出，折弯两侧可以设置不同类型的止裂槽，也可以实现单边设置止裂槽。

● 注意：法兰壁对话框中的"拐角止裂槽"与"折弯止裂槽"的应用场合不同。单边法兰壁可以应用"折弯止裂槽"；而多边法兰壁则应该采用"拐角止裂槽"以防止变形。

如图 4-8（a）所示法兰壁，可以应用"拐角止裂槽"以保证同一面上相邻两边的折弯面在拐角处不会变形。拐角止裂类型可从图 4-8（b）所示的拐角类型选项中选取。拐角止裂槽效果，只有在钣金壁展开（见图 4-8c）后才能看到。

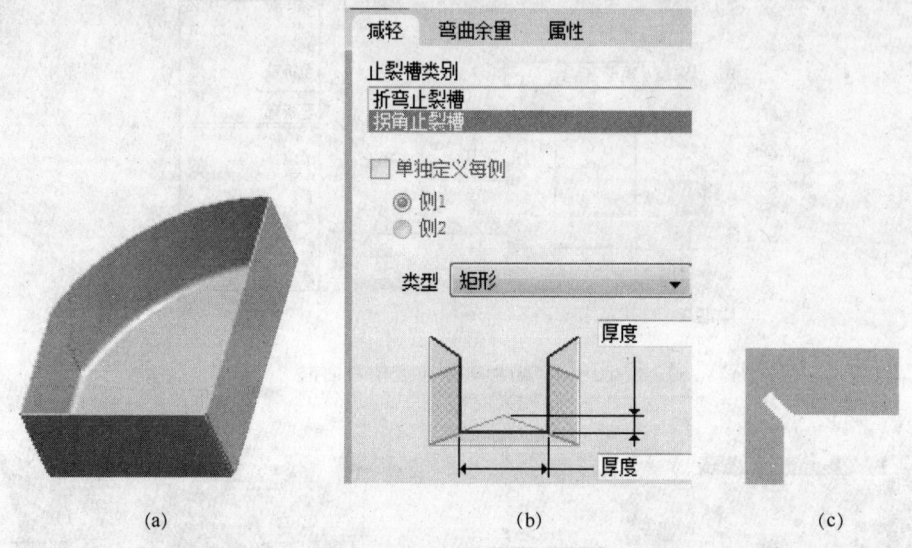

（a）　　　　　　　　　　（b）　　　　　　　　　（c）

图 4-8　法兰壁的拐角处要应用拐角止裂槽
（a）法兰壁；（b）"拐角止裂槽"设置面板；（c）局部展开

习　　题

4-1　思考下列问题：
（1）钣金止裂槽有什么作用？
（2）折弯止裂槽分哪几种类型？
（3）连接的平整壁、法兰壁命令操作控制板上，哪个命令选项是关于"创建折弯止裂槽"的？
（4）"拐角止裂槽"在什么命令中的哪个选项里？拐角止裂槽有哪几种类型？拐角止裂槽效果如何查看？
4-2　采用"连接的平整壁"命令，并注意运用各选项的操作技巧，完成如图 4-9 所示支架的钣金设计（75×30 的切槽，暂时可以不做）。

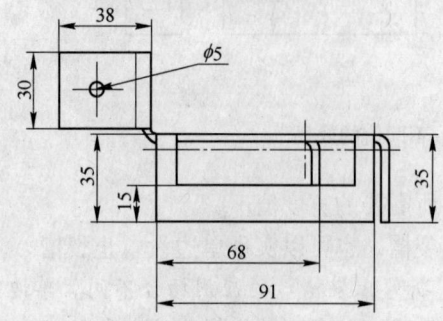

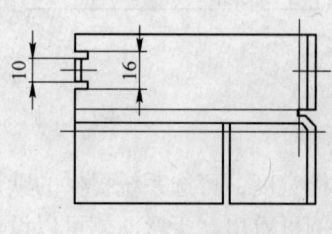

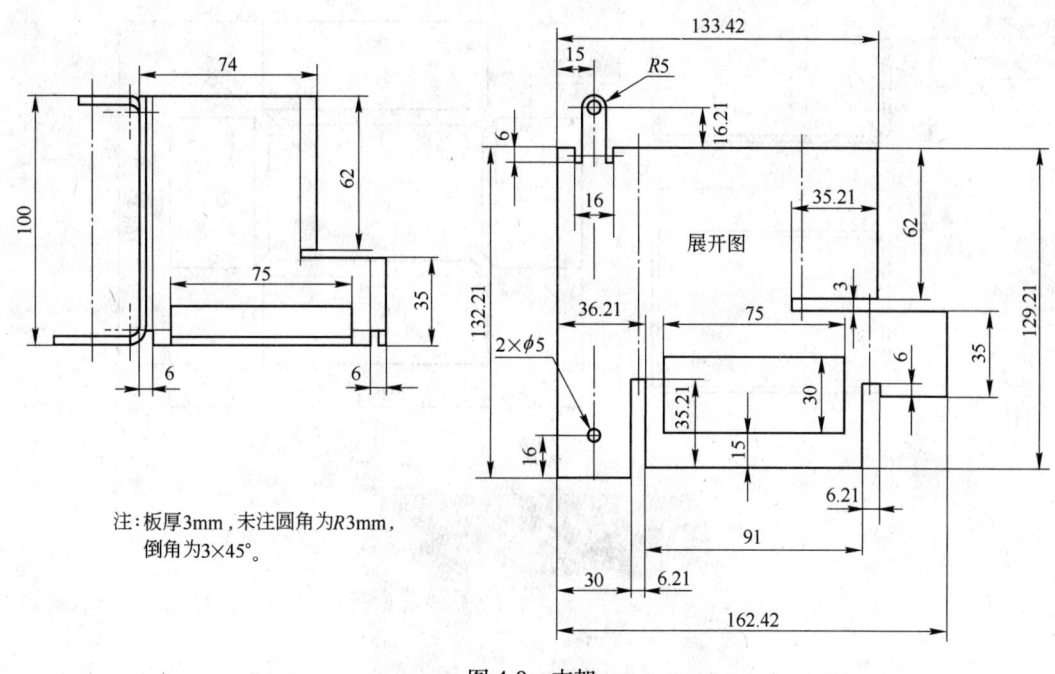

注：板厚3mm，未注圆角为R3mm，
倒角为3×45°。

图 4-9　支架

4-3　完成图 4-10 所示罩板的钣金设计。注意正确选择折弯止裂槽类型。

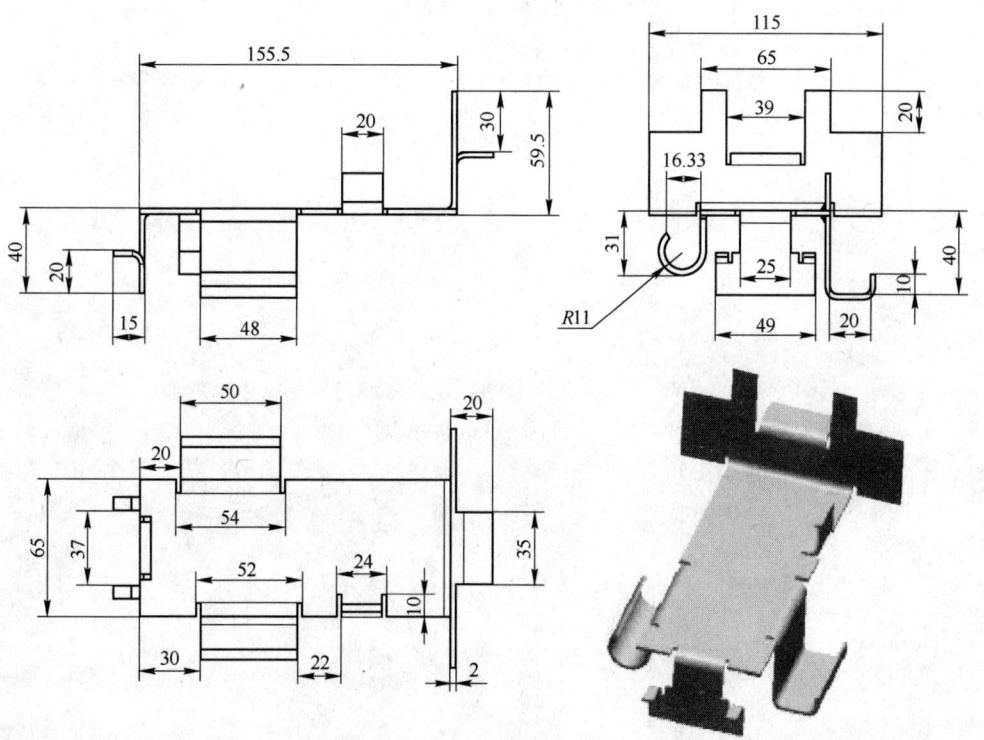

图 4-10　罩板

4-4　设计图 4-11 所示护罩的钣金，注意选择拐角止裂类型。

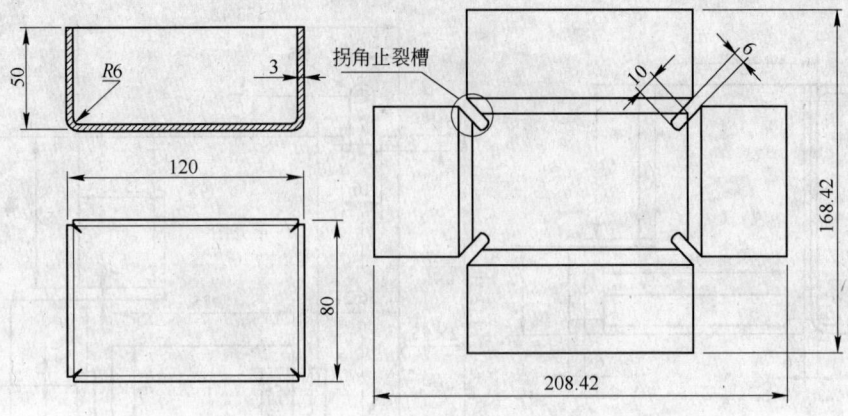

图 4-11　护罩

5　钣金的折弯特征

金属材料被弯成具有一定形状和角度的零件的成型方法称为弯曲。弯曲是冲压的基本工序之一，在冲压生产中应用很广。

可用弯曲方法冲压的零件种类很多，如图5-1所示。这些零件大多数在压力机上用模具弯曲成型，也可以用专用弯曲机进行折弯、滚弯或拉弯。

钣金折弯特征包括折弯线、折弯角度和折弯半径三个要素，如图5-2所示。

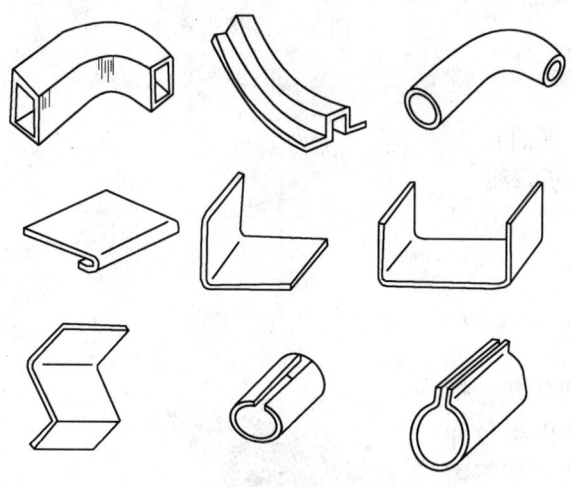

图5-1　典型折弯零件

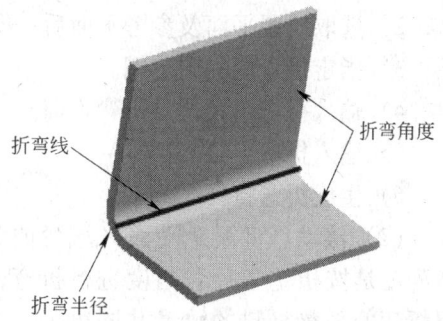

图5-2　折弯特征的三个要素

（1）折弯线：确定折弯位置和折弯形状的几何线。

（2）折弯角度：控制折弯的弯曲程度。

（3）折弯半径：折弯处的内侧或外侧半径。

5.1　折弯类型

在Pro/E钣金设计进程中，只要有平整的钣金壁特征，就可以随时添加折弯特征，将钣金件壁成型为斜形或筒形。

选取钣金折弯命令的方法有以下两种：

（1）在工具栏中单击 🔽 按钮，如图5-3所示。

（2）选择下拉菜单【插入】→【折弯操作】→【折弯】命令，如图2-3所示。

激活折弯命令后，将弹出如图5-4所示的【选项】菜单管理器，可以定制钣金折弯选项。

折弯主要有角度和滚动两种类型。

（1）角度。将钣金的平面区域弯曲一定角度，按指定半径

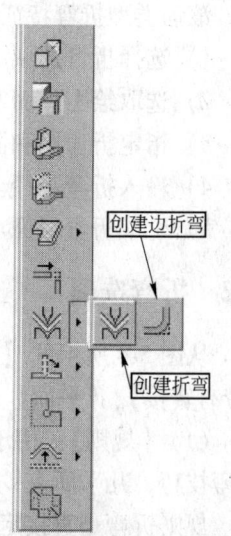

图5-3　工具栏按钮的位置

和角度折弯，方向箭头决定折弯位置。角度折弯可以在折弯线的一侧形成（见图5-5），也可以在两侧对等形成。

图 5-4　【选项】菜单管理器

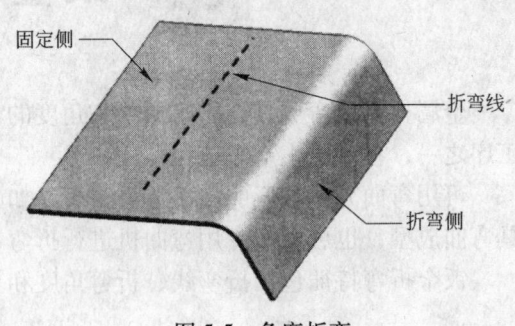

图 5-5　角度折弯

角度类型折弯特征创建的一般步骤是：

1）选择折弯选项（规则、带有转接、平面）。

2）选取绘图平面及参考平面后，绘制折弯线。

3）指定折弯侧和固定侧。

4）输入折弯角及调整折弯方向。

5）输入折弯半径。

6）生成折弯特征。

（2）**滚动**。将钣金平面区域弯曲为圆弧状，折弯程度是按指定半径和角度进行折弯，并由半径和要折弯的平整材料的数量共同决定，滚动折弯不需要额外定义角度值，即在折弯侧方向的材料会完全顺着半径折弯，直到材料本身互相干涉为止，如图5-6所示。

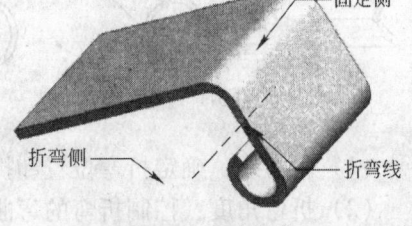

图 5-6　滚动折弯

滚动类型折弯特征创建的一般步骤是：

1）选择折弯选项（规则、带有转接、平面）。

2）选取绘图平面及参考平面后，绘制折弯线。

3）指定折弯侧和固定侧。

4）输入折弯半径。调整折弯方向。

5）生成折弯特征。

5.2　折弯选项

从图5-4所示的【选项】菜单管理器可看到，两种类型的折弯下面都有【规则】、【带有转接】、【平面】这三个选项。

（1）【规则】：用于创建没有过渡曲面的标准折弯。这是一种最普通、常见和简单的折弯技巧，几乎所有铁制品、铝制品都采用这种规则折弯来完成各种造型。

规则折弯是直接定义一条折弯线，在此线两侧进行垂直方向的折弯，角度折弯时的角度是以固定平面为参考，如图5-7所示。

（2）【带有转接】：带有转接区的折弯。所谓"转接区"是指平坦区域与折弯区域之间的缓冲区，通过缓冲区的曲面变形，使要保持平整的区域过渡到折弯区域，如图 5-8 所示。

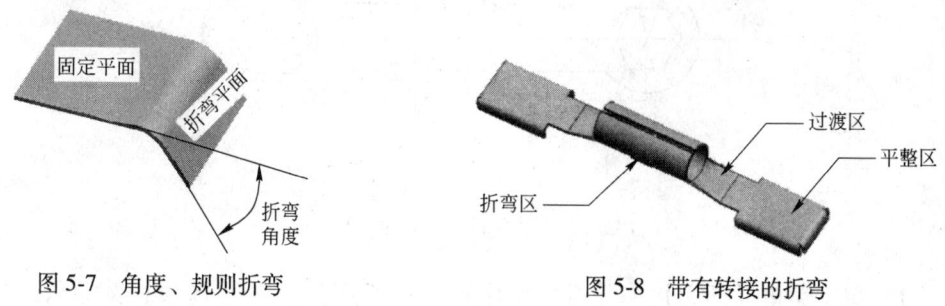

图 5-7　角度、规则折弯　　　　　　　　图 5-8　带有转接的折弯

（3）【平面】：在固定平面内折弯，折弯回转轴垂直于固定平面与草绘平面，如图 5-9 所示。

图 5-9　平面折弯

5.3　折弯实例

例 5-1　制作如图 5-10 所示的双头扳手，练习角度、规则折弯特征的使用。

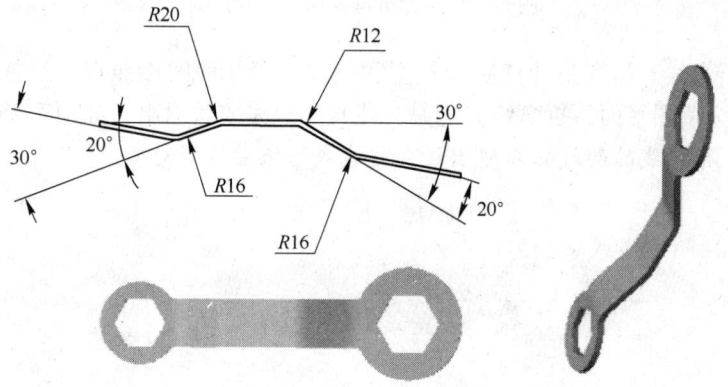

图 5-10　双头扳手

（1）创建钣金文件，命名为 banshou.prt。
（2）创建第一钣金壁，按图 5-11 所示尺寸草绘，创建分离的平整壁。
（3）创建折弯。

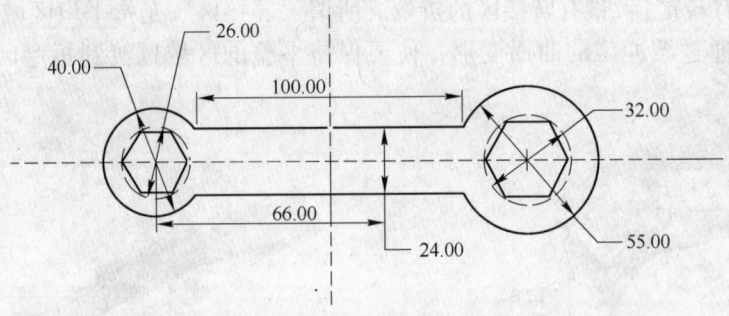

图 5-11　创建第一壁

1）单击菜单【插入】→【折弯操作】→【折弯】→在【选项】菜单管理器中，选择【角】→【规则】→【完成】。

2）【使用表】菜单管理器选择折弯表，如图 5-12（a）所示。

①零件折弯表：整个零件都按照系统缺省的折弯表或用户设置的折弯表来计算折弯长度。

②特征折弯表：为该特征设置特定的折弯表。

3）确定钣金折弯半径。由于钣金具有一定厚度，因此在指定折弯半径时有两种形式：一种不包括钣金厚度，称为"内侧半径"，另一种包括钣金厚度，称为"外侧半径"，都在【半径所在侧】菜单管理器中指定，如图 5-12（b）所示。

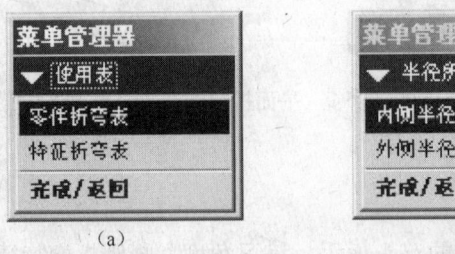

图 5-12　选择折弯表和半径所在侧

4）草绘折弯线。折弯是计算展开长度和创建折弯几何的参照点，只能选取钣金件上的平整表面作为草图平面，折弯线只能是一段直线，完成后退出，如图 5-13 所示。

● 注意：折弯线的两端必须超出钣金边线或与钣金边线对齐。

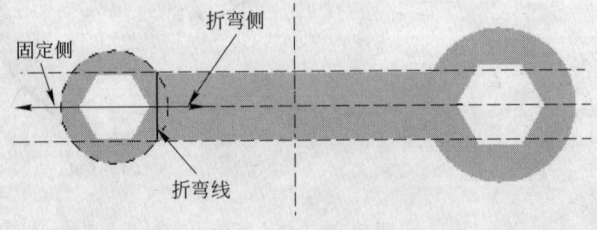

图 5-13　绘制折弯线

5）选择折弯侧。折弯线将钣金件分为两侧，折弯时的折弯特征可以建立在折弯线的任意一侧，或者以折弯线为中心，在折弯线的两侧同时折弯，因此共有 3 种情况。此例按

图 5-13 所示右侧为折弯侧。

　6）选择固定侧。折弯过程中，必须保持一侧不动，另一侧弯曲。此例按图 5-13 所示选左侧为固定侧。

　7）止裂槽、折弯角。在此选择【无止裂槽】→在【DEF BEND ANGLE】菜单管理器中选择 30.00 度→【完成】→在【半径选取】菜单管理器中的【输入值】输入 16.00→在【折弯选项：角度，规则】对话框中单击【确定】按钮，结果如图 5-14 所示。

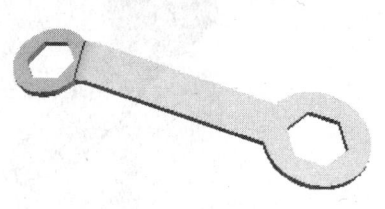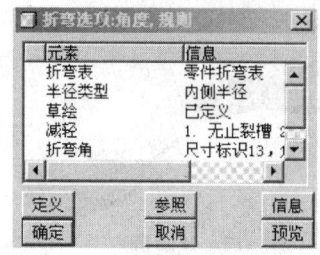

图 5-14　规则折弯

　8）同理，创建小六边形侧二次折弯，如图 5-15 和图 5-16 所示。注意，确定折弯角度 20 后，调整折弯方向，折弯半径取 20。

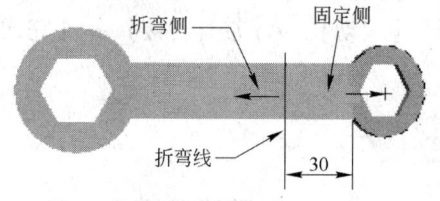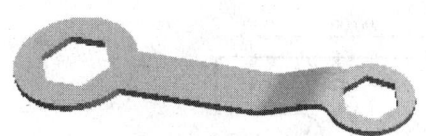

图 5-15　绘制折弯线　　　　　　　　　图 5-16　规则折弯

　9）创建另一侧折弯，如图 5-17 所示。注意，草绘平面取大六边形平面；折弯角度 20、半径 16。

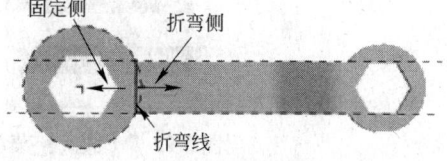

图 5-17　绘制折弯线、规则折弯

　10）创建大六边形侧二次折弯，如图 5-18 和图 5-19 所示。

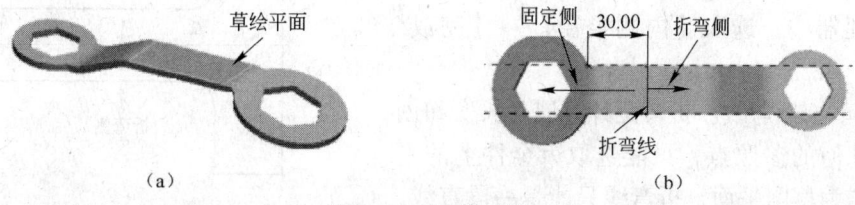

（a）　　　　　　　　　　　　　　　　（b）

图 5-18　绘制折弯线
（a）选取草绘平面；（b）草绘

● 注意：草绘平面取连接部分平面，如图 5-18（a）所示；折弯角度 30，折弯方向要合理，折弯半径为 12。

（4）保存文件并退出。

例 5-2　制作如图 5-20 所示的钣金连接件，练习滚动、带有转接折弯的应用。

此类折弯往往应用于要求在一端卷曲折弯，在另一端仍要保持平整的折弯钣金件。

图 5-19　规则折弯

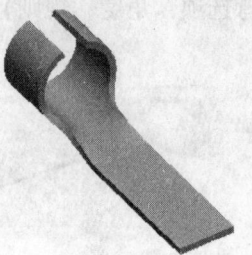
图 5-20　卷曲折弯

（1）创建钣金类型文件，命名为 zjzw. prt。

（2）创建第一壁。用平整命令创建如图 5-21 所示的第一壁，壁厚 3.00。

（3）创建折弯。

1）单击菜单【插入】→【折弯操作】→【折弯】。

2）按图 5-22 所示【选项】菜单管理器中选择【滚动】→【带有转接】→【完成】。

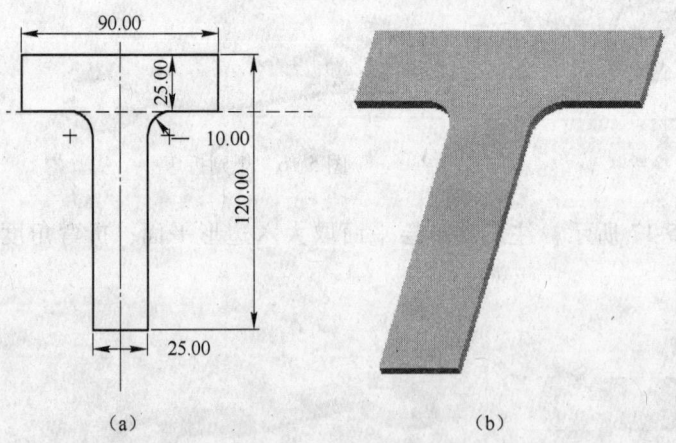
（a）　　　　　　　　　（b）
图 5-21　平整钣金壁

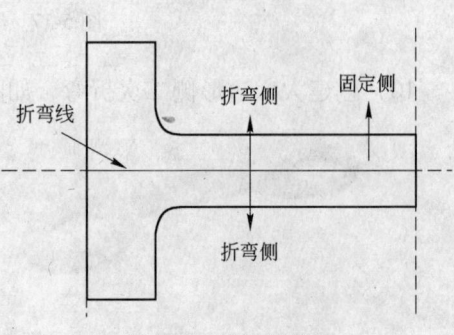
图 5-22　【选项】菜单

3）【使用表】菜单管理器选择折弯表。在此采用【零件折弯表】→【完成/返回】。

4）确定钣金折弯半径。在【半径所在侧】菜单管理器中，选取【内侧半径】→【完成/返回】。

5）草绘折弯线。折弯是计算展开长度和创建折弯几何的参照点，只能选取钣金件上的平整表面作为草图平面，折弯线只能是一段直线，完成后退出，如图 5-23 所示。

图 5-23　绘制折弯线

6）选择折弯侧。选择两侧同时折弯，如图 5-23 所示。

7）选择固定侧。按图 5-23 所示，确定一侧为固定侧。

8）绘制转接区界线。此时系统提示"草绘第一线与折弯区域邻接的平移区域"，同时系统再次进入草绘环境。如图 5-24 所示，绘制转接区限制线两条，转接区宽度 20.00；约束第一限制与两圆心共线。

9）系统提示"`是否要定义另一平移区域?（Y/N）：` `是` `否`"，单击"否"按钮。

10）确定折弯半径。在【半径选取】菜单管理器中→选取【输入值】→输入 15.00（此处折弯半径不能太小，否则折弯特征会失败）→在【折弯选项：滚动，带有转接】对话框中，单击【确定】按钮，结果如图 5-25 所示。

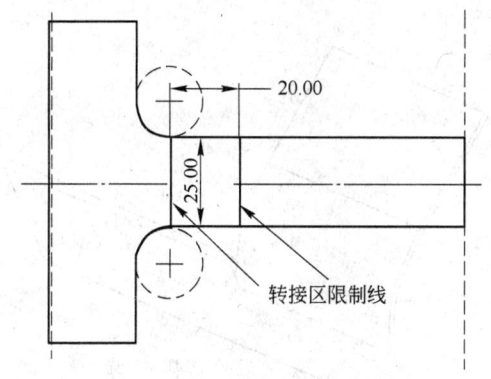

图 5-24　绘制转接区限制线

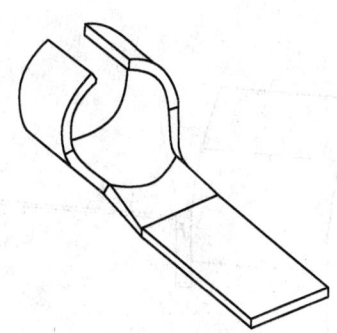

图 5-25　带有转接的滚动折弯

（4）保存文件退出。

5.4　在钣金折弯处添加止裂槽

在进行折弯时，由于折弯半径的关系，有时折弯面与固定面可能会产生互相干涉，此时用户可创建止裂槽来解决。

例如原有钣金为 L 形平板，如图 5-26 所示，在指定了折弯线、折弯侧及固定侧后（见图 5-27）即可设置止裂槽，如图 5-28～图 5-32 所示。

由折弯图可见，当折弯特征沿折弯线比固定部分短，且折弯半径较大时，又不希望固定侧也发生折弯，就必须增加止裂槽来消除折弯面与固定面的互相干涉。

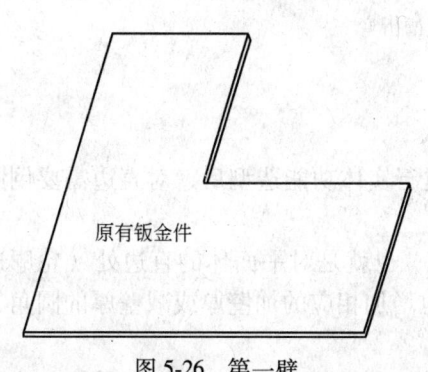

图 5-26　第一壁

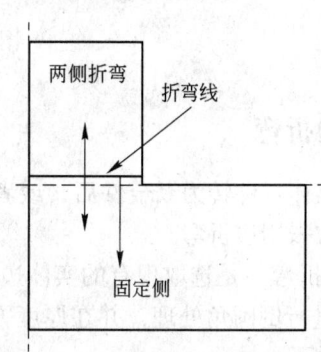

图 5-27　草绘折弯线

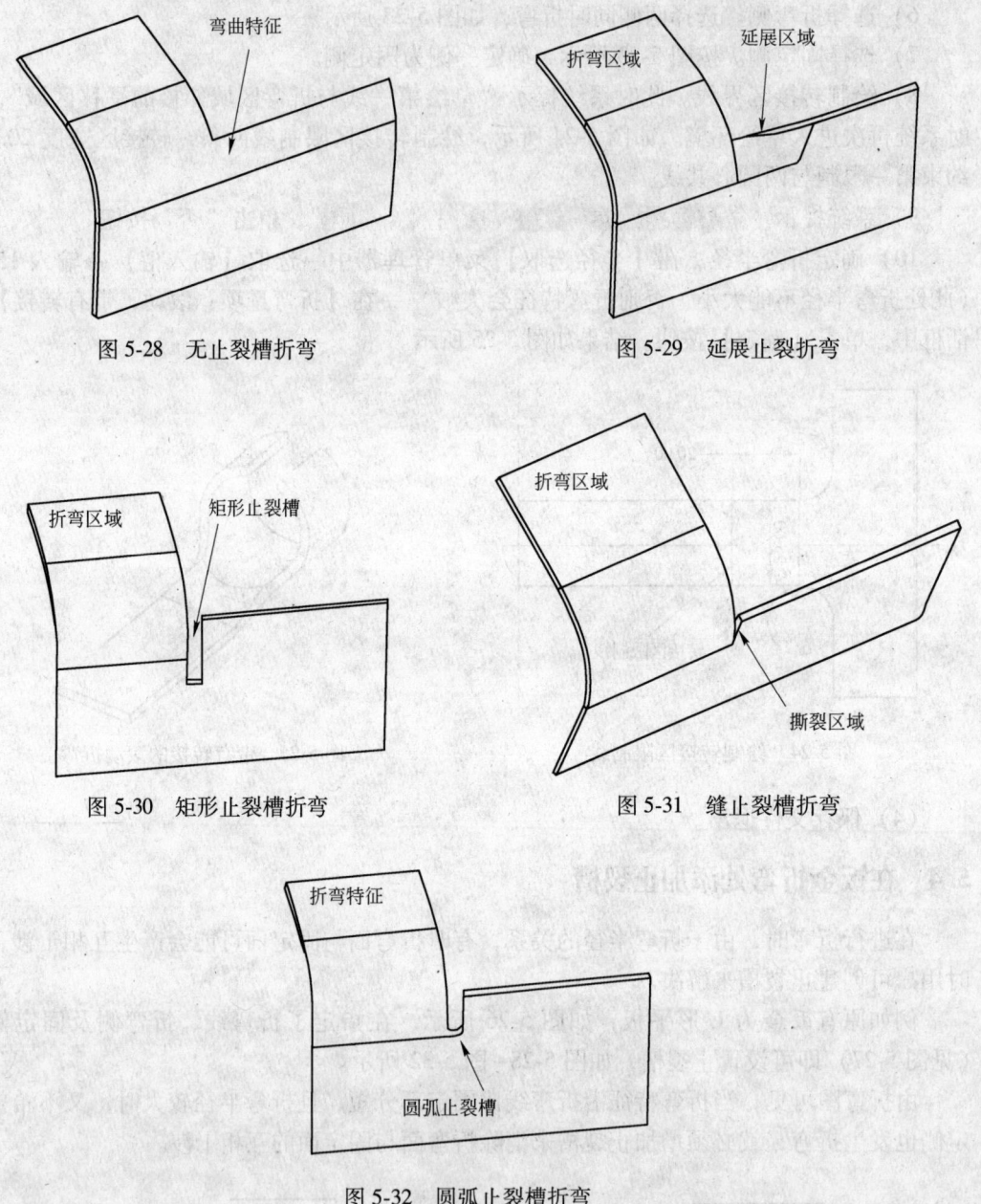

图 5-28　无止裂槽折弯　　　　　　　　　　图 5-29　延展止裂折弯

图 5-30　矩形止裂槽折弯　　　　　　　　　　图 5-31　缝止裂槽折弯

图 5-32　圆弧止裂槽折弯

5.5　边折弯

　　将实体零件转为钣金件后，或者在钣金件中进行实体功能造型后，对直边需要倒圆角时，通常采用边折弯。

　　"边折弯"是选取现有的实体边建立折弯特征，也就是对平面体的直边处（轮廓边线除外）进行倒圆角处理，并在厚度方向的另一侧也增加相应的加壁厚或减壁厚的圆角，如图 5-33 所示。

　　调用方法是：选择下拉菜单【插入】→【边折弯】命令，或在【钣金件】工具栏上，

图 5-33　边折弯

选取图标 ，然后选取要折弯的直边，折弯半径由系统自动产生。折弯半径在折弯表中，系统默认为钣金厚度值并且指向内侧半径。如果折弯半径不理想，可以使用【编辑】命令进行修改。

在钣金件中进行实体功能造型，要进入实体功能状态，可以单击下拉菜单【应用程序】→【标准】。完成实体设计后，再次单击下拉菜单【应用程序】→【钣金件】即可返回到钣金功能状态。

另外，运用拉伸特征创建钣金件，当草绘为多段折线时，也可以直接设定边折弯特征。方法为：草绘结束后，在拉伸操控板上，单击【选项】按钮→在上滑板中【钣金件选项】区，勾选"在锐边上添加折弯"，再设置折弯角及其半径值。

习　　题

5-1　思考下列问题：

（1）折弯三要素是指哪三要素？

（2）折弯有哪两种类型？

（3）两种折弯类型都有的三个选项是什么？

5-2　按图 5-34 所示托架的展开图做平整壁，再运用"折弯特征"生成托架的三维结构。

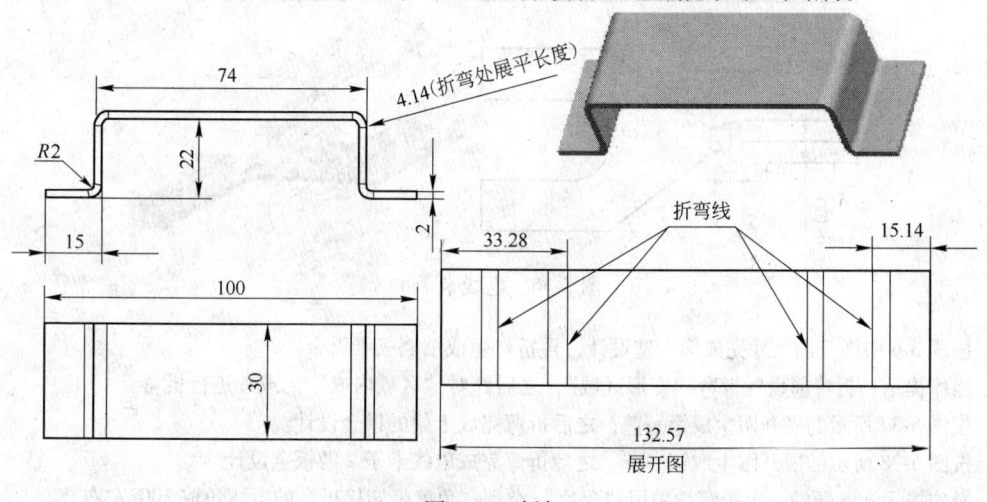

图 5-34　托架

5-3　按图 5-35 所示布线槽的展开图做平整壁，再折弯生成布线槽的三维结构。

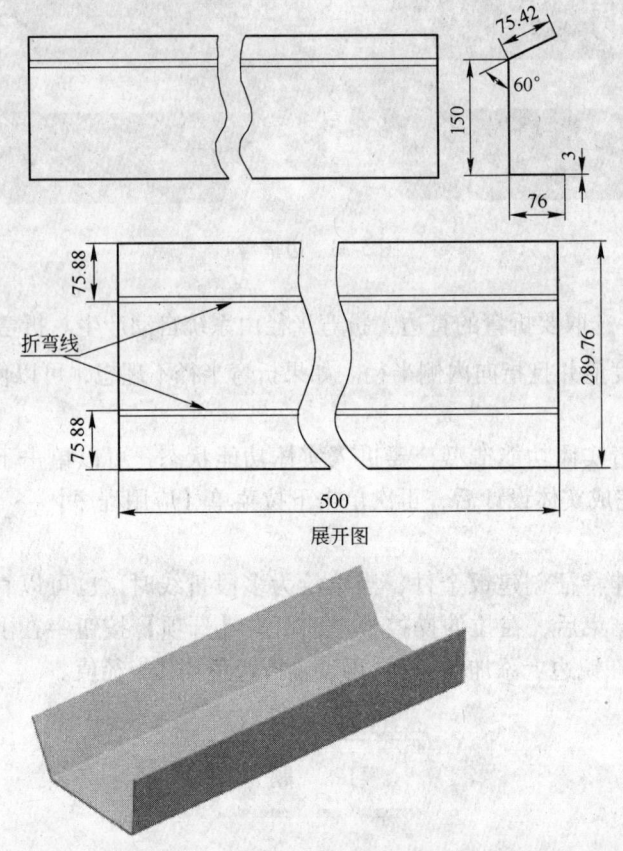

图 5-35　布线槽

5-4　接续题 3-5 中的平整壁操作，按图 5-36 所示尺寸完成电线卡子 1 的折弯。

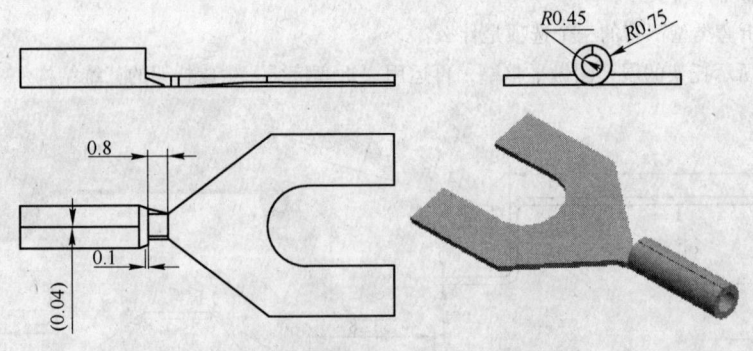

图 5-36　电线卡子 1

5-5　按题 3-6 中展开图尺寸完成第一壁设计，再折弯生成书档三维钣金。
　　操作提示：折弯前设置折弯"变形区域"，之后针对"区域内或"内或"外进行折弯。
5-6　按图 5-37 所示的展开图生成第一壁，之后折弯完成卡架的钣金设计。
5-7　按图 5-38 所示的展开图生成第一壁，之后折弯完成电线卡子 2 的钣金设计。
　　操作提示：此题的三次折弯均采用"角度"类型；角度带转接折弯的折弯角取 300°左右。

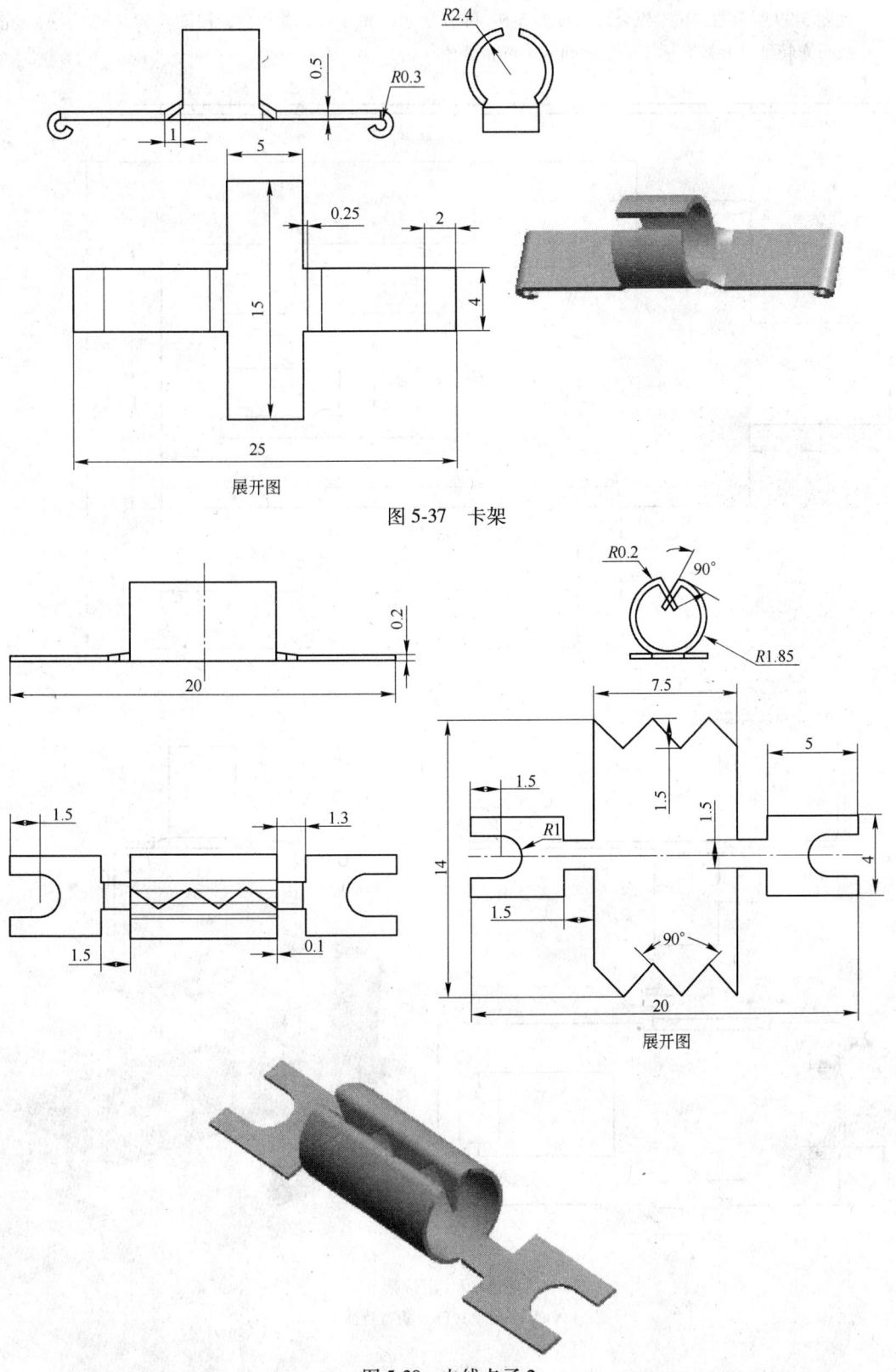

图 5-37 卡架

图 5-38 电线卡子 2

5-8　如图5-39所示的定位架钣金件。按图5-39（a）所示，完成第一壁创建；按图5-39（b）所示，完成折弯特征，并按图标注，正确确定折弯止裂槽。

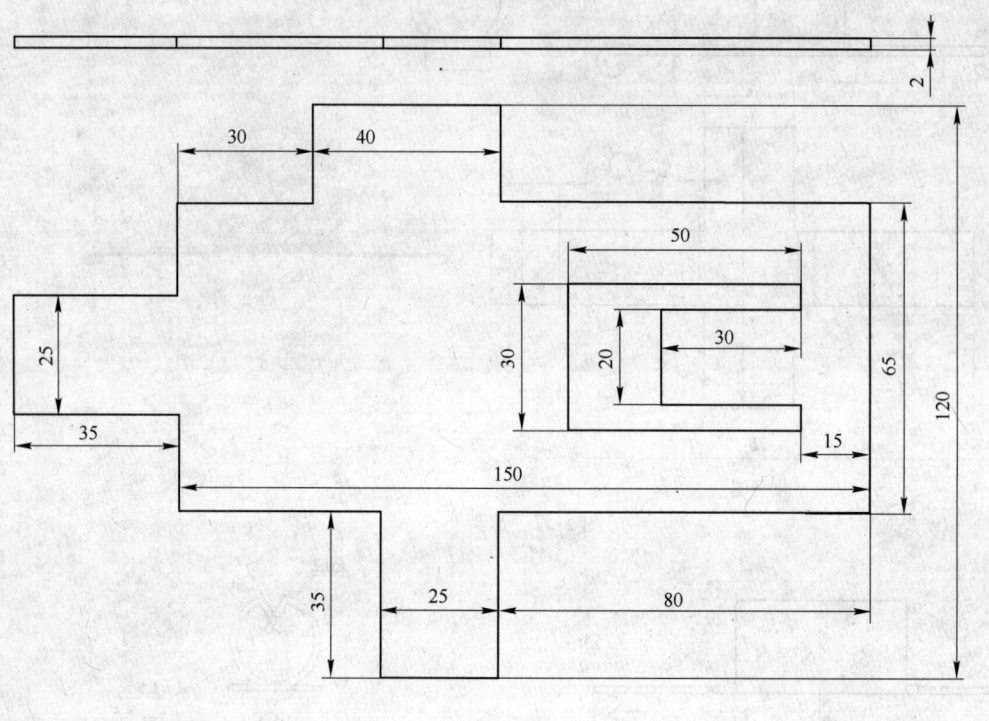

（a）

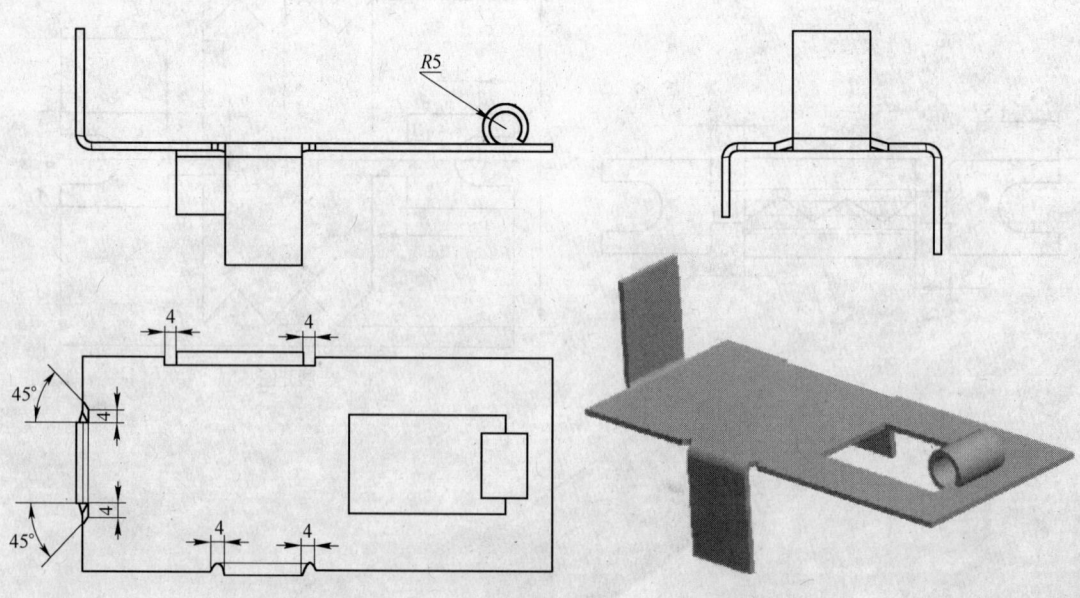

（b）

图 5-39　定位架

（a）平整壁；（b）折弯特征

 **钣金的展平特征**

在钣金设计中，可用展平命令将三维的折弯钣金件展平为二维的平面薄板，如图 6-1 所示。钣金展平的作用如下：

（1）钣金展平后，可以更容易确定薄板裁剪方案及其各部分的尺寸、大小。

（2）某些钣金特征（如切割、凹槽和切口）在平整状态下建立要比在完全弯曲状态下更加容易。

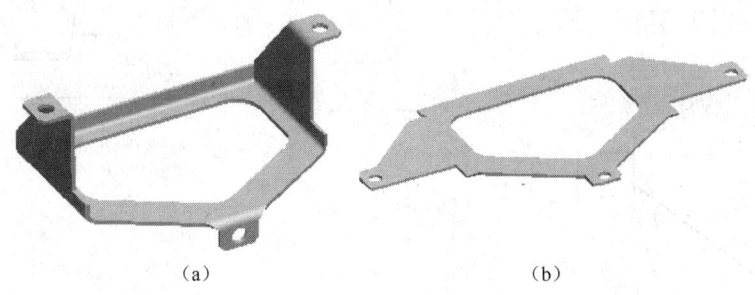

（a）　　　　　　　　　　　　　　　（b）

图 6-1　钣金展平

（a）展平前；（b）展平后

（3）钣金展平对钣金的下料和创建钣金的工程图有用。

对于展平钣金件添加特征后，还可以使用折弯回去特征，重新将零件折弯回去。

正确地使用展平和折弯回去特征，对于稳妥设计是至关重要的，在利用展平和折弯回去特征时，应当注意如下几点：

（1）不要添加不必要的展平/折弯回去特征对，它们会加大零件的尺寸，并可能在再生时造成问题。

（2）如果添加展平特征（或折弯回去）仅为了查看模型平整状态（展平）所用，在继续设计之前应删除该示例展平特征。

（3）如果想在平整状态中创建特征，则应添加展平特征。在平整状态中创建所需的特征，然后添加折弯回去特征。不要删除此例中的展平特征，否则参照该展平特征的子特征可能会再生失败。

（4）如果想要已投影的基准跟随钣金件折弯，在创建展平特征后投影曲线。这样将钣金件壁折回时，曲线将跟随钣金件的曲面。

展平特征有规则、过渡和剖截面驱动 3 种类型，如图 6-2 所示，适用于不同的场合。

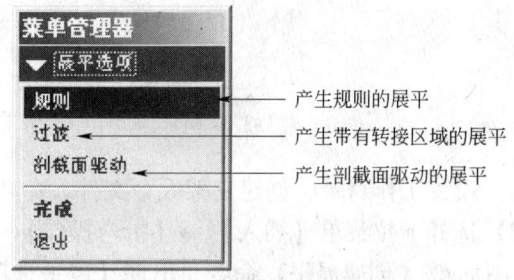

图 6-2　【展平选项】菜单

6.1　规则展平

对于由壁特征或折弯特征所建立的零件的弯曲曲面，以及直接由实体转换为钣金且成型材料是可展平或可延展的钣金件都可以由规则展平予以展开。

例 6-1　采用"规则展平"命令展平图 6-3 所示支架件的指定折弯特征。

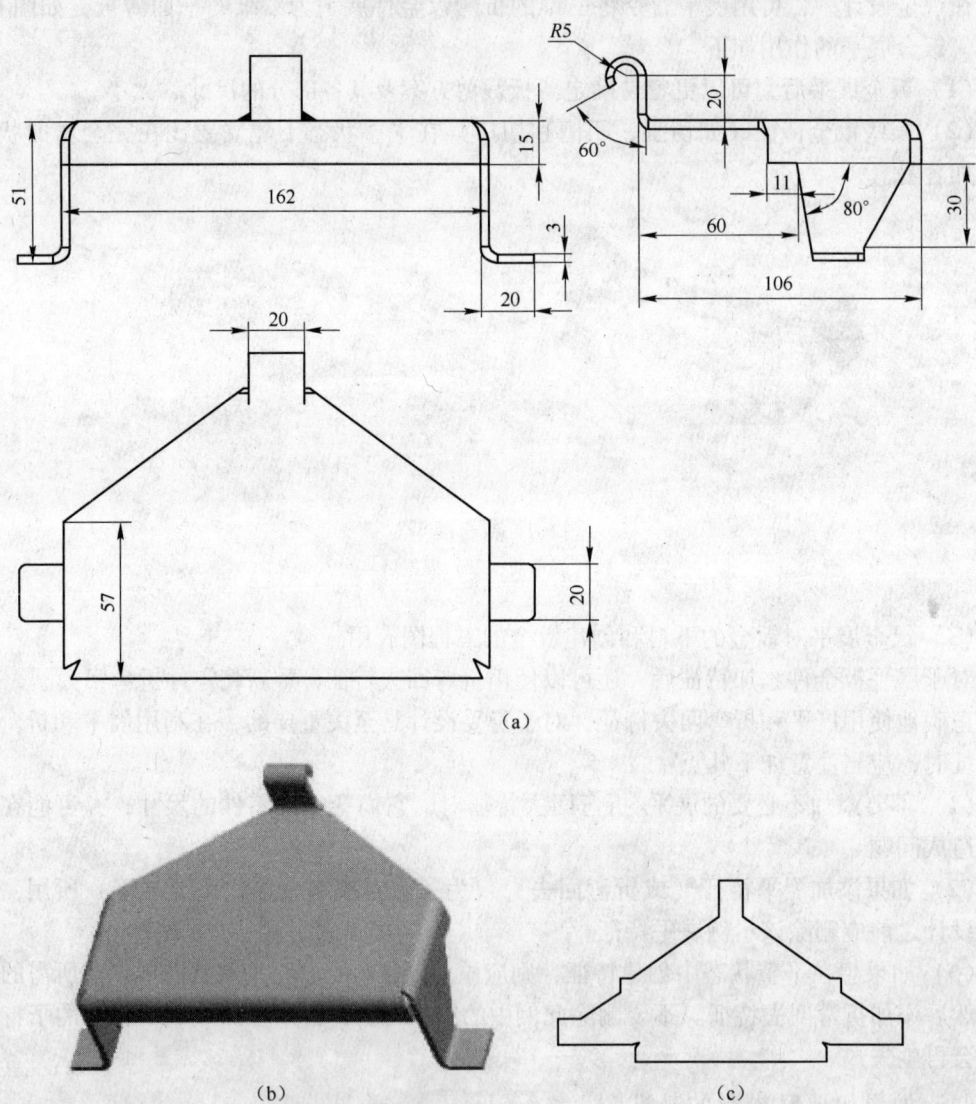

（a）

（b）　　　　　　　　　　　（c）

图 6-3　钣金的部分展平

（a）钣金件三视图；（b）展平前；（c）展平后

（1）设置工作目录，创建支架钣金文件，命名为 zhijia. prt。

（2）选择下拉菜单【插入】→【折弯操作】→【展平】命令，或单击【钣金件】工具栏上图标 ﹏（创建展平）命令，出现【展平选项】菜单，如图 6-4（a）所示。

（3）在【展平选项】菜单上单击【规则】→【完成】，出现如图 6-4（b）所示的

【规则类型】对话框。

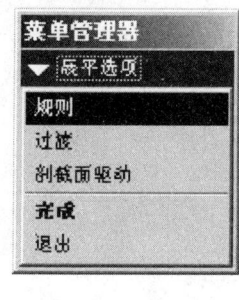
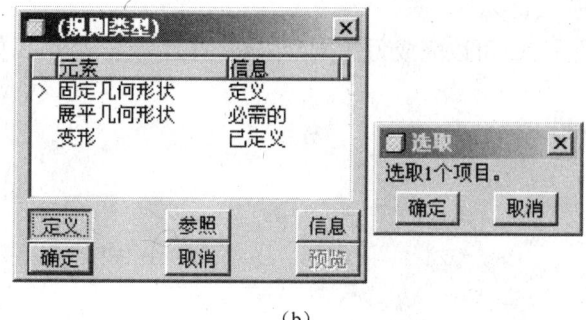

(a)   (b)

图6-4　【展平选项】菜单及【规则类型】对话框
(a)【展平选项】菜单；(b)【规则类型】对话框

(4) 在【规则类型】对话框中，首先要求定义【固定几何形状】，要求选取模型的一个区域作为固定的平面，此平面在展平时仍会固定在原处。如选择图6-5所示的曲面，出现图6-6所示的【展平选取】菜单。

(5) 定义【展平选取】，要求选择欲展平的折弯区域，此时在【展平选取】菜单中，有两个选项：一是【展平选取】，要求指定要展平的折弯区域；另一是【展平全部】，由系统自动计算所有要展平的折弯区域。此例取默认项【展平选取】→【完成】。

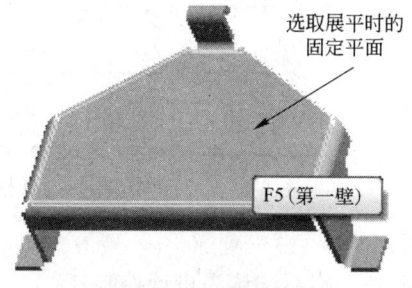

图6-5　选取固定平面   图6-6　【展平选取】菜单

(6) 菜单变为【特征参考】，如图6-7所示。

(7) 选取展平曲面，按图6-8所示，选取两侧圆弧面为展平曲面，单击【完成参考】。

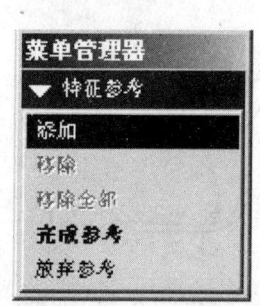

图6-7　【特征参考】菜单   图6-8　选取展平曲面

（8）完成操作，单击图 6-4（b）所示的【规则类型】对话框中【确定】按钮，结果如图 6-9 所示。

（9）同理，可以完成另一折弯的展平操作，最终结果如图 6-10 所示。

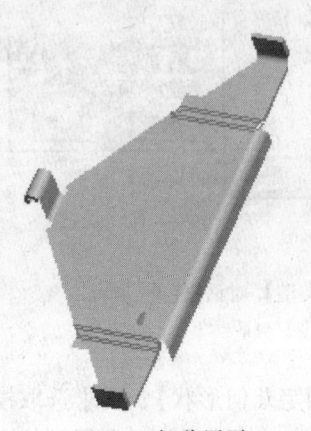
图 6-9　部分展平

图 6-10　全部展平

● 注意：本例实际上可一次性完全展开，即在【展平选取】菜单中，若单击【展平全部】→【完成】，则【规则类型】对话框如图 6-11 所示，再单击【完成参考】，就自动展开所有折弯。

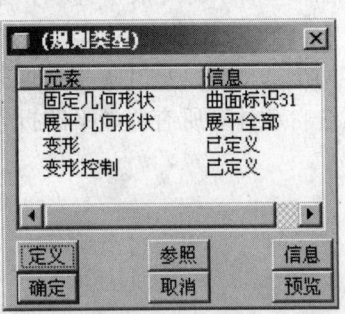
图 6-11　【规则类型】对话框

【规则类型】对话框的其余选项作用分述如下：

（1）【变形】：如果折弯区域有变形区未连接到边缘时，系统会出现红色高亮提示，则设计者必须再另外选取一个变形区域与边缘连接，此变形区域作为系统判定展平样式的依据。

（2）【变形控制】：通过草绘的方式，设计者可以自行改变变形区域的方式与形状，如果没有其他任何定义，则系统认为自动控制。

例 6-2　采用"规则展平"中的"变形"选项完成图 6-12 所示连接架的展开。

（1）设置工作目录；创建支架钣金文件，命名为 lianjiejia.prt；完成模型设计。

（2）选择下拉菜单【插入】→【折弯操作】→【展平】命令，出现【展平选项】菜单，在【展平选项】菜单上单击【规则】→【完成】，出现【规则类型】对话框，此时选择图 6-13 所示的曲面，出现【展平选取】菜单。

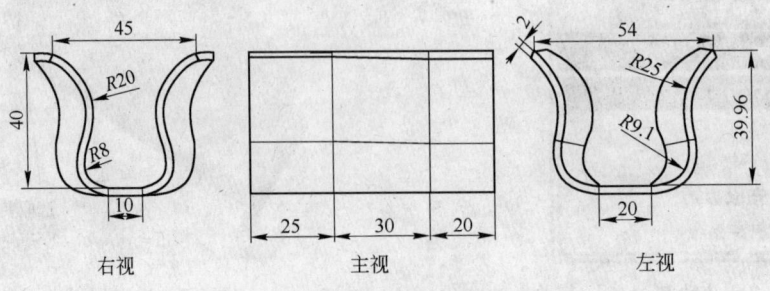

右视　　　　　主视　　　　　左视

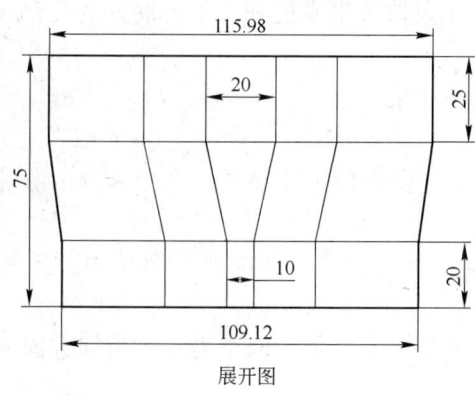
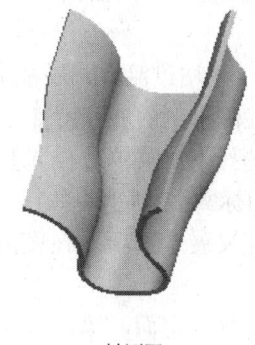

展开图   轴测图

图 6-12 连接架

（3）单击【展平全部】→【完成】，则出现【特征参考】菜单，同时【规则类型】对话框中提示选择"变形"，并且模型也出现了如图 6-14 所示的变形区域不连接现象。按图 6-14 所示选取变形区域→单击【完成参考】→单击【选取】对话框中的【确定】→单击【规则类型】对话框中的【确定】，则连接架被展开，如图 6-12 所示的展开图效果。

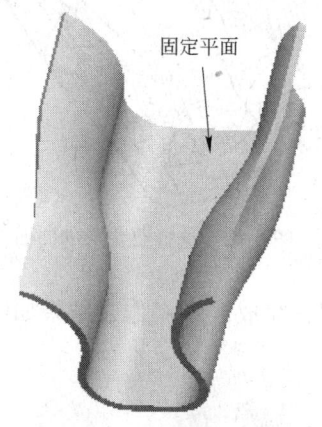
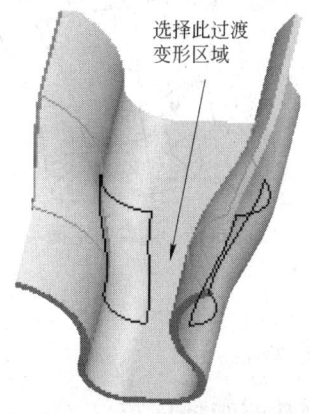

图 6-13 选取固定平面   图 6-14 展平选取过渡变形区

6.2 过渡展平

对于不能用规则展平的不可展几何（不规则曲面，如图 6-15 所示，两端为规则曲面，

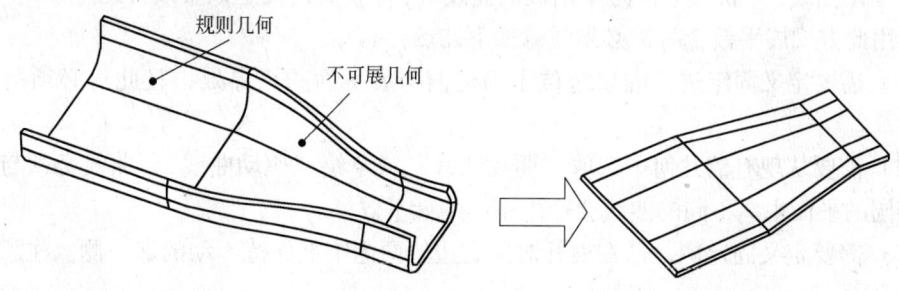

图 6-15 过渡展平

中部连接曲面为不规则曲面），可以使用过渡展平来展开。不可展开的几何在多个方向上有折弯。

例 6-3　采用过渡方式展平上例的连接架。

（1）删除上例的展开特征。

（2）选择下拉菜单【插入】→【折弯操作】→【展平】命令，或单击【钣金件】工具栏上的图标 （创建展平）。

（3）定义展平选项。在图 6-4（a）所示的【展平选项】菜单中，选择【过渡】→【完成】。

（4）选择固定面。按住 Ctrl 键，选图 6-16 所示的两个表平面为固定面→选择【完成参考】命令。

（5）选择变形的曲面。按住 Ctrl 键，选图 6-17 所示的 12 个曲面（包括 5 个绿色面、5 个白色面、2 个厚度方向的面）为要变形的曲面→选择【完成参考】命令。

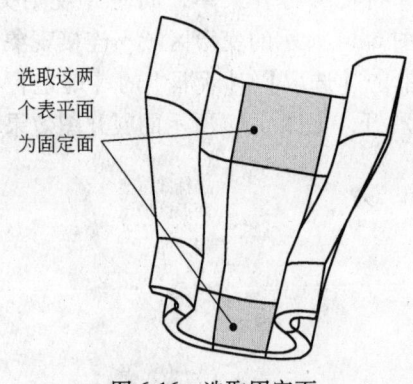

图 6-16　选取固定面

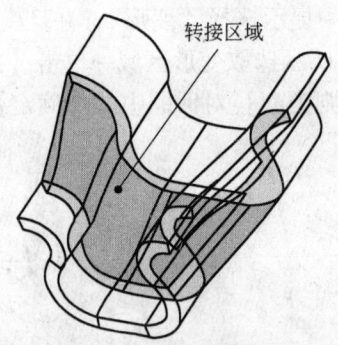

图 6-17　选择要变形的曲面

（6）单击【平移类型】对话框中的【确定】按钮，完成展平操作，结果如图 6-12 中的展开图所示。

6.3　剖截面驱动展平

利用由实体直接转成的钣金壁，常含有相当多的圆角结构，在展开此类钣金壁的过程中，圆角区域与其邻近的钣金壁会形成一个特殊的区域，即不规则的区域，这种不规则区域的钣金件可采用剖截面驱动方式进行展开。此处的"剖截面"实际上指一条影响展平形状的"驱动曲线"（软件中称为"剖截面曲线"），该曲线决定钣金展开的形状。

采用此方式展平钣金时，必须注意如下几点：

（1）需要定义固定边，固定边位于固定面与展平面的交界处，且此边必须落在固定面上。

（2）需要从现有的几何中选取"驱动曲线"或草绘"驱动曲线"，曲线必须与固定面处在相同的平面中。不同的曲线会产生不同的展平效果。

（3）需要定义固定侧，即在展开时固定边的两侧中欲保持不动的那一侧。注意，该侧必须为平面。

例 6-4　用剖截面驱动方式展平图 6-18 所示的钣金壁。

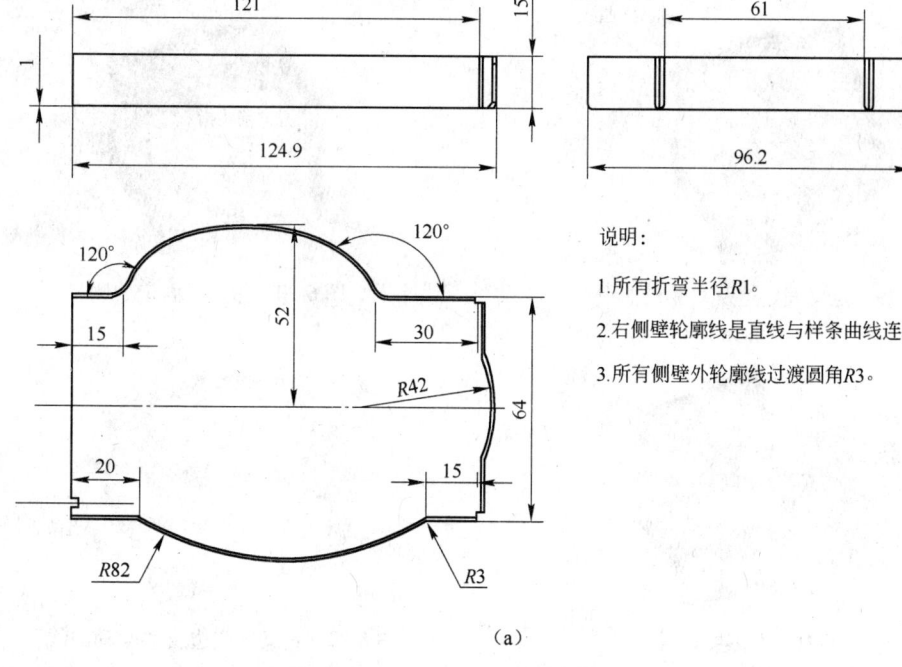

说明：

1. 所有折弯半径*R*1。

2. 右侧壁轮廓线是直线与样条曲线连接。

3. 所有侧壁外轮廓线过渡圆角*R*3。

（a）

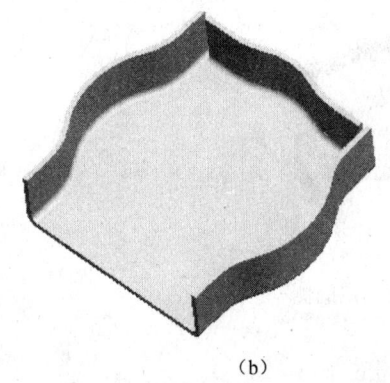

（b）

图 6-18　钣金壁

（a）三视图；（b）三维模型

（1）设置工作目录，创建钣金文件 qdpm. prt，完成模型设计。

（2）选择下拉菜单【插入】→【折弯操作】→【展平】命令，或单击【钣金件】工具栏上的图标 ▣（创建展平）。

（3）定义展平选项。在图 6-4（a）所示的【展平选项】菜单中，选择【剖截面驱动】→【完成】。

1）定义、选取剖截面线。按图 6-19 所示，绘制并选取基准曲线为剖截面曲线。

2）定义、选取固定侧。按图 6-20 所示，确定箭头所示侧为固定侧。

3）单击【确定】按钮，结果如图 6-21 所示。

同理，展平其余两侧，操作如图 6-22~图 6-27 所示。

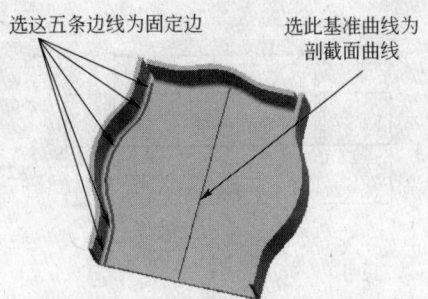

图 6-19　定义固定边及"驱动曲线"　　　　　　　图 6-20　指定要固定的侧

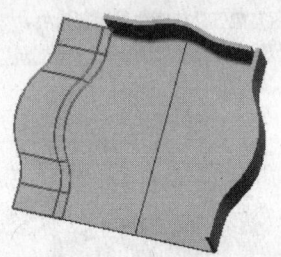

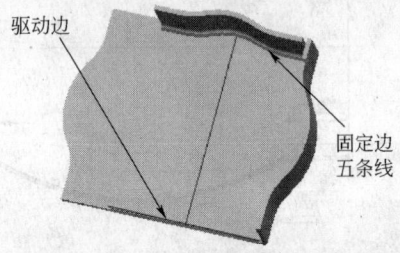

图 6-21　左侧展开后　　　　　　　　　　图 6-22　定义固定边及"驱动曲线"

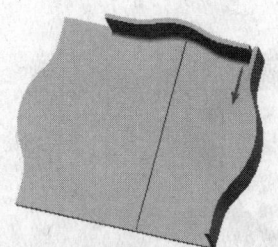

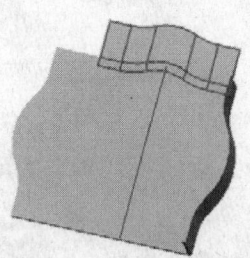

图 6-23　指定要固定的侧　　　　　　　　　图 6-24　后侧展开后

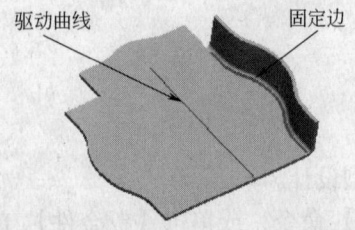
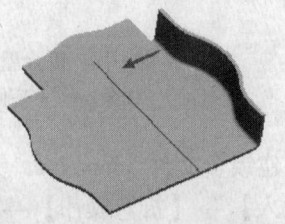
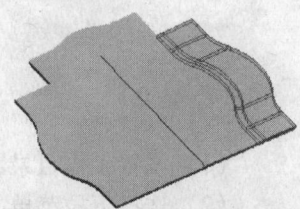

图 6-25　定义固定边及"驱动曲线"　　　图 6-26　指定要固定的侧　　　图 6-27　右侧展开后

（4）按【X 截面驱动类型】对话框要求定义、选择固定边。要求定义固定边必须在固定平面上。按住 Ctrl 键，选择图 6-19 所示的五条边为固定边→【完成】。

6.4　缝特征

有些钣金件会形成一个封闭区，而一个封闭的钣金件是无法直接展平的。此时可以利用 Pro/E 系统提供的缝处理功能，先在钣金件的某处产生裂缝，即裁开材料，这样就可以展开钣金件了。

缝特征共有规则缝、曲面缝、边缝3种不同的形式。

6.4.1 规则缝

以草绘二维曲线的方式建立裂缝扯裂，在钣金件上建立裂缝特征，然后将钣金件展平。

例6-5 用规则缝方式展平图6-28所示的圆柱钣金件。

（1）设置工作路径，创建钣金件文件，命名为fengzan. prt。

（2）创建钣金件。用拉伸命令，创建一个圆柱钣金件，如图6-28所示。

（3）使用缝特征切开钣金件。

1）单击菜单【插入】→【形状】→【扯裂】命令（或单击工具栏中的▉按钮），弹出【选项】菜单，如图6-29所示。

2）在【选项】菜单中，选择【规则缝】→【完成】。

3）选择基准平面RIGHT作为草绘平面（见图6-30）→绘制如图6-31所示的草图曲线→✓。形成的缝特征如图6-32所示。

- 注意要点：所有图元都必须形成一个连续的开放链，其端点与曲面边或侧面影像对齐。

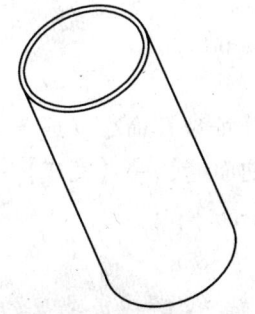

图6-28 未展开的钣金件

图6-29 【选项】菜单

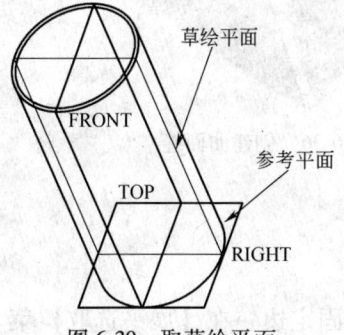

图6-30 取草绘平面

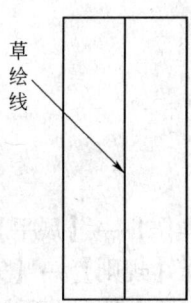

图6-31 草绘曲线

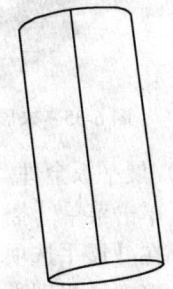

图6-32 缝特征

（4）展开钣金件。

1）单击菜单【插入】→【折弯操作】→【展平】命令。

2）在【展平选项】菜单中，选择【规则】→【完成】。

3）出现【规则类型】对话框，按图 6-33 所示选取固定边→在【展平选取】菜单中，选择【展平全部】→【完成】→【确定】，结果如图 6-34 所示。

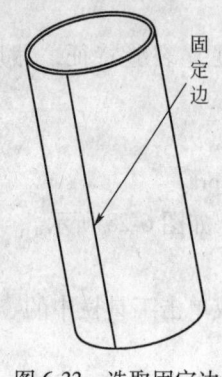
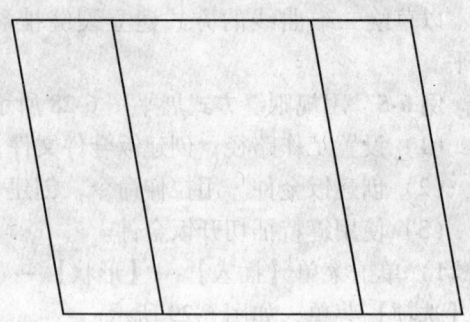

　　图 6-33　选取固定边　　　　　　　　图 6-34　展平后的钣金材料

6.4.2　曲面缝

曲面缝扯裂是将钣金件中无法展开的区域与钣金外边界线之间的曲面移除掉，以产生裂缝。

例 6-6　用曲面缝方式展平图 6-35 所示的钣金件。

（1）设置工作路径，创建钣金件文件，命名为 qumzan. prt。

（2）创建如图 6-35 所示的钣金件。

（3）创建曲面缝。单击菜单【插入】→【形状】→【扯裂】命令（或单击工具栏中的■按钮）→在图 6-29 所示的【选项】菜单中，选择【曲面缝】→【完成】→选取钣金件的四个侧面过渡曲面，形成曲面缝扯裂缝，如图 6-36 所示。

　　图 6-35　未展开的钣金件　　　　　　图 6-36　创建曲面缝

（4）展平钣金件。

1）单击菜单【插入】→【折弯操作】→【展平】命令。

2）在【展平选项】菜单中，选择【规则】→【完成】。

3）出现【规则类型】对话框，在钣金件的上顶外面选取固定边→在【展平选取】菜单中，选择【展平全部】→【完成】→【确定】，结果如图 6-37 所示。

6.4.3　边缝

边缝是指在钣金件无法展开的区域中，找出一条能延伸到钣金件外围边缘的边线，以此条边线将钣金切开。

　　例 6-7　用边缝方式展平图 6-38 所示的钣金件。

　　（1）设置工作路径，创建钣金件文件，命名为 bian-fz. prt。

　　（2）创建如图 6-38 所示的钣金件。

　　（3）创建边缝。单击菜单【插入】→【形状】→【扯裂】命令（或单击工具栏中的▉按钮）→在【选项】菜单中，选择【边缝】→【完成】→选取图 6-39 所示钣金件的两条侧边线，形成边缝扯裂缝。

图 6-37　展平后的钣金材料

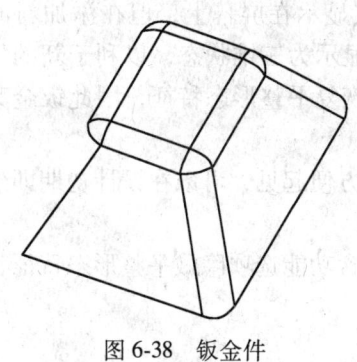

图 6-38　钣金件

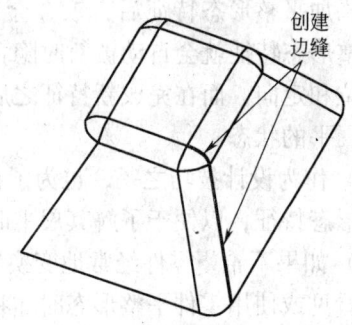

图 6-39　添加边缝

　　（4）展平钣金件。

　　1）单击菜单【插入】→【折弯操作】→【展平】命令。

　　2）在【展平选项】菜单中，选择【规则】→【完成】。

　　3）出现【规则类型】对话框，选取图 6-39 所示钣金件的边缝，作为固定边→在【展平选取】菜单中，选择【展平全部】→【完成】→【确定】，结果如图 6-40 所示。

　　此例中，也可以选钣金件的上底平面上的边作为展平固定边。

　　（5）保存文件，删除旧版本。

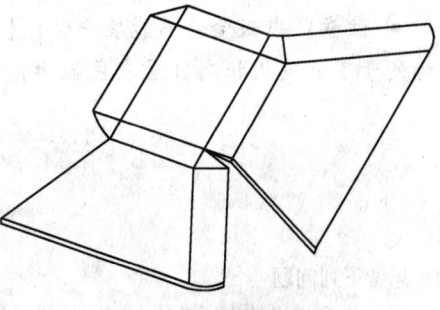

图 6-40　钣金件展开

6.5　钣金折回特征

　　对于展平后的钣金材料可以添加折弯回去命令，它能够将展平的钣金平板的整个或部分平面再恢复为折弯状态，因此折弯回去是相对于钣金展平功能提出的。

　　● 注意：并不是所有能展开的钣金件都能再折弯回去，例如，用【剖截面驱动】等非"规则"方式展平的特征就不能再折弯回去。

　　钣金折回特征的创建步骤简述如下：

　　（1）选择下拉菜单【插入】→【折弯操作】→【折弯回去】命令，或单击【钣金件】工具栏中的按钮▉（创建折弯回去）→选择已展平钣金件上的某曲面作为固定平面→

【完成参考】。

（2）选择要折弯的展平区域→在【折弯回去选取】菜单中选择【折弯回去全部】→【完成】。

（3）在【折弯回去】对话框中，单击【确定】按钮，完成操作。

6.6　钣金平整形态特征

钣金平整形态特征与展平特征的功能相似，都可以将三维钣金件全部展平为二维平板状态，但是要注意：

（1）平整形态特征会一直在模型树的底端，并能自动调整到新加入特征之后，即当在模型上添加平整形态特征后，钣金会以二维展平方式显示在屏幕上，但在添加新的特征时，平整形态特征就会自动被暂时隐含，钣金模型仍显示为三维状态，以利于新的特征的三维定位和定向，而在完成新特征之后，系统又自动恢复平整形态特征，因此钣金又显示为二维展平的状态。

（2）作为设计技巧之一，也为了在绘图和制造上方便起见，可以在设计初期即建立一个平整形态特征，以便于了解其展平时的尺寸外形。

（3）如果不希望零件经常地变换展平，可以用隐含功能选项隐藏平整形态特征，并只在希望看见或使用零件平整形态时才将其恢复。

钣金平整形态特征的创建操作步骤如下：

（1）选择下拉菜单【插入】→【折弯操作】→【平整形态】命令，或单击【钣金件】工具栏中的按钮 （创建平整形态）。

（2）→选择钣金件上的某曲面作为固定平面，特征树上出现"平整陈列"特征。

● 注意：当钣金件不能展平时，【钣金件】工具栏上的【创建平整形态特征】命令图标处于不能使用状态（呈灰色显示）。

习　　题

6-1　思考下列问题：

（1）钣金展平的作用是什么？

（2）展平有哪些方法？列举几种钣金模型说明其适用的展平方法。

（3）对于展平钣金件添加特征后，能否再使用折弯回去特征重新将零件折弯回去？

（4）运用剖截面驱动方法展平钣金操作时，须注意什么？

（5）缝特征有什么实用意义？缝特征有哪3种不同的形式？

（6）在题3-8中的②、④、⑥三个钣金件能否展平，如何展平？

6-2　接续题5-8中定位架钣金件的操作，完成展平操作，效果如图6-41所示。

6-3　完成题5-7电线卡子2的展平操作。

操作提示：对于采用"滚动"折弯的折弯特征，展平时的固定特征一般应选用折弯时的折弯线为展平固定线。

6-4　完成题3-7连接槽钣金件的展平操作，展平效果如图6-42所示。

6-5　将题3-3所示的天圆地方展平，效果如图6-43所示。

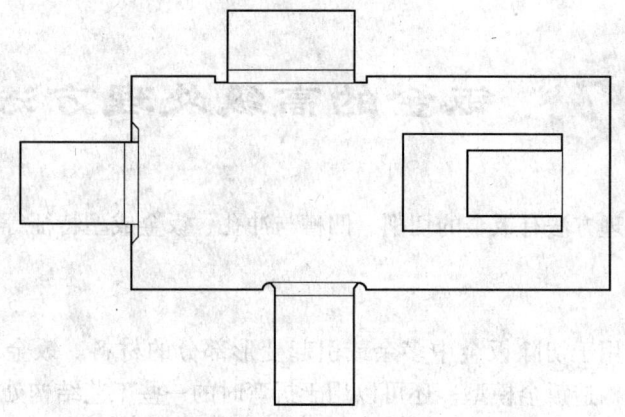

图 6-41 定位架的展平

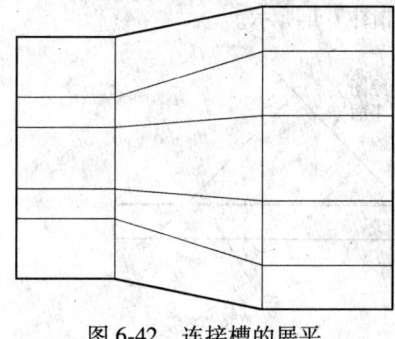

图 6-42 连接槽的展平

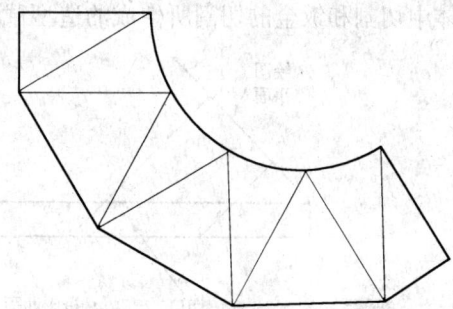

图 6-43 天圆地方的展平

 钣金的高级处理方法

钣金的高级处理方法有钣金的切削、凹槽与冲孔、钣金成型特征等。

7.1　钣金切割

钣金切割功能用于切除钣金中多余或引起变形部分的材料。钣金切割的应用场合较多，不但可以用于构造钣金模型，还可以用于折弯时的一些工艺结构处理。

设计钣金中，当草绘平面与钣金面平行时，创建钣金件切割和创建实体切割的操作方式基本相同；当草绘平面与钣金面不平行时，即切割特征的绘图面与钣金呈某个角度，则实体中切割和钣金的切割所生成的造型截然不同，如图 7-1 所示。

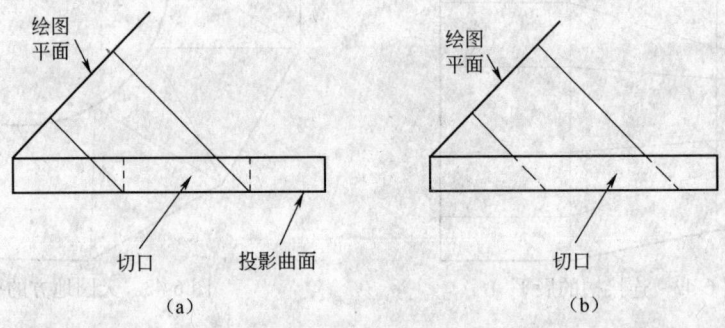

图 7-1　钣金切割与实体切割对比
（a）钣金切割；（b）实体切割

（1）实体切割：切口与绘图平面垂直。草绘孔垂直于草绘平面直接对实体切割，生成斜切口。

（2）钣金切割：钣金切口是从零件中移除材料。切口垂直于钣金曲面。草绘孔先垂直于草绘平面投影到钣金件上指定表面，得到投影后再垂直于钣金件表面切割，生成切口。

● 注意：在 Pro/E Wildfire 4.0 中，【拉伸】壁特征与原来的【钣金切割】特征合并为一个特征，如果在操作控制板上选择切除材料按钮，就将是钣金切割特征。关于【拉伸】壁特征，已在前面章节做过介绍。

钣金切割特征调用方法是：单击【钣金件】工具栏中 🗗（拉伸工具），或在下拉菜单单击【插入】→【拉伸】命令，可以在特征操控板中设置截面、方向和深度以创建钣金切割特征。

7.2　凹槽与冲孔

凹槽与冲孔是在钣金弯曲处或边上切除材料，使弯曲处避免出现材料的挤压变形。在 Pro/E 钣金设计中，凹槽和冲孔执行相同的功能，并且具有相同的菜单命令，因此所选取的功能取决于命令约定、在边上放置凹槽和在钣金件壁中间旋转冲孔的工业标准。

此两种特征的功能与钣金切割的功能基本相同，但是建立方法不同：凹槽和冲孔特征是通过用户自定义（UDF）形成的，在创建之前必须先定义 UDF，而且在创建特征时可以重新定义尺寸大小，UDF 不但可以在同一钣金件内多次调用，还可以供其他钣金件调用，从而减少操作步骤，极大地节省时间，这就是使用凹槽和冲孔功能的目的。

添加凹槽和冲孔的操作步骤如下：

（1）在下拉菜单单击【插入】→【形状】→【凹槽】命令，或单击【钣金件】工具栏中的 按钮，在钣金件上创建所需的切口类型。

（2）根据需要选择合适的 UDF 刀具。

（3）将凹槽或冲孔放置在需要的钣金件上。

● 注意：添加冲孔命令的方法基本相同，在下拉菜单单击【插入】→【形状】→【冲孔】命令或单击【钣金件】工具栏中的 ⊠ （创建冲孔）按钮，在钣金件上创建所需的切口类型。

7.2.1　UDF 特征

凹槽与冲孔在钣金工厂是通过冲床来加工的，它是用不同的刀具，快速、准确地将多处要移除的部分冲切移除。UDF 特征即是一个定义形状的刀具。

Pro/E 允许将经常使用的某个特征或几个特征定义为自定义特征，在设计中进行调用以提高工作效率。

在钣金模式中创建 UDF 的步骤如下：

（1）创建特征几何。

（2）创建 UDF 特征。选择下拉菜单【工具】→【UDF 库】→弹出【UDF】菜单管理器（见图 7-2）→【创建】→按系统要求输入要创建的 UDF 名称→单击 ✔ →UDF 菜单下方出现【UDF 选项】菜单→……→通过【UDF】对话框（见图 7-3）定义 UDF 特征。

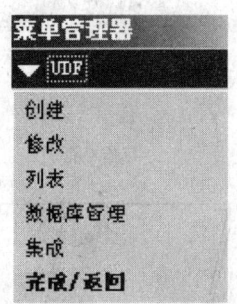

图 7-2　【UDF】菜单管理器

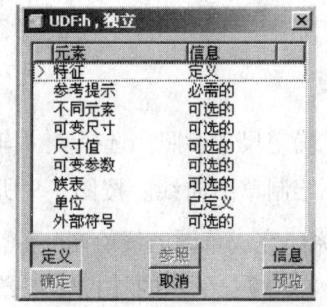

图 7-3　【UDF】对话框

详细的创建操作，见下面的例题讲解。

例 7-1　创建凹槽 UDF 特征。

（1）设置工作目录，创建钣金模板文件，命名为 aocao. prt。

（2）单击拉伸工具按钮图标 ![] →完成草绘→ ✔ →调整拉伸方向，输入钣金厚度为 2.0、拉伸深度为 30，结果如图 7-4 所示。

（3）添加折弯特征，结果如图 7-5 所示。

（4）添加展平特征，结果如图 7-6 所示。

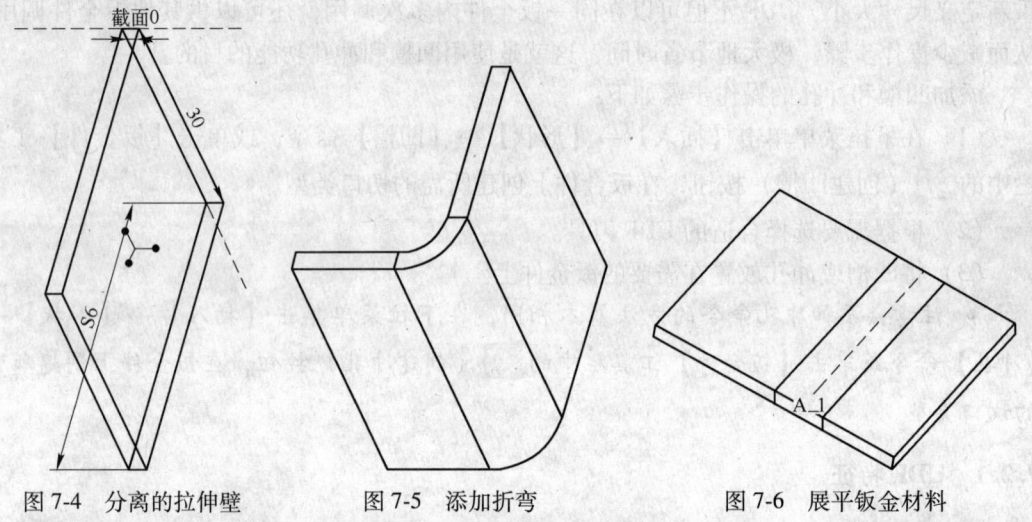

图 7-4　分离的拉伸壁　　　　图 7-5　添加折弯　　　　图 7-6　展平钣金材料

（5）创建凹槽特征。

1）单击拉伸工具按钮图标 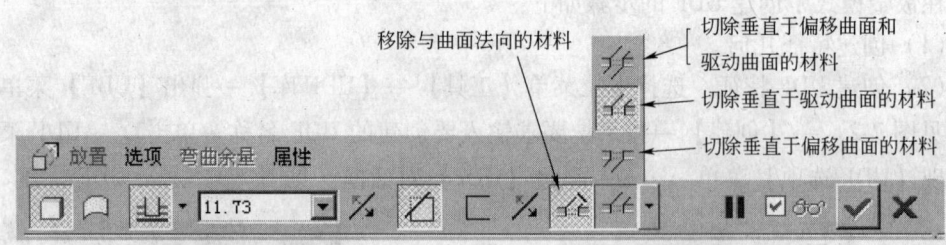，出现如图 7-7 所示的操控板示意图，选择钣金件白色面作为草图平面，取钣金件底面为草绘方向参照，如图 7-8 所示。

图 7-7　钣金件拉伸切割操控板

2）确定尺寸参照。选择 A_1 轴和底面。

3）绘制草图曲线。按图 7-9 所示，先单击 →绘制坐标系→完成草图曲线绘制→ ✔。

4）在图 7-7 所示的【拉伸】操控板设置拉伸参数。让【移除与曲面法向的材料】按钮按下→在列表中选择【切除垂直于驱动曲面的材料】按钮→拉伸深度取【拉伸到下一曲面】→单击 ✔ 按钮→完成凹槽创建，如图 7-10 所示。

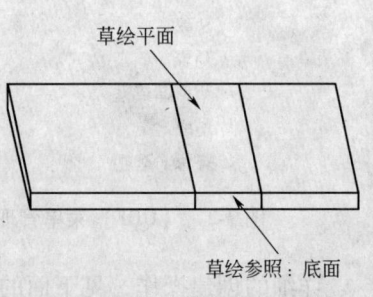

图 7-8　选择草绘方向参照

● 注意：所选切割必须有在截面中的坐标系，这样凹槽 UDF 在应用时才能展平，因为制造时需要坐标系。另外，凹槽草绘特征必须以折弯轴线定位（尺寸约束或几何约束）。

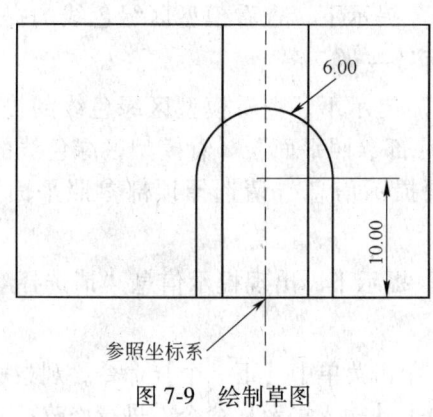

图 7-9 绘制草图

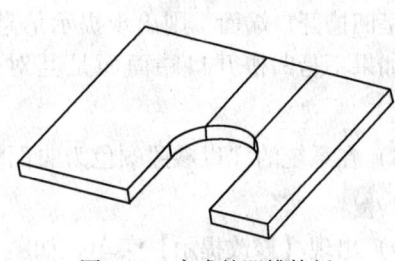

图 7-10 完成的凹槽特征

（6）定义凹槽 UDF 特征。

1）单击下拉菜单【工具】→【UDF 库】→弹出【UDF】菜单管理器。

2）在菜单中选择【创建】→系统要求输入要创建的 UDF 名称，此处输入 UDF 名为 aocao→单击✔。

3）UDF 菜单下方出现【UDF 选项】菜单，如图 7-11 所示→选择【单一的】→【完成】→系统出现如图 7-12 所示提示，单击【是】，出现【UDF】对话框及【UDF 特征】菜单（见图 7-13）。

图 7-11 【UDF 选项】菜单

图 7-12 系统提示

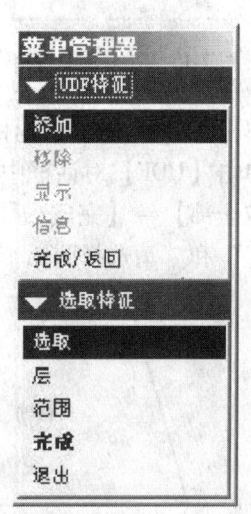

图 7-13 【UDF 特征】菜单

4）在模型区域选取凹槽特征→【完成】→【完成/返回】→系统提示如图 7-14（a）所示，单击【是】→系统提示如图 7-14（b）所示，输入刀具名为"aocao"→单击✔。

5）出现【对称】菜单（见图 7-15），选择【Y 轴】。

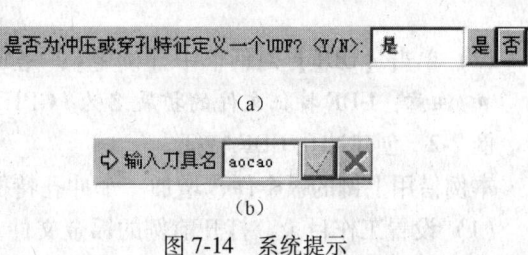

图 7-14 系统提示

6）在系统的"以参照颜色为曲面输入提示："提示下，查看模型区绿色线的提示，符合要求时，出现提示信息"请选择凹槽放置平面"→✓。

7）在系统的"以参照颜色为曲面输入提示："提示下，查看模型区绿色线的提示，如果是凹槽开口端面，则出现提示信息"请选择底部参照平面"（看模型区绿色线的提示，如果不是凹槽开口端面而是其对面，则出现提示信息"请选择顶部参照平面"）→✓。

8）在系统的"以参照颜色为曲面输入提示："提示下，出现提示信息"请选择对称轴"→✓。

9）出现【修改提示】菜单，如图7-16所示。单击菜单中【下一个】命令，观察所有输入的信息，如果发现已输入的提示信息有误，单击【输入提示】命令，进行修改。

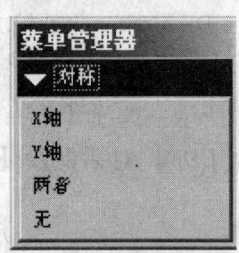

图7-15　【对称】菜单

图7-16　【修改提示】菜单

10）单击菜单中【完成/返回】。

11）单击【UDF】对话框中【可变尺寸】→【定义】按钮→在【增加尺寸】菜单中选取【选取全部】→【完成/返回】→【完成/返回】。依次出现提示文字："请选择圆心到底面距离"和"请选择圆弧半径"，各文字提示含义，如图7-17所示。

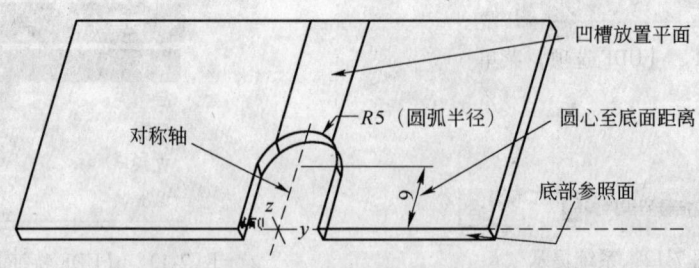

图7-17　各提示对应曲面

12）单击【UDF】对话框中【确定】，完成凹槽UDF特征创建。

● 注意：UDF特征文件的扩展名为.GPH。

例7-2　创建冲孔UDF特征。

本例借用上例的钣金件，增加一个冲孔特征，再进行UDF特征定义。

（1）设置工作目录，打开前例的钣金文件aocao.prt。

（2）创建冲孔UDF。

1) 单击拉伸工具按钮图标 ⬚，出现图 7-7 所示的操控板示意图→选择钣金件白色面作为草图平面→取钣金件底面为草绘方向参照，如图 7-8 所示。

2) 先单击 ⬚，绘制坐标系，再绘制冲孔草绘曲线，如图 7-18 所示。

3) 在图 7-7 所示的【拉伸】操控板设置拉伸参数。让【移除与曲面法向的材料】按钮按下→在列表中选择【切除垂直于驱动曲面的材料】按钮→拉伸深度取【拉伸到下一曲面】→单击 ✔ 按钮→完成冲孔创建，如图 7-19 所示。

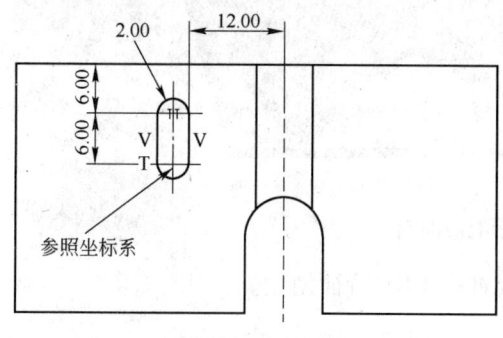

图 7-18 绘制草绘

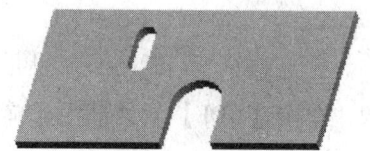

图 7-19 冲孔特征

(3) 定义冲孔 UDF 特征。

1) 单击下拉菜单【工具】→【UDF 库】→在菜单中选择【创建】→系统要求输入要创建的 UDF 名称，此处输入 UDF 名为 ckong→单击 ✔。

2) 在【UDF 选项】菜单中，选择【单一的】→【完成】→系统出现"是否包括参照零件"的提示，单击【是】。

3) 出现【UDF】对话框→在模型区域选取冲孔特征→【完成】→【完成/返回】→系统提示"是否为冲压或穿孔特征定义一个 UDF"，单击【是】→系统提示"输入刀具名"，此处输入刀具名为"ckong"→单击 ✔。

4) 在【对称】菜单中，选择【Y 轴】。

5) 在系统的"以参照颜色为曲面输入提示："提示下，出现提示信息"请输入冲孔放置平面"→✔。

6) 在系统的"以参照颜色为曲面输入提示："提示下，出现提示信息"请输入底部方向参照平面"→✔。

7) 在系统的"以参照颜色为曲面输入提示："提示下，出现提示信息"请输入左侧放置参照平面"→✔。

8) 在系统的"以参照颜色为曲面输入提示："提示下，出现提示信息"请输入底部放置参照平面"→✔。

9) 在【修改提示】菜单中，单击菜单中"下一个"命令，观察所有输入的信息，如果发现已输入的提示信息有误，单击"输入提示"命令，进行修改。

10) 单击菜单中【完成/返回】。

11) 单击【UDF】对话框中【可变尺寸】→【定义】按钮→在【增加尺寸】菜单中

选取【选取全部】→【完成/返回】→【完成/返回】。依次出现提示文字："请输入冲孔长度"、"请输入冲孔宽度"、"请输入冲孔到底面距离"和"请输入冲孔到左侧参照面距离"，最后各文字提示如图 7-20 所示。

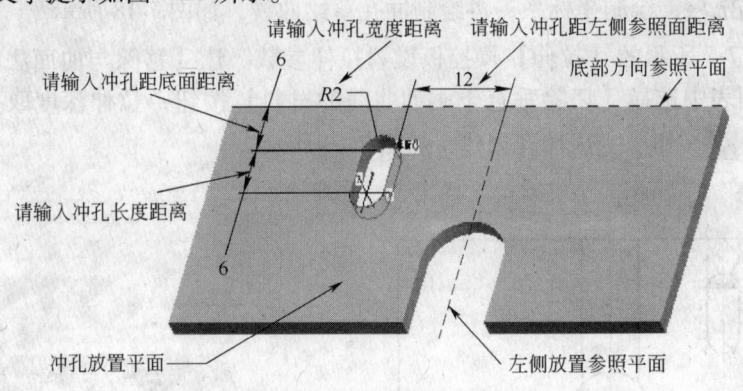

图 7-20　各提示对应曲面

12）单击【UDF】对话框中【确定】，完成冲孔 UDF 特征创建。

7.2.2　凹槽特征

凹槽功能应用于折弯处挖出切口，它是一个开口的特征，使钣金不会由于材料挤压而变形。

钣金加工从加工角度来理解，就是根据切口特征形状来制造具有特定形状的刀具，然后使用刀具来完成切口特征的全部加工，因此有多少形状不同的切口特征，就需要制造多少切口刀具，相似的切口可以调用同一把刀具。

7.2.3　冲孔特征

冲孔主要用于切割钣金中多余的材料，因此冲孔也是切割的一种情况。创建冲孔特征的过程与凹槽特征基本相同，但仍存在一些区别。

凹槽只能放置在钣金件的边缘，而冲孔可以放置在钣金件的任何地方，此外，凹槽特征的 UDF 形状是开口，而冲孔特征的 UDF 形状是封闭的。

7.2.4　冲孔与凹槽练习

下面通过操作练习，讲解具体创建凹槽、冲孔中调用 UDF 特征的详细操作。

例 7-3　创建底盖。

此例用凹槽、冲孔及不同的壁特征来进行如图 7-21 所示的钣金设计。

（1）设置工作目录，新建钣金文件，命名为 cover. prt，取消"使用缺省模板"选择选中状态，选择公制模板。

（2）创建钣金壁。创建厚度为 0.5 的分离的拉伸壁特征，如图 7-22 所示。

图 7-21　底盖

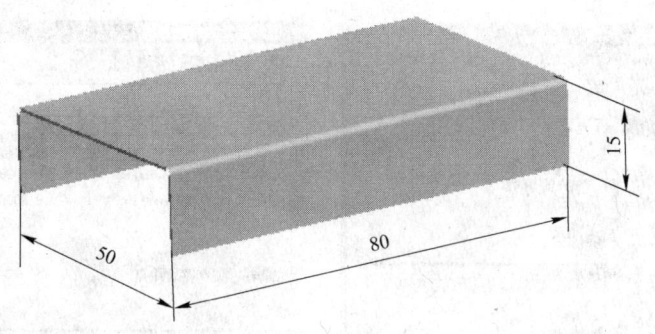

图 7-22 拉伸壁

（3）展开钣金壁，如图 7-23 所示。此处展平，是为创建切口做准备。

（4）使用【凹槽】特征切出四个 U 形切口，为添加平整壁做准备。

1）单击下拉菜单【插入】→【形状】→【凹槽】命令，或单击【钣金件】工具栏中的 ▼ （创建凹槽）按钮→弹出【打开】对话框。

2）选择 UDF 文件 aocao.gph（前面实例中创建的自定义特征），单击【打开】按钮→出现【插入用户定义的特征】对话框，如图 7-24 所示。

【插入用户定义的特征】对话框中各选项含义如下：

①【高级参照配置】：允许修改自定义特征的结构及定位尺寸，可根据提示完成特征放置操作。

②【查看源模型】：UDF 特征可以在单独打开的窗口中出现，便于观察。

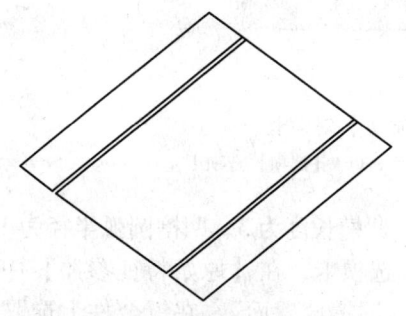

图 7-23 展平钣金壁

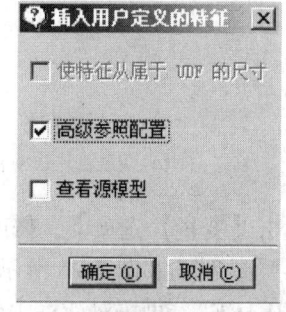

图 7-24 【插入用户定义的特征】对话框

③【使特征从属于 UDF 的尺寸】：当创建 UDF 特征，定义特征与 UDF 的尺寸为"从属"时，该选项可用，该选项不允许修改特征尺寸。

3）选择【高级参照配置】→【确定】→出现【用户定义的特征放置】对话框。对话框中有四个选项卡，含义如下：

①【放置】选项卡：指导用户正确放置凹槽 UDF 特征，如图 7-25（a）所示。

②【变量】选项卡：允许用户根据钣金设计要求，修改凹槽设计尺寸，如图 7-25（b）所示。

③【选项】选项卡：包括尺寸缩放选项、在 UDF 放置过程中对不可改变尺寸的操作权限，如图 7-25（c）所示。一般，该选项卡采用默认状态。

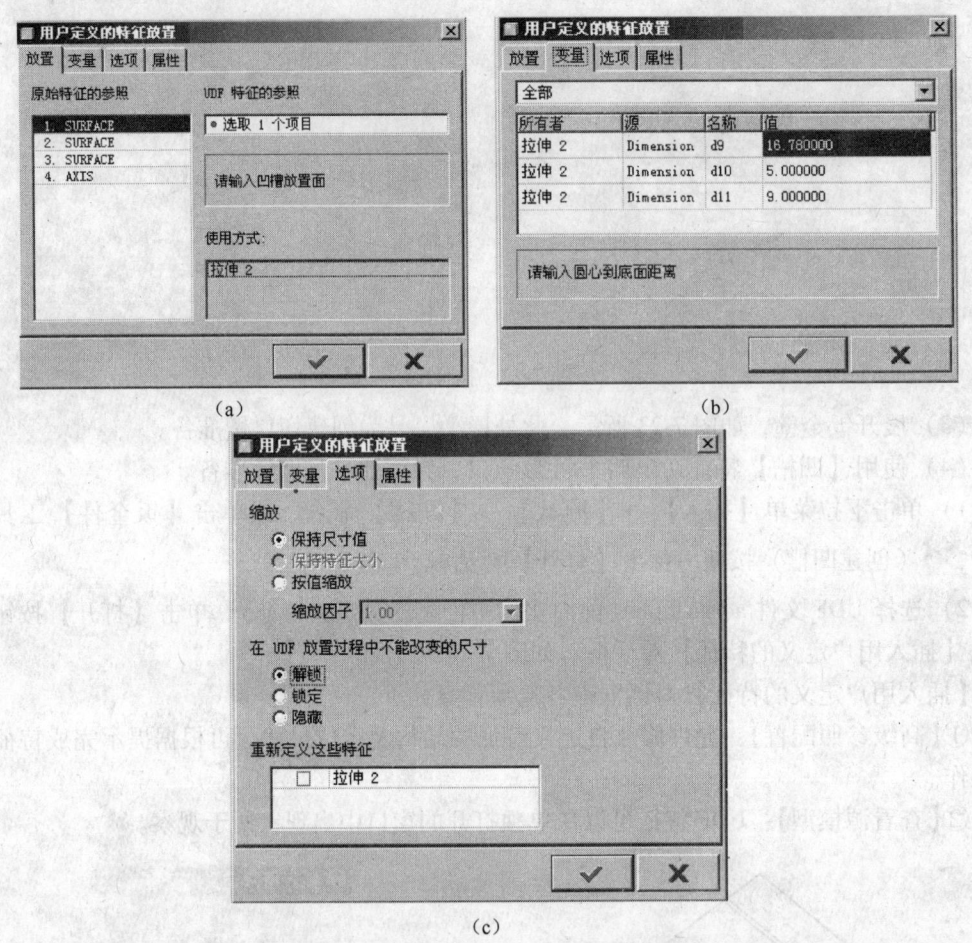

图 7-25　【用户定义的特征放置】对话框
(a)【放置】选项卡；(b)【变量】选项卡；(c)【选项】选项卡

4）单击【变量】选项卡，修改凹槽设计尺寸：凹槽长度为 3、凹槽圆弧半径为 1.5。

5）参照图 7-25 和图 7-26 所示，单击【放置】选项卡，在【原始特征参照】中，单击"1. SURFACE"，再按对话框中信息提示"请输入凹槽放置面"，在钣金件上选取"凹槽放置面"→单击"3. SURFACE"，再按对话框中信息提示"请输入凹槽底部参照面"，在钣金件上选取"底部参照面"→单击"4. AXIS"，再按对话框中信息提示"请输入对称轴"，在钣金件上选取"对称轴"→单击✔。

6）观察放置效果，如不满意，可单击操控板上✖，返回对话框，再做调整；也可以进入草绘，做进一步的调整。如果满意，单击操控板是✔。

7）此时出现【组放置】菜单，允许重新定义 UDF 特征的放置，满意就单击【完成】。结果如图 7-27 所示。

8）其余三个凹槽特征，可以仿上述 1）~7）步骤操作，也可以用镜像完成，结果如图 7-28 所示。

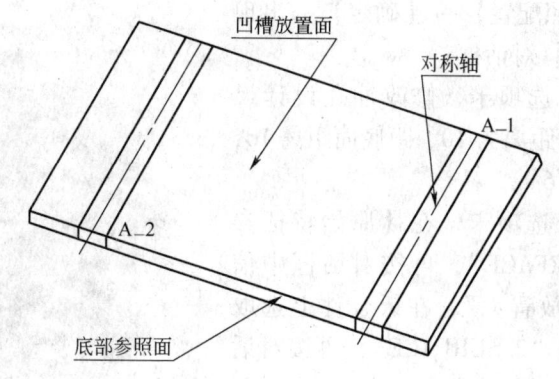

图 7-26 放置 UDF 特征示意图

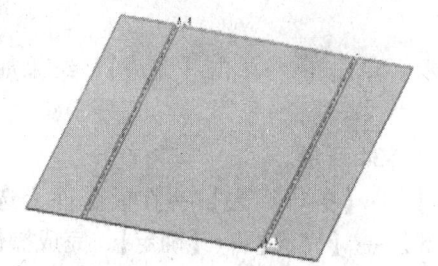

图 7-27 添加凹槽特征组件

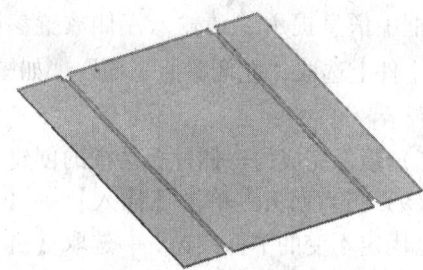

图 7-28 完成所有凹槽特征组件

（5）创建平整壁，如图 7-29 所示，平整壁有关尺寸设置如图 7-30 所示。内侧半径取"厚度"。

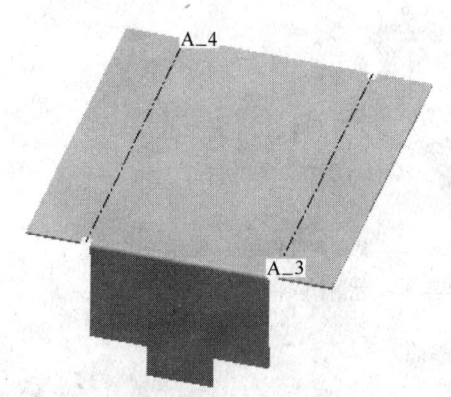

图 7-29 添加平整壁

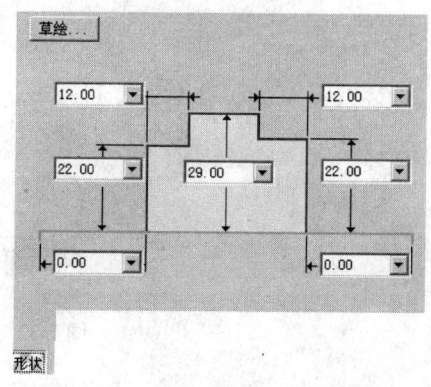

图 7-30 平整壁形状参数设置

（6）同理创建另一侧平整壁。

（7）展开平整壁，如图 7-31 所示。此处展平是为便于冲孔。

（8）创建"冲孔"特征。

1）单击下拉菜单【插入】→【形状】→【冲孔】命令或单击【钣金件】工具栏中的⊠（创建冲孔）按钮→弹出【打开】对话框。

2）选择 UDF 文件 ckong. gph（前面实例中创建的自定义特征），单击【打开】按钮→出现【插入用户定义的特征】对话框。

3）选择【高级参照配置】→【确定】→出现
【用户定义的特征放置】对话框。

4）单击【变量】选项卡，修改冲孔设计尺
寸：冲孔距左侧参照面距离为10、距底面距离16、
冲孔宽度为2、长度为6。

5）单击【放置】选项卡，在【原始特征参
照】中，单击"1. SURFACE"，再按对话框中信
息提示"请输入冲孔放置面"，在钣金件上选取
"冲孔放置面"→单击"2. SURFACE"，再按对话
框中信息提示"请输入冲孔底部参照面"，在钣金
件上选取"底部参照面"→单击"3. AXIS"，再按
对话框中信息提示"请输入左侧放置参照平面"，

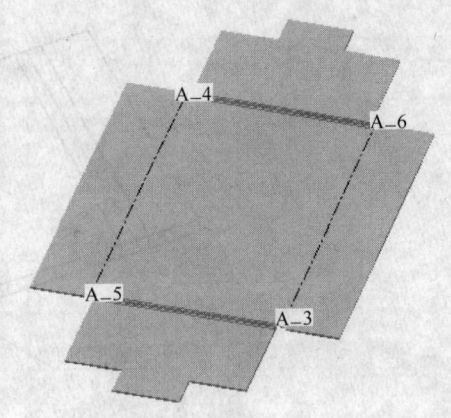

图 7-31　展平平整壁

在钣金件上选取"左侧参照平面"，如图 7-32 所示→单击✔→单击【完成】，结果如图
7-33所示。

6）镜像完成另一侧冲孔特征的创建，结果如图 7-34 所示。

（9）折弯回去。单击【插入】→【折弯操作】→【折弯回去】→在钣金件上选取
"保持固定不变的平面或边"→选取【折弯回去全部】→【完成】→【确定】，完成操作。

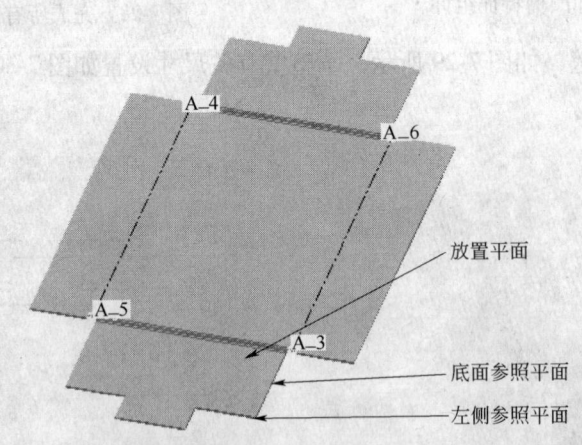

放置平面

底面参照平面

左侧参照平面

图 7-32　选择放置参照

图 7-33　添加冲孔特征组

图 7-34　镜像冲孔

7.3　钣金成型特征

7.3.1　成型特征概述

在冲压生产中，除冲裁、弯曲、拉深等工艺外，还有一些工序，包括胀形、翻边、缩口、矫形、旋压等，通常称为成型工序。成型工序是指将各种局部变形的方法与其他冲压工序组合在一起，加工某些形状复杂的零件，如图 7-35 所示。

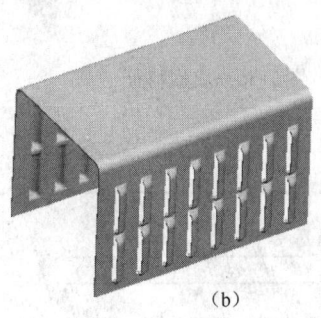

(a)　　　　　　　　　　　　　　　　(b)

图 7-35　成型花纹

平板坯料在模具的作用下，产生局部凸起的冲压方法称为钣金成型。钣金成型主要用于增加零件的刚度和强度，如压加强筋、压加强窝，也可以按零件要求压凸包、压字、压花纹等。钣金凸起成型常采用金属冲模。

钣金成型特征也称为印贴特征，它模拟了起伏成型的效果，用于对钣金件进行成型和拉伸操作，可以分为模具和冲孔两种形状。

钣金成型特征必须先建立一个拥有模具或冲孔的几何形状的零件，作为成型特征的参考零件。由于参考零件可在零件实体造型或钣金件中创建，它是单独创建的，因此可以构造出非常复杂的形状。

7.3.2　以模具方式创建成型特征

模具印贴的参考零件必须带有边界面，参考零件既可以是凸的，也可以是凹的，所以，模具印贴是冲出凸形或凹形的钣金。

下面用例题来进一步介绍以模具方式创建成型特征的一般创建过程。

例 7-4　完成如图 7-36 所示的钣金设计。

（1）创建如图 7-37 所示的冲模零件。

1）新建一个零件的三维模型，将零件的模型命名为 7-37muju. prt。

2）创建如图 7-38 所示的特征，尺寸为 50×20×5。

3）添加拉伸特征，尺寸为 40×22×3，如图 7-39 所示。

4）创建拔模特征，如图 7-40 所示，拔模角度值−20。

5）创建圆角特征，如图 7-41 所示，侧棱圆角 $R2$，上、下边 $R1.5$。

6）添加拉伸切减特征，如图 7-42 所示，尺寸为 20×4×2。

7）添加拔模特征，如图 7-43 所示，拔模角度值 6。

图 7-36　成型特征

图 7-37　成型模板

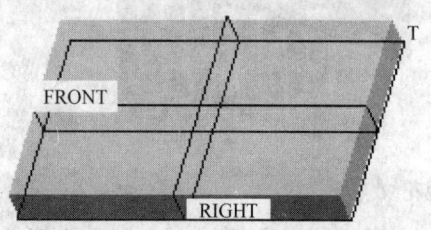

图 7-38　创建实体拉伸特征

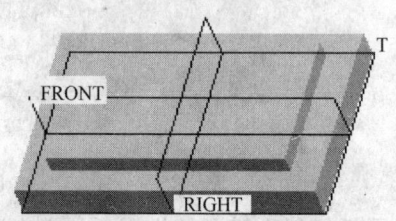

图 7-39　创建拉伸特征

图 7-40　添加拔模特征

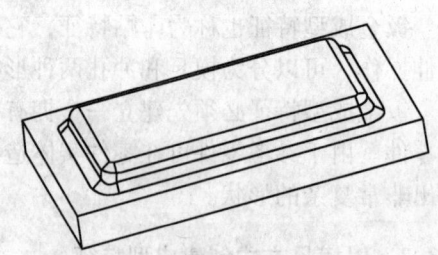

图 7-41　添加圆角特征

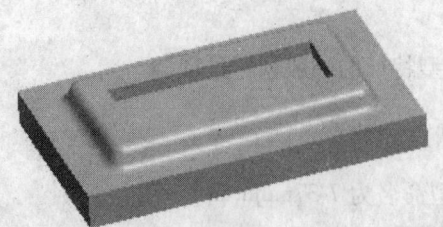

图 7-42　添加拉伸切减特征

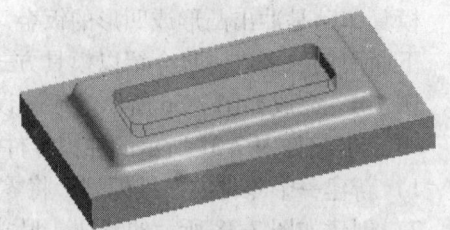

图 7-43　添加拔模特征

8）添加圆角特征，侧棱 $R1.5$，上边、下边 $R1$，完成后效果如图 7-37 所示。

9）保存零件模型文件，并关闭。

（2）创建拉伸钣金件，文件命名为 7-36. prt。

1）按图 7-44 所示进行草绘。

2）拉伸深度 50，板厚 1，在【拉伸】操作控制板上单击【选项】，勾选"在锐边上添加折弯"，折弯半径取厚度，效果如图 7-45 所示。

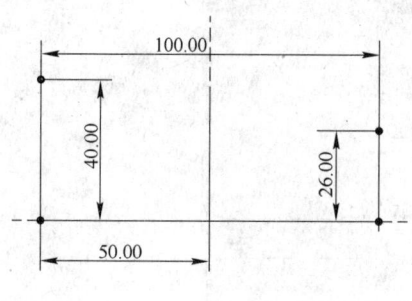

图 7-44　拉伸草绘

图 7-45　原钣金件

（3）创建成型特征。

1）单击下拉菜单【插入】→【形状】→【成型】，或单击【钣金件】工具栏中的图标 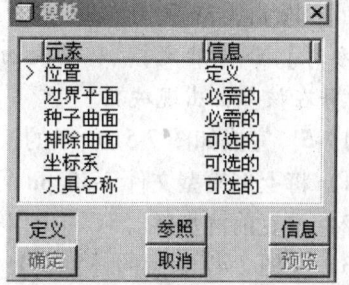 （创建成型）命令→系统弹出【选项】菜单管理器，如图 7-46 所示。

2）在【选项】菜单中，选择【模具】→【参考】→【完成】命令。

3）在系统弹出的【打开】对话框中，选择 7-37muju. prt 文件，并将其打开。此时，系统弹出两个【模板】对话框，如图 7-47 和图 7-48 所示。其中图 7-47 所示的【模板】对话框中各元素含义如下：

①【位置】：定义钣金件和冲压模型的装配约束条件。定义此元素时将出现如图 7-48 所示的【模板】对话框，要求必须完成模板与原钣金件的装配约束关系，该对话框才能自动关闭（与"装配"环境的装配操作控制板上的【放置】对话框功能相同）。

②【边界平面】：定义边界平面，以限定模型范围。

③【种子曲面】：定义种子曲面。

④【排除曲面】：定义将排除的曲面，在该曲面处，将产生"破孔"。

⑤【坐标系】：为便于制造，指定成型零件的上坐标系。

⑥【刀具名称】：可给定此成型冲模（刀具）的名称。

4）定义成型模具的放置。按图 7-49 所示，完成两件钣金件的装配放置→预览→ ✔。

5）按图 7-50 所示定义边界平面、种子曲面。

6）单击图 7-47 所示的【模板】对话框中的【确定】，完成操作，结果如图 7-36 所示。

（4）保存零件模型文件。

图 7-46　【选项】菜单

图 7-47　【模板】对话框（一）

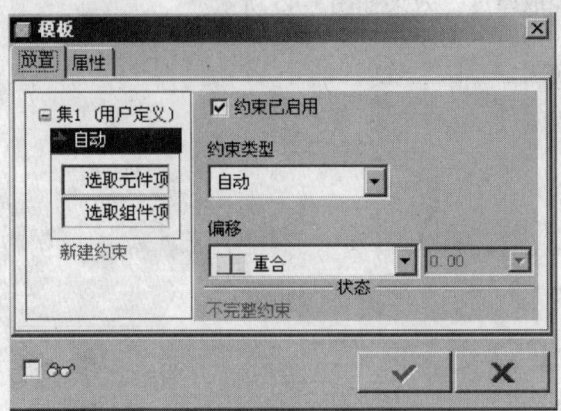

图 7-48　【模板】对话框（二）

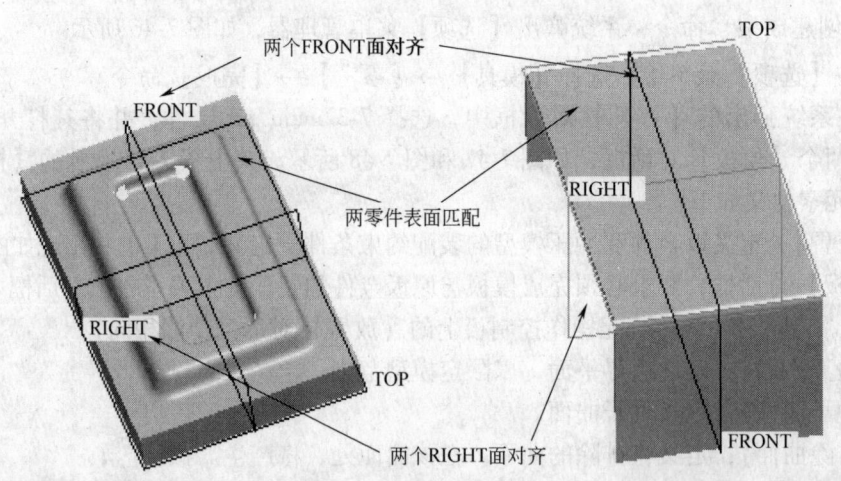

图 7-49　装配操作过程

●注意：此例中没有要排除的曲面，如果有要排除的曲面，如图 7-35（b）所示的散热孔，则在定义完成边界面、种子面后，还要在图 7-47 所示的【模板】对话框中单击【排除曲面】→【定义】→在图 7-50 所示模具上，由"边界平面"限定的范围内，选取要排除的曲面→【完成参考】→【确定】，从而此曲面被删除，并在该部位出现破孔。

图 7-50　定义边界平面和种子曲面

例7-5　完成如图 7-51 所示的钣金设计。

（1）将上例模型文件 7-36. prt 另存为 7-51. prt。保留模具文件 7-37muju. prt。

（2）重复前例步骤（3）中的 1）~5）。

（3）在图 7-47 所示的【模板】对话框中，单击【排除曲面】→【定义】→在图 7-50 所示的模具上的边界面限定范围内，选取要排除的曲面（此例选取中心面）→【完成参考】→【确定】。完成结果如图7-51所示。

7.3.3 以冲压方式创建成型特征

冲孔印贴不需要边界面，参考零件只
能是凸的，所以，冲孔印贴是冲出凸形的
钣金。

冲孔印贴只使用参照几何零件成型的
钣金壁，与模具印贴有相似之处，但也存
在如下不同点：

图7-51 成型特征

（1）冲孔印贴相当于凸模冲压薄板成
型，因此冲压力方向必须与壁厚方向相同，不能与壁厚方向相反，所以参考零件不能采用
凹模形状。

（2）模具印贴特征需要一个独立的边界平面，即必须在一平面上建立成型特征，所以
不宜用于在曲面上或多面交界处成型；而冲孔印贴不需要边界面，所以特别适合于曲面或
多面交界处成型。

例7-6 利用例7-4所有钣金及模具文件，完
成如图7-52所示的钣金成型设计。

（1）将原模型文件7-36.prt另存为7-52.prt。

（2）创建成型特征。

1）单击下拉菜单【插入】→【形状】→
【成型】，或单击【钣金件】工具栏中的图标
（创建成型）命令→系统弹出【选项】菜单
管理器。

2）在【选项】菜单中，选择【冲孔】→
【参考】→【完成】命令。

图7-52 拉伸实体

3）在系统弹出的【打开】对话框中，选择chmu.prt文件，并将其打开。此时，系统
弹出如图7-47和图7-48所示的两个【模板】对话框。

4）按图7-53所示完成两钣金件的装配约束。

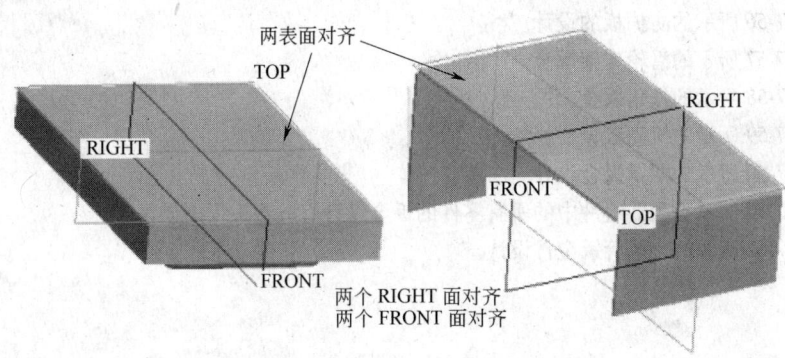

图7-53 装配约束两件的操作过程

5）在系统"选取冲压的曲面（箭头指示的）用于创建模板"的提示
下，在图 7-54 所示的【方向】菜单中选择【正向】按钮，接受系
统默认的方向。

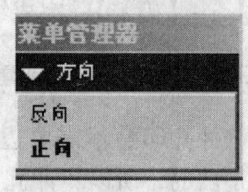

6）单击【模板】对话框下向的【预览】按钮，可浏览所创
建的成型特征，效果如图 7-52 所示，然后单击【确定】按钮。

（3）保存零件模型文件。

图 7-54　【方向】菜单

7.3.4　成型特征的平整

对于成型特征形成的凸起或凹腔，必须先用平整成型特征进行展平后，才能应用钣金
展平特征。

调用平整成型特征的一般操作为：

（1）单击下拉菜单【插入】→【形状】→【平整成型】，或单击【钣金件】工具栏
中图标 （创建平整成型）命令。

（2）选取成型表面。单击【平整】对话框中【印贴】→【定义】→在模型中选取成
型特征中的任意一个表面（注意：不要在模型树中选取成型特征）→【未完成参考】→
【预览】→【确定】按钮。

习　　题

7-1　思考下列问题：

（1）钣金的高级处理方法有哪些？

（2）Pro/E Wildfire 4.0 中钣金切割命令与什么命令合二为一了？

（3）钣金切割与实体切割，在什么情况下效果是一样的？

（4）凹槽和冲孔特征的功能与钣金切割的功能基本相同，仅在哪方面不同？

（5）描述一下用"模具"和"冲孔"来创建成型特征的相似点与不同点；以及用这两种类型创建成型特征的方法和步骤。

（6）冲孔印贴是否需要边界面，参考零件是什么样的？冲孔印贴冲出什么形状的钣金？

7-2　创建如图 7-55 所示的定位架钣金件。

7-3　完成如图 7-56 所示的防护板的设计。

7-4　设计如图 7-57 所示的滑轮支架钣金。

7-5　设计如图 7-58 所示的铁角钣金。

7-6　设计如图 7-59 所示的机壳钣金。

7-7　完成如图 7-60 所示的网罩钣金设计。

7-8　完成如图 7-61 所示除尘器组件中的所有零件的钣金设计、展平工程图设计。

7-9　完成如图 7-62 所示的分风管钣金件设计。

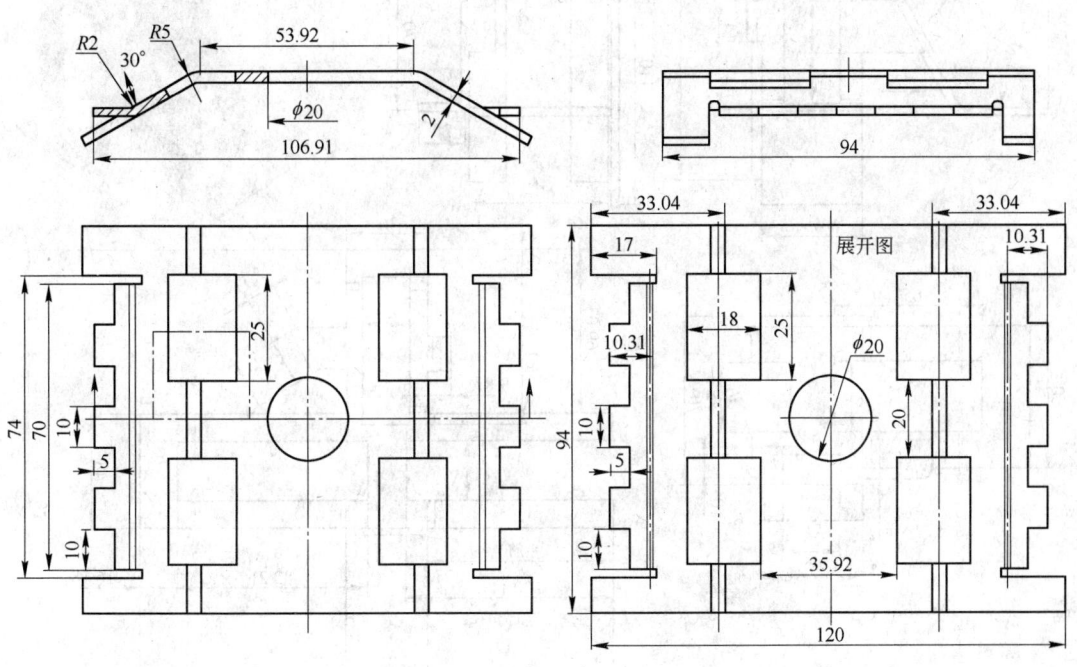

图 7-55 定位架

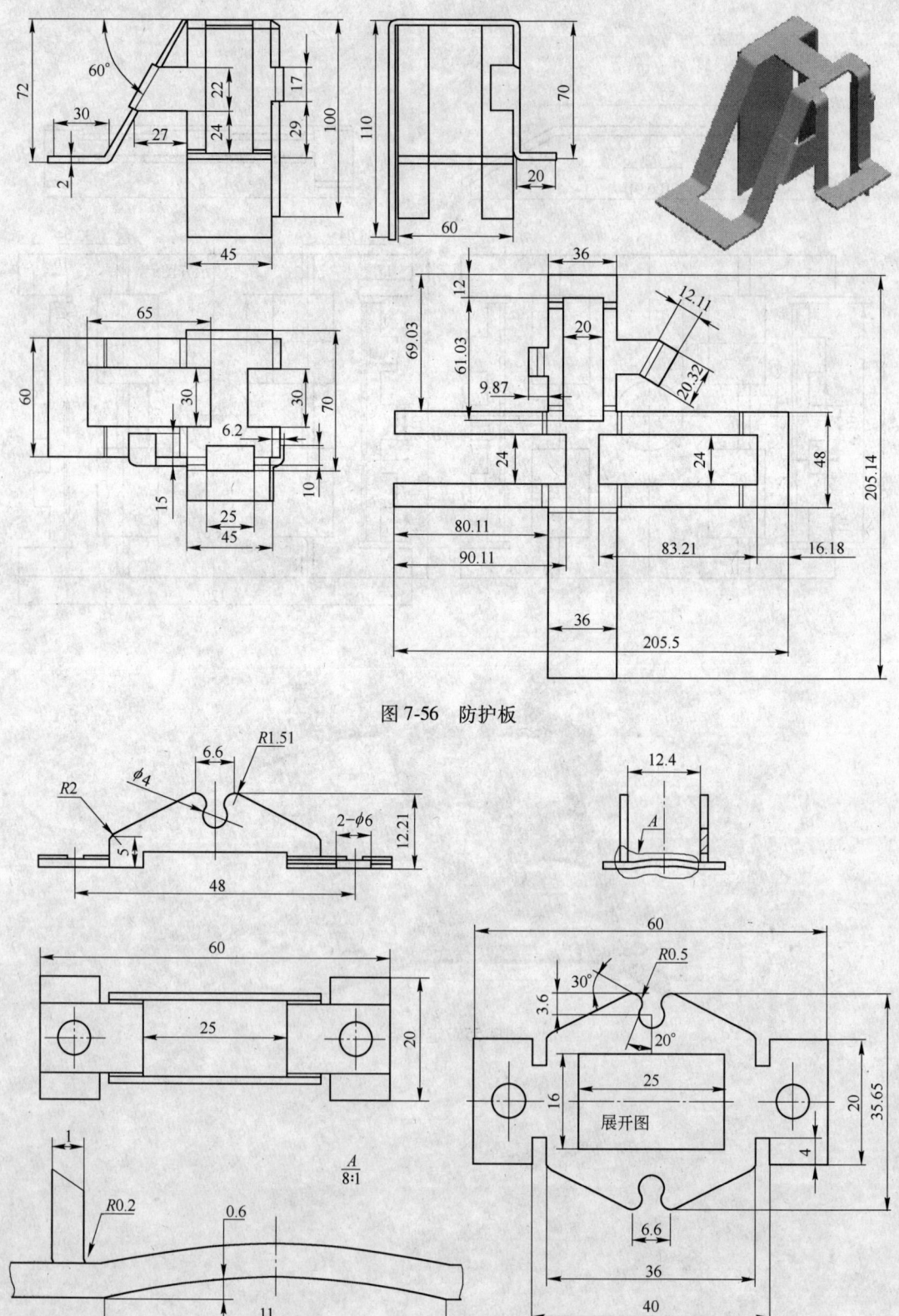

图 7-56　防护板

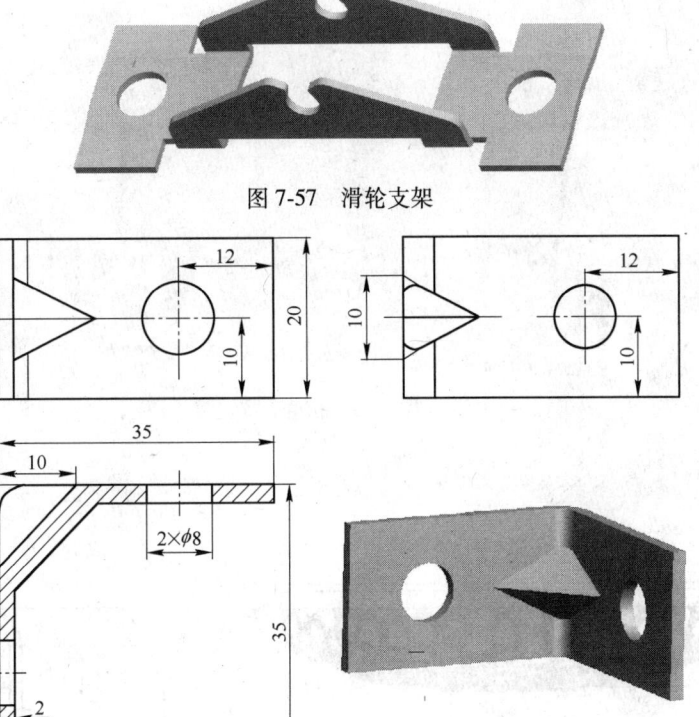

图 7-57　滑轮支架

图 7-58　铁角

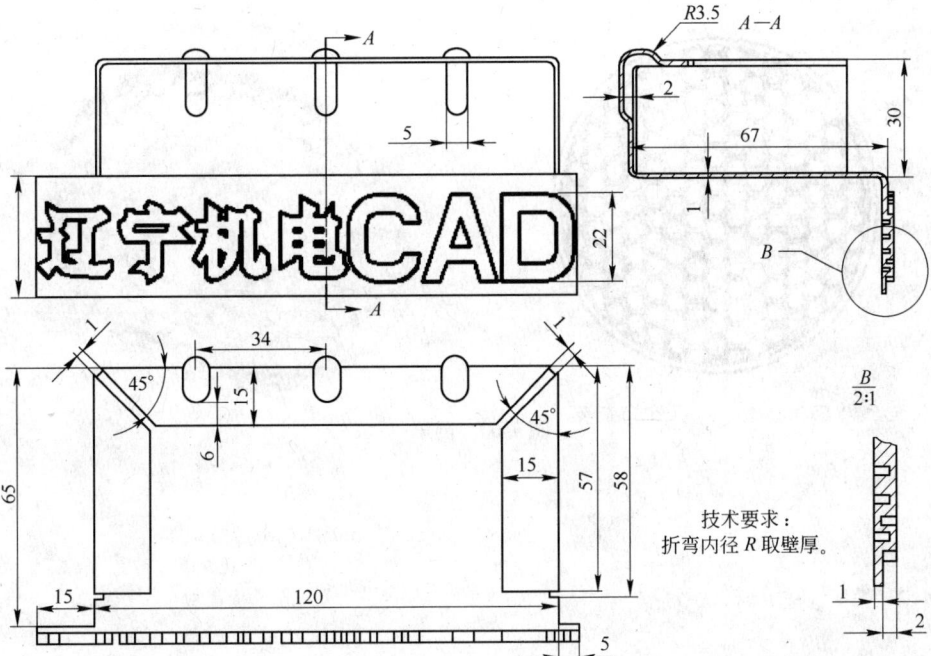

技术要求：
折弯内径 R 取壁厚。

图 7-59 机壳

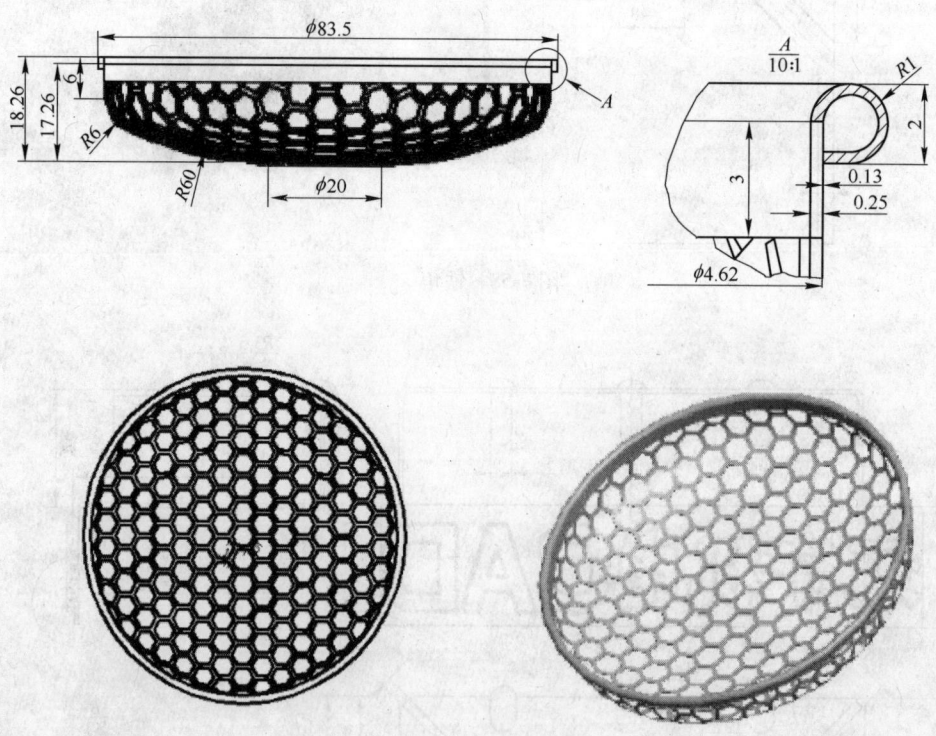

图 7-60 网罩

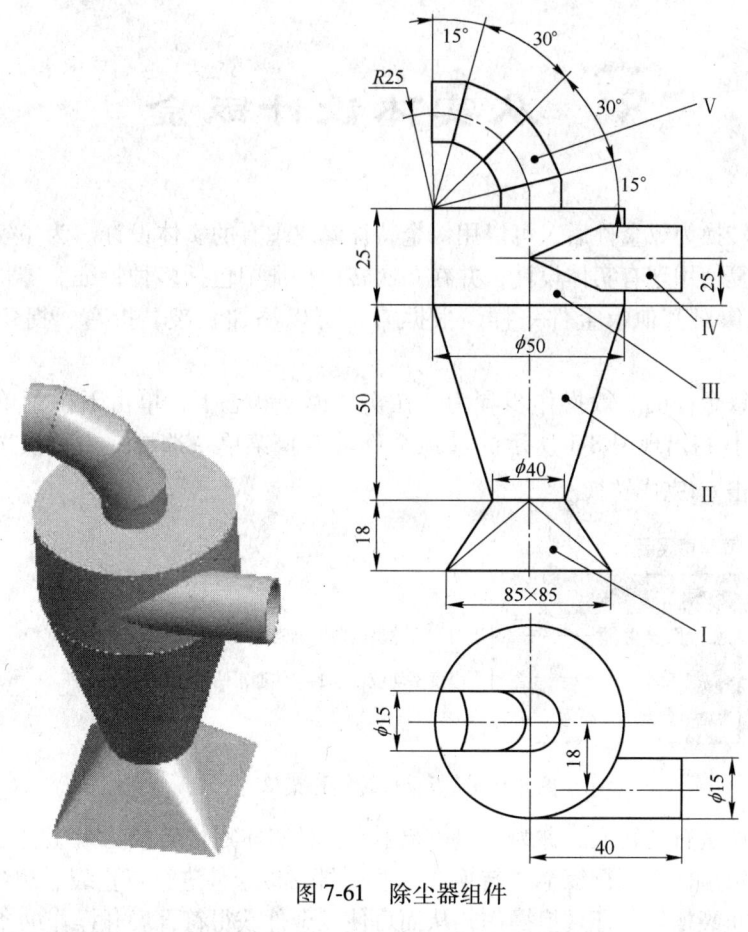

图 7-61 除尘器组件

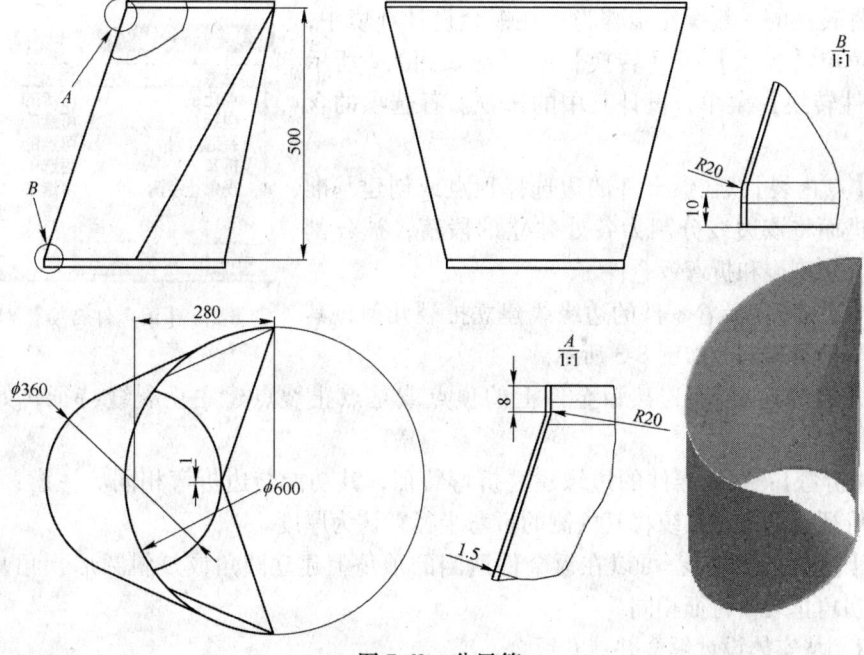

图 7-62 分风管

8　从实体设计钣金

将实体零件转换为钣金件后，可以用钣金特征修改现有的实体设计。为了实现钣金设计意图，可以反复使用现有实体设计，并在一次转换特征中包括多种特征。零件转换为钣金件后，就可以像对其他钣金件一样，根据需要可以添加止裂、折弯、拐角止裂槽等特征。

实体转换为钣金件的一般操作步骤为：在实体模型状态下，单击下拉菜单【应用程序】→【钣金件】→出现图 8-1 所示的【钣金件转换】菜单→选择一个转换选项→实体上指定曲面→单击 ✔ 完成转换。

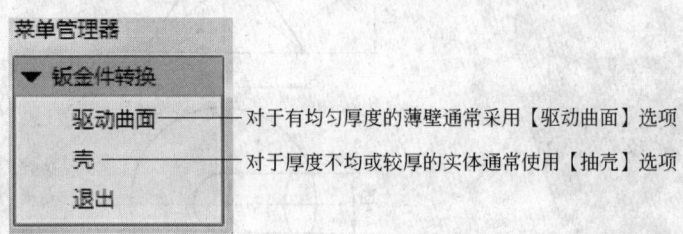

图 8-1　【钣金件转换】菜单

按上述操作所进行的转换，称为"基本转换"。当实体零件转换为钣金件后，仍不可展平时，则可对钣金件再进行钣金"转换"操作，即对钣金件进行点止裂、边缝、裂缝连接、折弯或拐角止裂槽等特征转换操作，从而可使钣金件获得符合展开操作的条件。

钣金件转换的一般操作步骤为：在钣金设计环境中，单击下拉菜单【插入】→【转换】→出现如图 8-2 所示的【钣金件转换】菜单，设计其中的选项。各选项的含义如下：

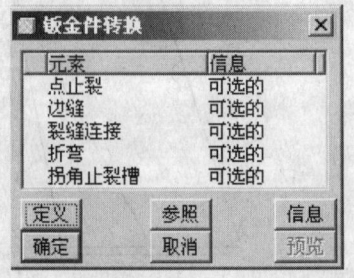

图 8-2　【钣金件转换】对话框

（1）【点止裂】：在钣金件的边选择顶点或创建基准点特征，进而将该边线分割为各处独立的段落，被分割的边可以分别割裂和折弯钣金件。

（2）【边缝】：沿着零件的边缘线建立扯裂几何，其定义方式与扯裂相同，如图 8-3 所示。

（3）【裂缝连接】：连接钣金件上的顶点或是点止裂点建立止裂缝特征，如图 8-3 所示。

（4）【折弯】：在钣金件的边缘建立折弯特征，其功能与边折弯相同。注意：在此定义的折弯特征，缺省时系统将其内侧的折弯半径默认为厚度。

（5）【拐角止裂槽】：可以在钣金件适当的顶角上建立圆角或是斜圆形拐角止裂槽，其功能与拐角止裂槽特征相同。

例 8-1　从实体设计钣金并展开钣金。

　　本例介绍图 8-4 所示护罩钣金件的设计、展平操作的方法及其操作要领。即通过转换操作，实现实体转换为钣金件，再通过钣金件转换特征的操作，实现钣金件的展开。

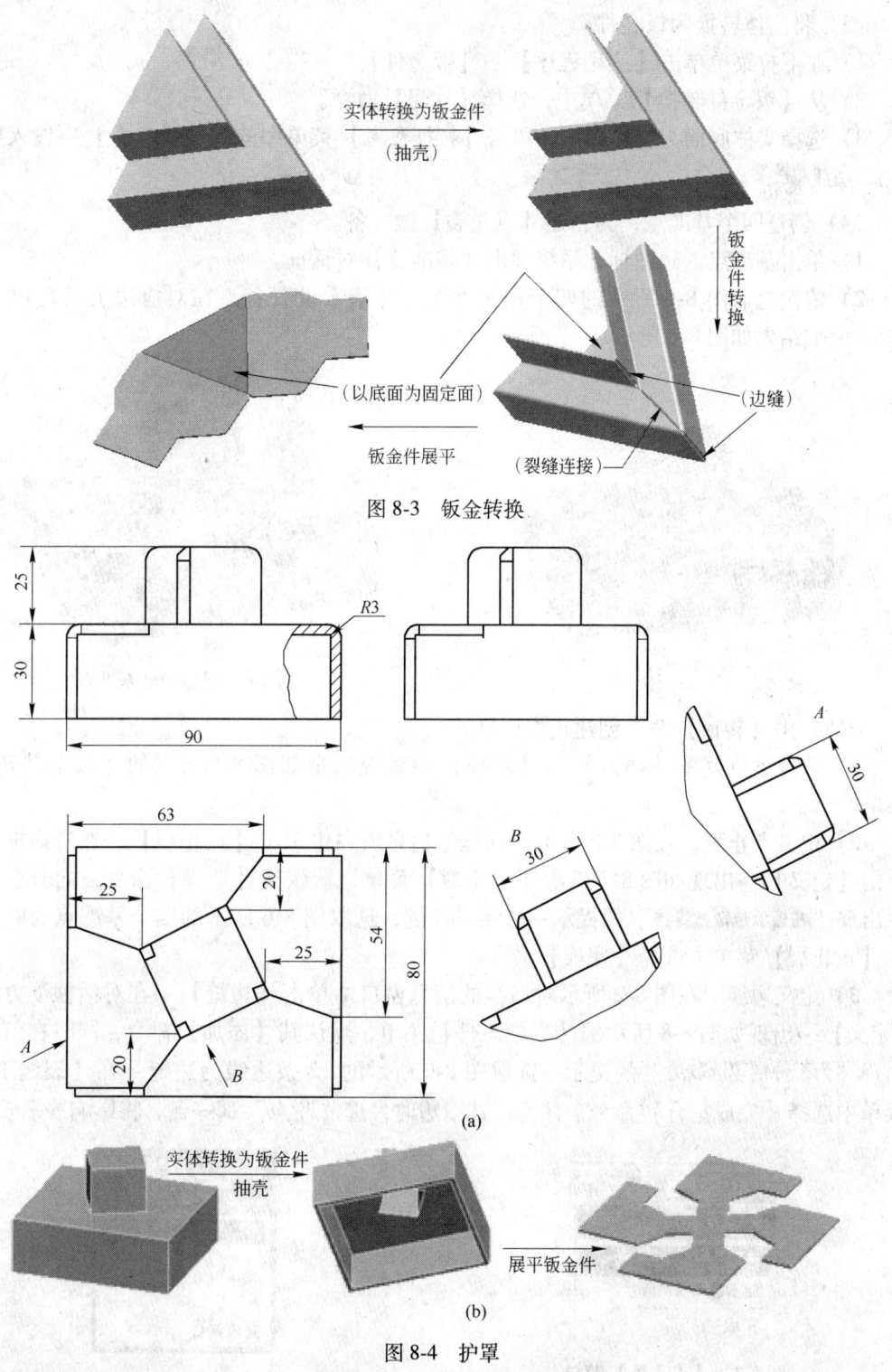

图 8-3　钣金转换

图 8-4　护罩

(a) 三视图；(b) 实体转换为钣金件并展开

（1）设置工作目录，创建实体文件，命名为 bjzh. prt。

（2）创建图 8-5 所示的实体。

（3）将实体转换为钣金件。

1）在下拉菜单单击【应用程序】→【钣金件】。

2）从【钣金件转换】菜单中，选择【抽壳】命令。

3）选择实体底面为删除曲面→单击【特征参考】菜单中的【完成参考】→输入壁厚 3.0→单击 ✓。

（4）创建四个基准点，为创建【点止裂】做准备。

1）单击基准点创建图标，系统弹出【基准点】对话框。

2）依次选取图 8-6 所示的四个边为参照，并依次设置各点在对应边上的定位（比率），完成结果如图 8-6 所示。

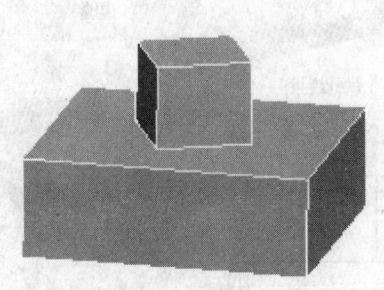

图 8-5　实体模型

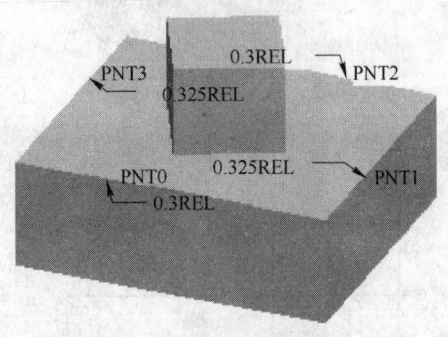

图 8-6　创建四个基准点

（5）用【转换】命令创建止裂切口。

1）选择下拉菜单【插入】→【转换】→系统出现如图 8-1 所示的【钣金件转换】菜单。

2）定义点止裂。在图 8-2 所示对话框的信息窗口中单击【点止裂】→在对话框下方单击【定义】→出现如图 8-7 所示【点止裂】菜单，默认其【选择】命令，同时在信息栏出现"在边上选取基准点"的提示→按住 Ctrl 键，选取图 8-6 所示的四个基准点为断点→在【点止裂】菜单中选择【完成】命令。

3）定义边缝。在图 8-2 所示对话框的信息窗口中单击【边缝】→在对话框下方单击【定义】→出现如图 8-8 所示的【裂缝工件】菜单，默认其【添加】命令，同时在信息栏出现"为工件创建选取边"的提示→选取图 8-9 所示的 12 条边线为边缝→在【裂缝工件】菜单中选择【完成集合】命令。注意：选取边时，选"断点"那一侧，将影响展平效果。

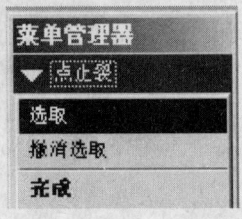

图 8-7　【点止裂】菜单

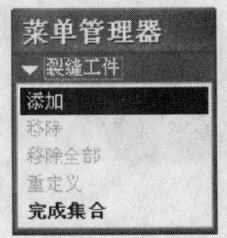

图 8-8　【裂缝工件】菜单

4）设置边缝连接。

①在图8-2所示对话框的信息窗口中单击【裂缝连接】→在对话框下方单击【定义】→出现如图8-10所示【裂缝连接】菜单。

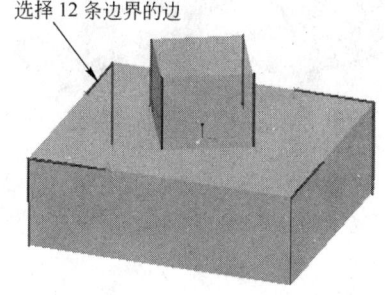

图8-9　选取边缝

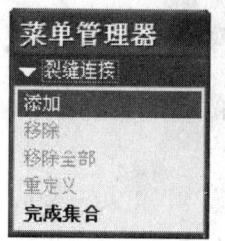

图8-10　【裂缝连接】菜单

②单击【添加】命令→出现【割裂连接：裂缝连接#1】对话框，如图8-11所示，同时系统也提示"边连接选取裂缝工件端"→选择图8-12所示的基准点PNT0和顶点0进行连接→单击【裂缝连接】菜单中的【确定】命令。

③参照步骤②的方法，分别连接顶点1和基准点PNT1、顶点2和基准点PNT2、顶点3和基准点PNT3→单击【完成集合】命令。

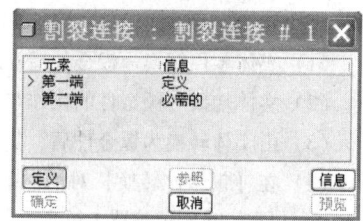

图8-11　【割裂连接】对话框

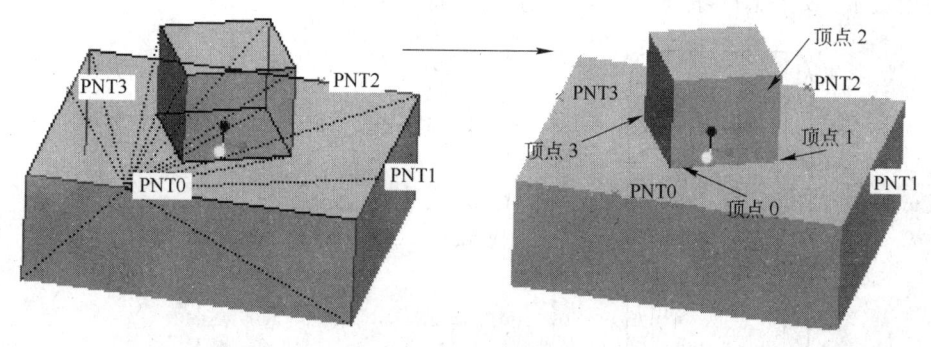

图8-12　边缝连接

5）单击【钣金件转换】对话框中的【确定】按钮，完成转换特征的创建，如图8-13所示。

（6）创建钣金展平。

1）单击下拉菜单【插入】→【折弯操作】→【展平】命令。

2）在弹出的【展平选项】菜单中，选择【规则】→【完成】命令。

3）选择图8-13所示钣金件的最上表面为固定面。

4）在【展平选项】菜单中，选择【展平全部】→【完成】命令。

5）单击【规则类型】对话框中的【确定】，完成展平操作，如图8-14所示。

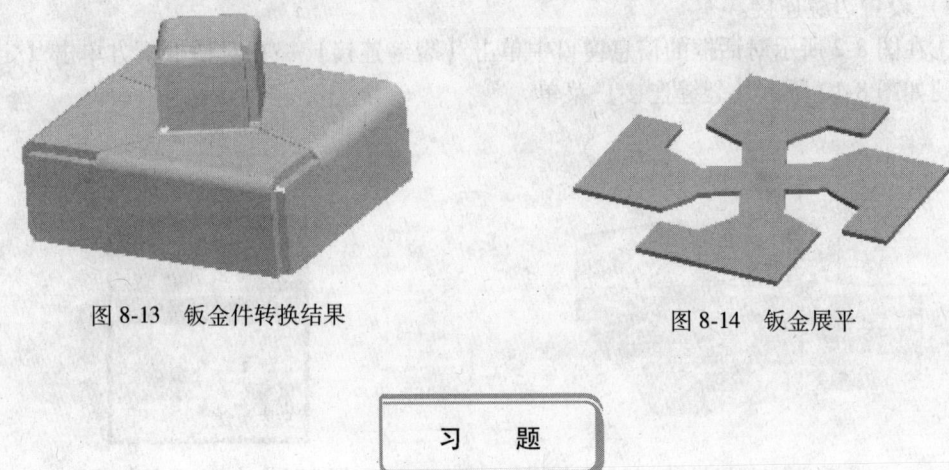

图 8-13　钣金件转换结果　　　　　　　　图 8-14　钣金展平

习　　题

8-1　思考下列问题：

(1) 实体零件转换为钣金件后，就可以像对其他钣金件一样，根据需要可以添加什么操作？

(2) 实体转换为钣金件的操作步骤是什么？

(3) 由实体转换为钣金件后，仍不可展平时，可尝试采用什么特征做进一步处理？

(4) 在【钣金件转换】对话框中，可对钣金件进行哪些转换？

8-2　设计图 8-15 所示护罩 1 钣金，并展平护罩钣金（壁厚 2，侧棱外径 $R25$）。

操作提示：实体设计→转换为钣金件→创建变形区域→展平。

8-3　设计图 8-16 所示护罩 2 钣金（所有侧棱和底棱圆角取 $R25$），并展平护罩钣金。

操作提示：实体设计→转换为钣金件→创建边缝特征→展平。

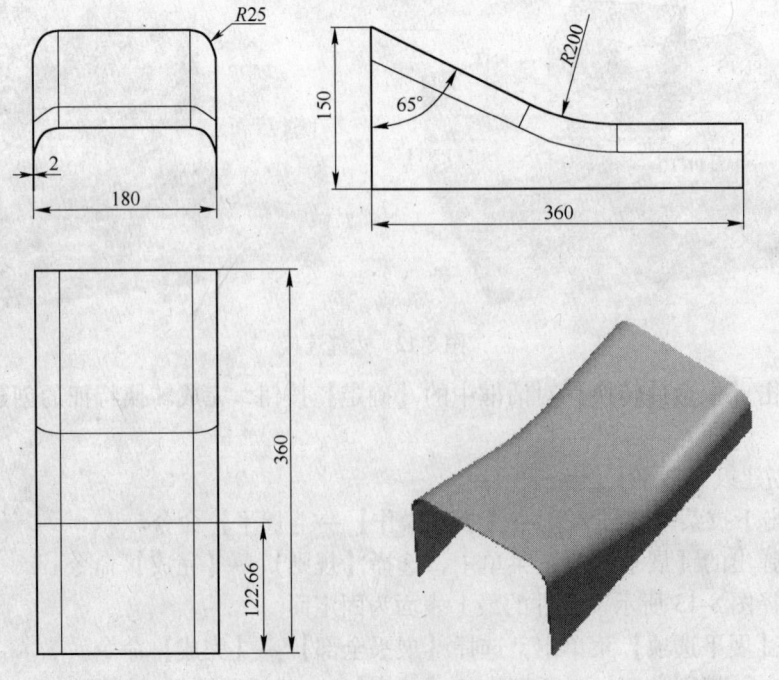

图 8-15　护罩 1

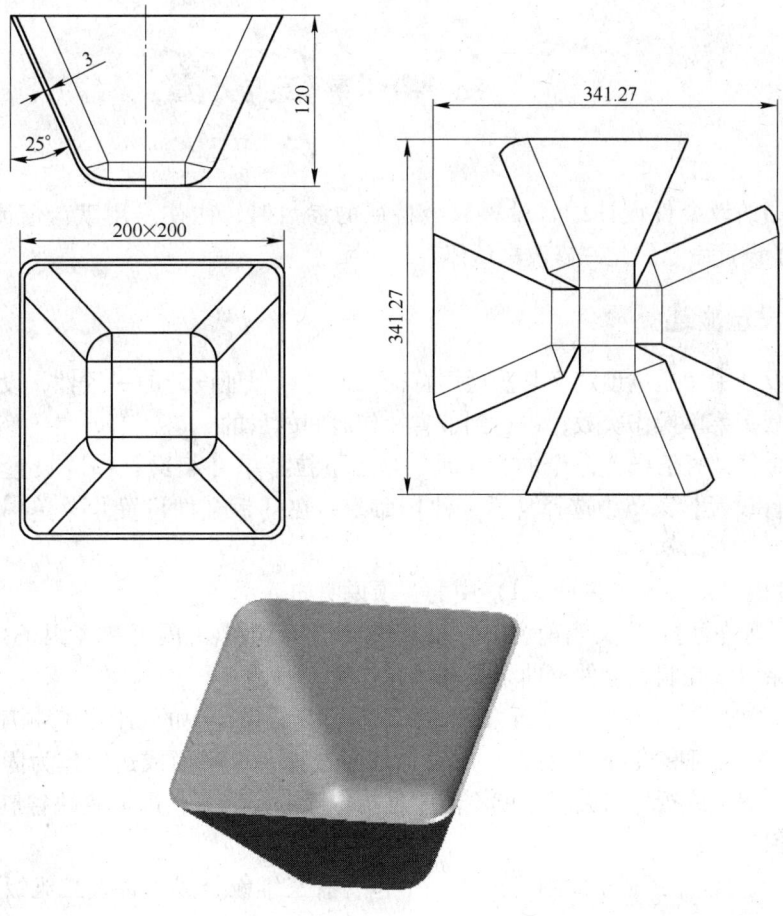

图 8-16 护罩 2

 **钣金特征设置**

以上介绍的钣金件设计中，设置钣金特征的参数时，往往采用默认值或默认参数。Pro/E 提供了设置命令，允许修改默认值。

9.1　钣金设置概述

钣金件设计中，通过预定义某些通用特征几何可以保证设计的一致性，设置缺省值和参数，可以减少菜单操作次数，以达到节省操作时间的目的。

调用钣金件缺省值设置命令的方法是：单击下拉菜单【编辑】→【设置】命令→在弹出的【零件设置】菜单中选择【钣金件】命令→在【钣金件设置】菜单中选择要设置的选项。

【钣金件设置】菜单（见图 9-1）中的各项说明如下：

（1）【折弯许可】：定义当前窗口内钣金件的折弯系数（Y 因子和 K 因子）或折弯表，以设置弯曲余量来控制钣金件弯曲余量和展开长度。

（2）【折弯顺序】：建立一个折弯表，以记录已完成设计中的制作折弯顺序。

（3）【固定几何形状】：在所设计的钣金件中选择一个平面或边线作为固定几何，当要建立折弯、展平或折弯回去时，就不需要再指定固定几何了，即设置缺省值和参数，使设计过程中保持一致性。

（4）【平整状态】：利用此项可产生一个包含有三维钣金成型件及二维钣金展平件的族表。

（5）【设计规则】：利用此项可预定义一套本公司或工业标准，来验证、指导钣金件设计。

（6）【顶角止裂槽】：利用此项设置可更改整个钣金件的顶角止裂槽的类型。

（7）【参数】：利用此项可修改默认的折弯角度、折弯半径或止裂缝形式等参数，即设置配置选项定制软件环境和功能。

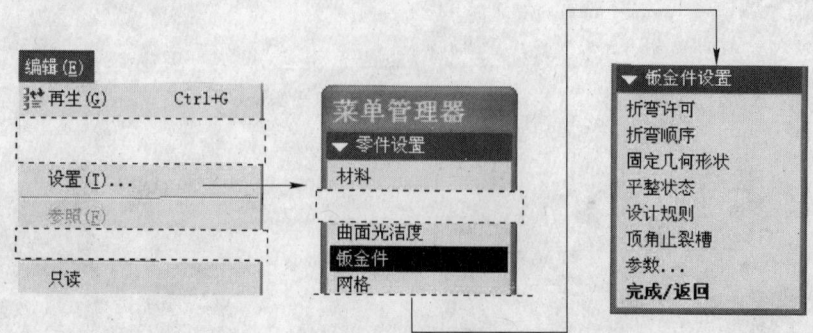

图 9-1　进入【钣金件设置】菜单

9.2 设置折弯许可

折弯许可的设置包括 K 因子、Y 因子的设置和折弯表的制定，如图 9-2 所示，用于规范折弯处的展平计算。下面先介绍钣金展开长度的计算公式，再介绍折弯许可的有关参数。

在钣金折弯的过程中，钣金件折弯处的金属材料会被拉伸，因此材料的长度会增加；反之，折弯的钣金被展平时，其材料会被压缩，也就是材料的长度会减少。钣金折弯和展平过程中，材料长度变化的幅度受到材料类型（金相结构）、材料厚度、折弯的角度、材料热处理及加工状况等因素的影响，因此钣金展开长度的计算方法很多，情况也比较复杂。在 Pro/E 中进行钣金折弯或

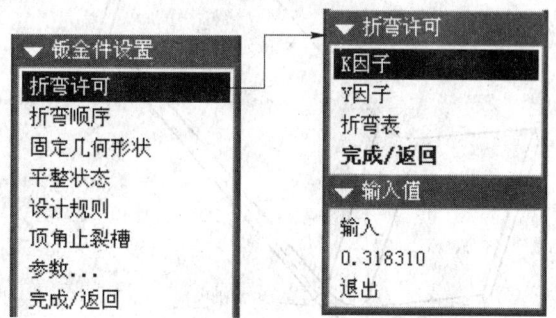

图 9-2 设置折弯许可

展平时，默认情况下，系统会根据自带的折弯表自动计算材料被拉伸或压缩的长度，从而供用户计算钣金折弯处的展开长度时参考，实用中还常常需要做试件、调整等。

计算钣金展开长度的公式为：

$$L = (0.5 \times \pi R + YT)\theta/90$$

式中　L——钣金折弯处的展开长度；

　　　R——折弯处的内侧半径；

　　　T——钣金壁厚；

　　　θ——折弯角度；

　　　Y——折弯系数，是一个固定的常数，又称为 Y 因子。

9.2.1 Y 因子和 K 因子

Y 因子，一般将其定义为从折弯内侧到折弯中性线的距离与钣金件厚度之比，默认值为 0.5。折弯中性线是当钣金折弯时，板材中不变形的那条圆弧线，如图 9-3 所示。在某些钣金展开长度的计算中，常常用 K 因子代替 Y 因子，它们之间的转换关系是：

$$Y = 0.5 \times \pi K$$

不同的钣金件可以有不同的 Y 因子，Y 因子和 K 因子都可以通过【折弯许可】菜单设置数值。Y 因子的默认值为 0.5，也可在 config. pro 中通过修改选项 initial_ bend_ y_ factor 的数值以实现修改 Y 因子值。

如设置 initial _ bend _ y _ factor 的值为 0.6，则 K 因子的数值就为 $K = 0.6/(0.5 \times \pi) = 0.382$。完成此默认值设置后，其后所有建立的钣金件都以此默认值来计算展开的材料长度。

例 9-1　如图 9-4 所示，一个厚度为 2 的铜材被折弯 60°，折弯内径为 5mm，Y 因子使用系统默认值 0.5。计算其折弯处的展开长度。若从图 9-2 所示的菜单中输入 Y 因子的值为 0.6，其他条件不变，则该钣金件折弯展开长度为多少？

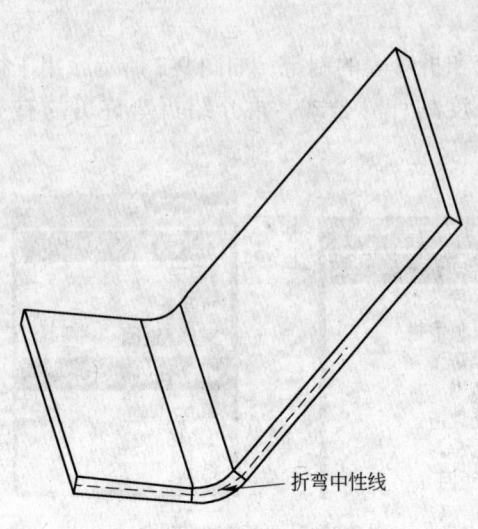

图 9-3　折弯中性线的位置

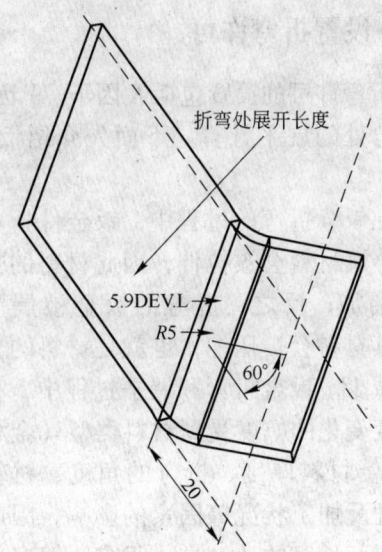

图 9-4　铜材折弯的计算

解：（1）$Y = 0.5$ 时：

$$L = (0.5 \times \pi R + YT)\theta/90$$
$$= (0.5 \times \pi \times 5 + 0.5 \times 2) \times 60/90 = 5.90$$

（2）$Y = 0.6$ 时：

$$L = (0.5 \times \pi R + YT)\theta/90$$
$$= (0.5 \times \pi \times 5 + 0.6 \times 2) \times 60/90 = 6.04$$

9.2.2　折弯表

计算展开长度的另一种方法是"折弯表"，折弯表可用于精确计算特定的半径、角度和折弯展开长度。

使用折弯表计算展开长度的原则为：如果钣金件含有折弯表，则使用折弯表计算展开长度。一旦钣金件与一个折弯相关，它的展开几何长度就取决于该折弯的资料。如果钣金件中不含有折弯表，则使用标准公式 $L = (0.5 \times \pi R + YT)\theta/90$ 计算展开长度。

Pro/E 软件系统中提供了 TABLE1、TABLE2、TABLE3 三种折弯表，其适用的材质、Y 因子及 K 因子见表 9-1。

表 9-1　三种折弯表适用范围

表	材　料	Y 因子	K 因子
TABLE1	软黄铜、铜	0.55	0.35
TABLE2	硬黄铜、铜、软钢、铝	0.64	0.41
TABLE3	硬黄铜、青铜、冷轧钢、弹簧钢	0.71	0.45

用户也可以自定义新的折弯表。

使用折弯表计算展开长度应注意：

（1）折弯表适用于 90° 折弯，对于 90° 以外的折弯，Pro/E 取出这些值并将其乘以

$\theta/90$。

（2）折弯表仅应用于等径的折弯，对于带有变径的折弯（比如圆锥），可用含 Y 因子公式计算的展开长度。

（3）钣金件再生时，需查找与其相关的折弯表以获得相应的展开长度值。如果修改某个折弯表，则所有与其相关的零件的展开长度会相应变化。

单击图 9-2 所示的【折弯许可】菜单中的【折弯表】命令，将弹出如图 9-5 所示的【折弯表】菜单，用于对钣金折弯表进行操作。

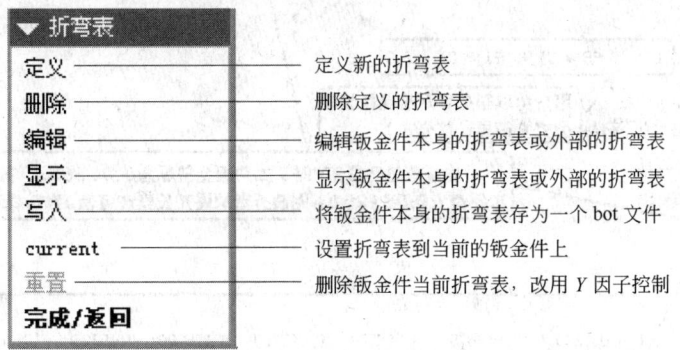

图 9-5　【折弯表】菜单

在选择【定义】、【删除】、【编辑】和【current】选项时，会出现【折弯表类型】菜单，如图 9-6 所示。菜单中的两个选项，分别指向钣金件本身和外部的折弯表。

（1）【从零件】：想设置的折弯表定义为当前钣金件本身的折弯表，并且定义好的折弯表会存于此钣金件内。当在进程中应用了外部折弯表，内部折弯表会自动更新。

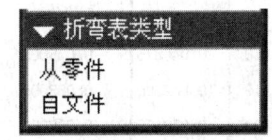

图 9-6　【折弯表类型】菜单

（2）【自文件】：想设置的折弯表由 .bnd 折弯表文件导入，且定义好的折弯表，也存成 .bnd 文件。

定义折弯表的步骤如下：

（1）在【折弯表】菜单中选择【定义】→从【折弯表类型】菜单中选择【自文件】（选择【从零件】）命令。

（2）在消息区中输入新建折弯表名称，如 table _ new→✔（或按回车键）。

（3）修改折弯表，如图 9-7 所示。

（4）选择一单元格，再选择【编辑】菜单→在弹出的【编辑】菜单（见图 9-8）中，选择要进行编辑操作的命令。

（5）完成编辑操作后，保存退出。

折弯表可分为计算公式、转换公式、材料类型和表格数据 4 部分。

（1）计算公式。在折弯过程中，系统使用折弯表时，遵循如下顺序：

1）当折弯内径、厚度值与折弯表的值完全吻合，则系统就使用折弯表中的许可值 A 为展开长度；如果内径、厚度值处于表中的两个值之间，则系统自动以"插值法"计算展开长度。

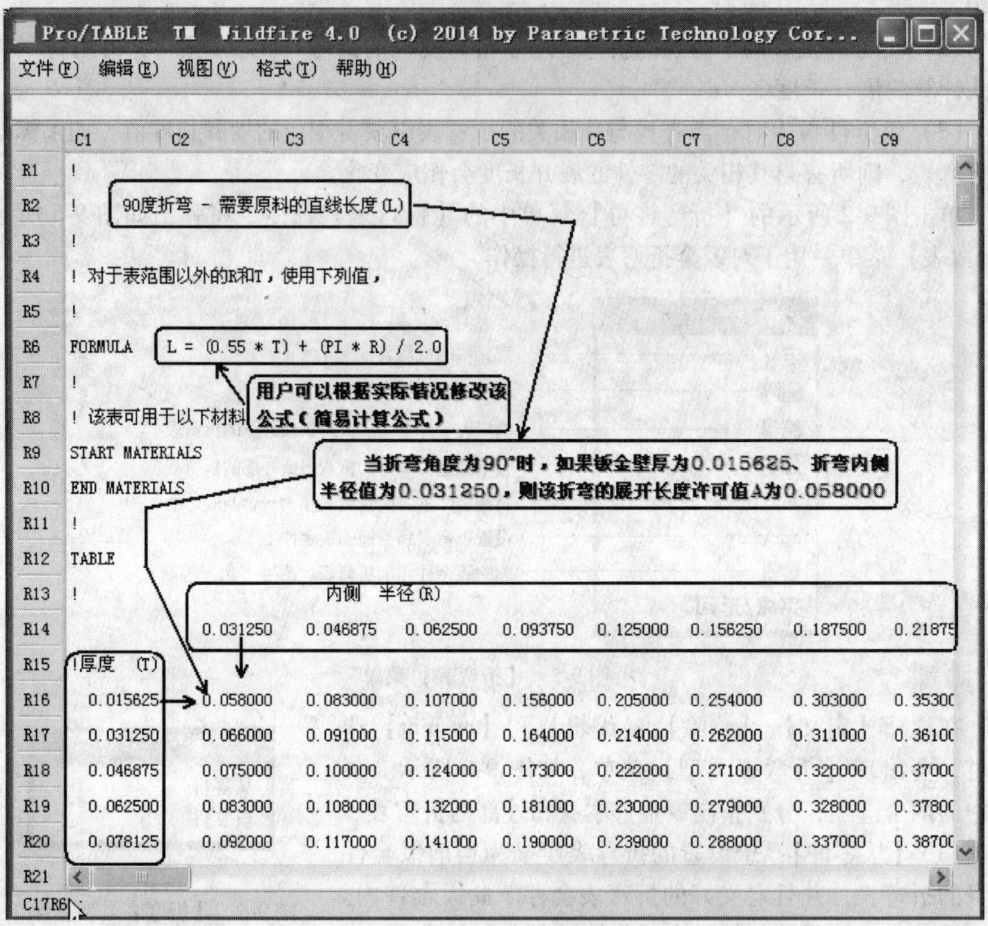

Pro/TABLE ™ Wildfire 4.0 (c) 2014 by Parametric Technology Cor...

文件(F)　编辑(E)　视图(V)　格式(T)　帮助(H)

	C1	C2	C3	C4	C5	C6	C7	C8	C9
R1	!								
R2	!	90度折弯 - 需要原料的直线长度(L)							
R3	!								
R4	! 对于表范围以外的R和T，使用下列值，								
R5	!								
R6	FORMULA	L = (0.55 * T) + (PI * R) / 2.0							
R7	!								
R8	! 该表可用于以下材料								
R9	START MATERIALS								
R10	END MATERIALS								
R11	!								
R12	TABLE								
R13	!								
R14		内侧 半径(R)							
		0.031250	0.046875	0.062500	0.093750	0.125000	0.156250	0.187500	0.21875
R15	厚度 (T)								
R16	0.015625	0.058000	0.083000	0.107000	0.156000	0.205000	0.254000	0.303000	0.35300
R17	0.031250	0.066000	0.091000	0.115000	0.164000	0.214000	0.262000	0.311000	0.36100
R18	0.046875	0.075000	0.100000	0.124000	0.173000	0.222000	0.271000	0.320000	0.37000
R19	0.062500	0.083000	0.108000	0.132000	0.181000	0.230000	0.279000	0.328000	0.37800
R20	0.078125	0.092000	0.117000	0.141000	0.190000	0.239000	0.288000	0.337000	0.38700
R21									

C17R6

用户可以根据实际情况修改该公式（简易计算公式）

当折弯角度为90°时，如果钣金壁厚为0.015625、折弯内侧半径值为0.031250，则该折弯的展开长度许可值A为0.058000

图 9-7　Pro/E 系统提供的钣金折弯表

2）如果折弯内径、厚度值不在此表的范围内时，系统在折弯表中找计算公式以求折弯处的展开长度值，如图 9-7 中的简易公式 "L=(0.55 * T)+(PI * R)/2.0"，也可根据不同情况使用 "IF…ELSE…ENDIF" 语句决定使用什么公式来计算展开长度；如果图中没有公式，则使用标准公式 $L = (0.5 \times \pi R + YT)\theta/90$ 计算展开长度。

（2）转换公式。设置在折弯表下方表格数据中的折弯许可值 A 对展开长度 L 值的影响过程是：如果没有输入任何转换公式，系统会自动以折弯许可值 A 作为折弯处的展开长度（但若表格部分无对应的 A 值，则由计算公式求出 L 值作为折弯处的展开长度）；如果折弯表中有转换公式，且由计算公式所求出的 L 值不等于表格部分数据中的 A 值，则需要再次使用转换公式求出 L 值，并使用此 L 值作为折弯处的展开长度。图 9-7 所示的折弯表中没有列出转换公式。

（3）材料类型。材料类型列出了使用折弯表的材料信息。需要注意材料列表是区分大

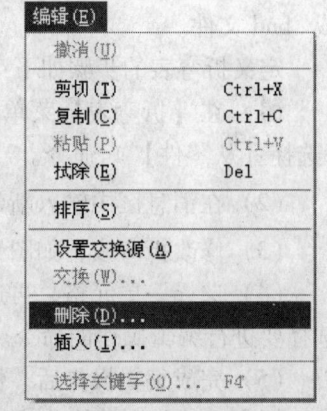

编辑(E)	
撤消(U)	
剪切(T)	Ctrl+X
复制(C)	Ctrl+C
粘贴(P)	Ctrl+V
拭除(E)	Del
排序(S)	
设置交换源(A)	
交换(W)...	
删除(D)...	
插入(I)...	
选择关键字(Q)...	F4

图 9-8　折弯表中【编辑】菜单

小写的。图 9-7 所示的折弯表中,并未列出具体材料信息。

(4)表格数据。在折弯表下部的表格数据中,提供了在特定的折弯内径 R 及材料厚度 T 下的展开长度值 A。该区域的数据与转换公式配合使用。

9.3 设置固定几何形状

如果设计时经常对钣金件进行展开或折弯操作,最好用同一个平面作为固定面。固定几何就是用于设置展平钣金件或折弯回去时要保持固定的默认曲面、边或平面,此固定几何设置有助于选取固定几何时保持一致性。为展平和折弯回去特征指定相同的固定几何是个良好的习惯,应该养成。

9.4 设计规则

设计规则是设计的指导方针,包括基于零件材料和制造工艺的最小槽宽和深度,可以根据需要在设计过程中忽略设计规则。

可以将特征的设计标准输入到规则表中,并将该表指定到零件。可以编制任意数量的规则表。

在定义和指定设计规则表后,可以根据指定的设计规则表,用【设计检查】命令测试零件设计。该命令可以显示出违反设计规则的情况,以帮助确定不符合标准的原因,从而运用行业标准来判断这些违反设计规则的情况是否可以接受。

标准规则表包含的缺省的钣金件设计规则见表 9-2。

表 9-2 规则列表

名 称	说 明	缺省值
MIN _ DIST _ BTWN _ CUTS	检查两个切口或冲孔之间的距离	5T
MIN _ CUT _ TO BOUDN	检查零件边与切口或冲孔之间的距离	2T
MIN _ CUT _ TO _ BEND	检查折弯线与切口或冲孔之间的距离	1. 5T+R
MIN _ WALL _ HEIGHT	检查成型壁的最小折弯高度	1. 5T+R
MIN _ SLOT _ TAB _ WIDTH	检查表的最小宽度	T
MIN _ SLOT _ TAB _ GEIGHT	检查表的最小长度	0. 7
MIN _ LASER _ DIM	检查用激光切割的特征之间最小距离	1. 5T

注:T 表示钣金厚度;R 表示折弯半径。

9.5 钣金件参数表

在钣金设计过程中,常常要重复定义、选择某些相同的选项,如折弯半径等。选择【钣金件设置】菜单中的【参数】命令设置一些参数,使命令的选择次数减少,省略一些步骤,从而可以大大提高设计效率。

选择【参数】命令后,系统会弹出如图 9-9 所示的【钣金件参数】对话框,该对话框中各参数说明见表 9-3。

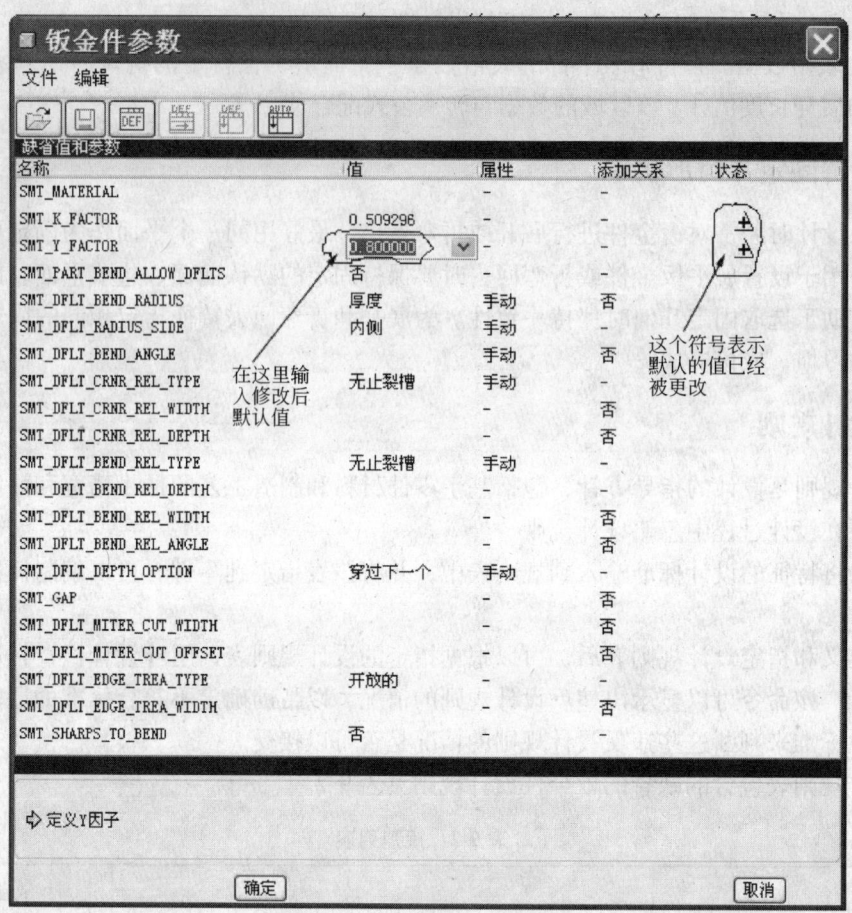

图 9-9　【钣金件参数】对话框

表 9-3　部分参数列表

缺 省 值	说　　明
SMT_MATERIAL	定义钣金件材料属性
SMT_K_FACTOR	定义用来测量展开长度的 K 因子
SMT_Y_FACTOR	定义用来测量展开长度的 Y 因子
SMT_PART_BEND_ALLOW DFLTS	定义默认的折弯许可，选择【是】，就会直接将【零件折弯表】应用于特征
SMT_DFLT_BEND_RADIUS	定义默认的折弯半径大小，可以在"值"栏中修改折弯半径值
SMT_DFLT_RADIUS_SIDE	定义缺省半径侧，不显示【半径侧】菜单管理器
SMT_DFLT_ATTRIBUTES	定义创建钣金拉伸特征侧，可将缺省值设置为在草绘线【一侧】、【双侧】创建特征
SMT_DFLT_CRNR_REL_TYPE	定义缺省的拐角止裂槽类型，设置为 "Manual" 时，在创建特征时，系统会提示拐角止裂槽类型，也会提示提供适当的拐角止裂槽尺寸；设置为 "Auto" 时，则会跳过拐角止裂槽步骤，并自动接受相符的缺省深度和宽度值，表中的空行会自动填充

缺 省 值	说　　明
SMT＿DFLT＿BEND＿REL＿DEPTH	定义折弯止裂槽的缺省类型，如果设置为"Manual"，在创建特征时，系统会提示折弯止裂槽类型，还会提示提供适当的折弯止裂槽尺寸；如果设置为"Auto"，则跳过此步骤，并从 SMT＿DFLT＿BEND＿REL＿DEPTH、SMT＿DFLT＿BEND＿REL＿WIDTH、SMT＿DFLT＿BEND＿ANGLE 自动接受深度和宽度的缺省值
SMZDFLT＿BEND＿REL＿TYPE	定义长圆形或矩形止裂槽的深度（如与折弯相切）
SMT＿DFLT＿DEPTH＿OPTION	定义 SMT 类切口的缺省深度选项（盲孔）
SMT＿SHARPS＿TO＿BEND	当草绘和创建拉伸壁时，会自动将任何锐边转换为折弯

（1）【值】列：设置参数的默认值。

（2）【属性】列：参数的属性有"手动"或"自动"选项的，如果设为"手动"，在钣金件折弯时，系统会提示特征定义步骤；如果设为"自动"，在钣金件折弯时，系统会自动跳过相应的特征定义步骤，并接受参数的默认值。

●注意：单击窗口上方的图标按钮，或在窗口【编辑】下拉选项中选择【将属性设置为自动】项，会将所有的参数都设置为自动。

（3）【添加关系】列：当参数的属性设为自动时，此项才可以设置。根据需要，可将【添加关系】项设为"是"或"否"。若设为"否"，在建立特征时系统不会自动增加参数的关系式；若设为"是"，在建立特征时系统会自动增加参数的关系式。

（4）【状态】列：显示参数变化状态。如图 9-9 所示，在 Y 因子、K 因子的状态栏中都有"✚"图标，它表示该行参数的系统默认值已被修改。

●注意：不允许操作者对状态栏显示图标进行修改。

下面简述参数设置对钣金件折弯操作的影响。

（1）如先将折弯半径参数 SMT＿DFLT＿BEND＿RADIUS 的"值"设为 4，将"属性"设为"手动"，则在折弯操作过程中，在决定折弯半径值时，可从如图 9-10 所示的【选取半径】菜单中，选择【按参数】命令就可以保证折弯半径为 4。

（2）如果先将折弯半径参数 SMT＿DFLT＿BEND＿RADIUS 的"值"设为 4，将"属性"设为"自动"，则在折弯操作过程中，确定折弯角度后，系统弹出【选取半径】菜单，从而自动保证了折弯半径为 4。

（3）如果先将折弯半径参数 SMT＿DFLT＿BEND＿RADIUS 的"值"设为"厚度"，将"属性"设为"自动"，将"添加关系"设为"是"，则在折弯操作过程中，确定折弯角度后，系统不弹出【选取半径】菜单，折弯半径由一关系式控制，如图 9-11 所示。如果要修改此关系式以改变折弯半径的大小，可按如下方法操作：

1）单击图 9-11 所示的对话框中的【确定】按钮，完成特征的创建。

2）选择下拉菜单【工具】→【关系】命令。

3）在【关系】对话框中，将关系式修改为"D15＝1.5＊smt＿def＿bend＿rad（）"，如图 9-12 所示。

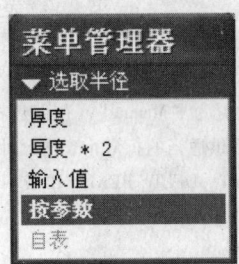

图 9-10　【选取半径】菜单

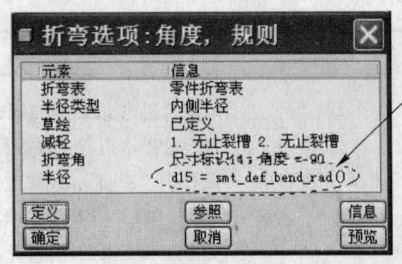

图 9-11　折弯特征信息对话框

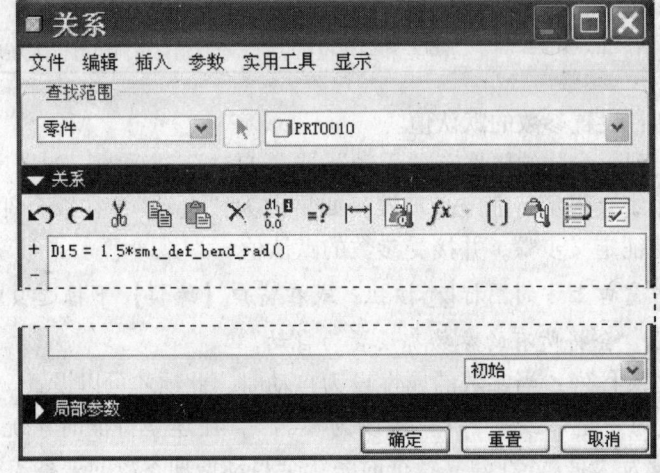

图 9-12　【关系】对话框

●注意：由于 smt _ def _ bend _ rad（）的值等于参数 SMT _ DFLT _ BEND _ RADIUS 的值，而前面将 SMT _ DFLT _ BEND _ RADIUS 的值设为"厚度"（即钣金件的壁厚3），所以通过上面的关系式得到的折弯半径为4.5。

4）单击编辑工具栏中的【再生模型】图标 按钮，再生零件模型。

9.6　设置折弯顺序

折弯顺序表的创建，为创建钣金件折弯工序图准备了表文件，对制定钣金制造工艺有一定的帮助。Pro/E 中的折弯顺序表是以记事本形式详细记录当前钣金件中的折弯数、折弯角度、折弯半径等信息，并显示由二维平板折弯成三维成型件的顺序。折弯顺序表的文件扩展名中 . bot。

折弯顺序表需要钣金件处于折弯状态下，才能创建或编辑。

例 9-2　设置例6-1中图6-3（b）所示钣金件的折弯顺序表，效果如图9-13所示。

（1）打开图6-3所示钣金件文件。

（2）单击【编辑】菜单→【钣金件】→【折弯顺序】→【显示/编辑】（见图9-14），此时，出现【选取】对话框，出现信息栏出现"选取当展平/折弯回去时保持固定的平面或边"的提示→如图9-15所示，选取上表面，钣金件变为平整状态，如图6-10所示。

（3）出现提示"选取一折弯增加到当前序列"，同时菜单变为图9-16所示样式，参照图9-13所示，选取"折弯1"所示区间→单击图9-16所示菜单中的【下一个】，钣金件变

折弯序列	#折弯	折弯#	折弯方向	折弯角度	折弯半径	折弯长度
1	1	1	IN	90.000	3.000	6.212
2	1	1	OUT	210.070	7.500	20.000
3	3	1	OUT	90.000	6.000	6.212
		2	OUT	90.000	6.000	6.212
		3	OUT	90.000	6.000	6.212
4	1	1	IN	90.000	3.000	6.212
5	1	1	IN	90.000	3.000	6.212

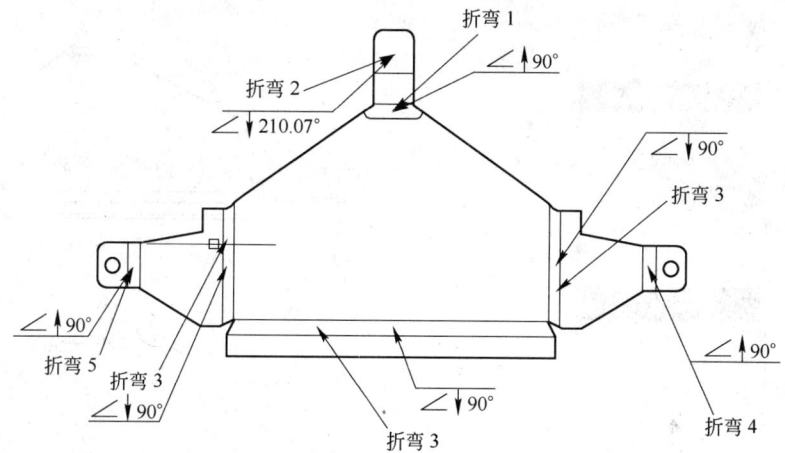

图 9-13 钣金件折弯顺序示意图及其折弯顺序表

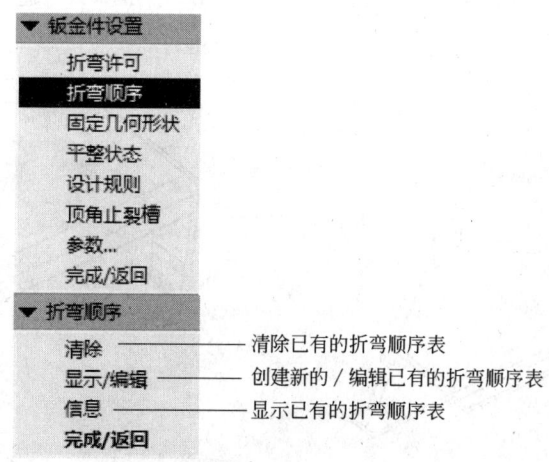

图 9-14 【折弯顺序】菜单命令注释

为如图 9-17 所示的折弯状态。

（4）重复步骤（3），选取"折弯 2"所示区间上边，如图 9-18 所示→单击图 9-16 所示菜单中的【下一个】→选取图 9-15 所示表面，钣金件变为如图 9-19 所示折弯状态。

（5）重复步骤（3），按住 Ctrl 键，连续选取三个"折弯 3"所示区间（或选边）→单击图 9-16 所示菜单中的【下一个】→选取图 9-15 所示表面，钣金件变为如图 9-20 所示

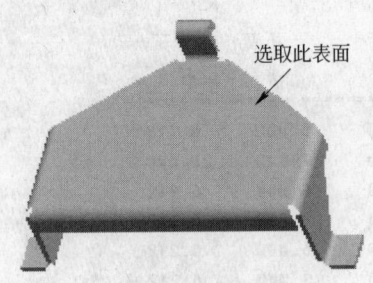

图 9-15　选取折弯的固定面

折弯状态。

（6）同理，重复上述操作，完成"折弯 4"、"折弯 5"的操作，效果如图 6-3（b）所示→单击【完成】。

（7）单击【折弯顺序】菜单中的【信息】，立即出现了一个【信息窗口】，即折弯顺序表，效果如图 9-13 所示。

（8）单击【关闭】→【完成】。

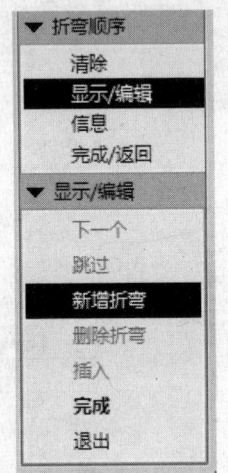

图 9-16　【折弯顺序】菜单

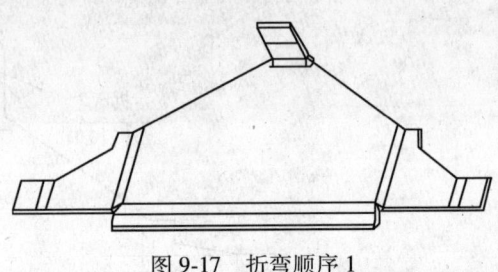

图 9-17　折弯顺序 1

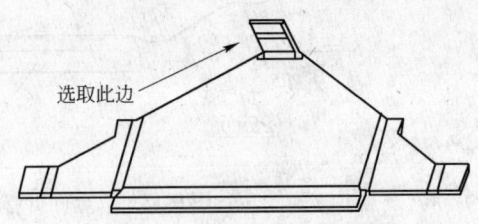

图 9-18　选取折弯特征边

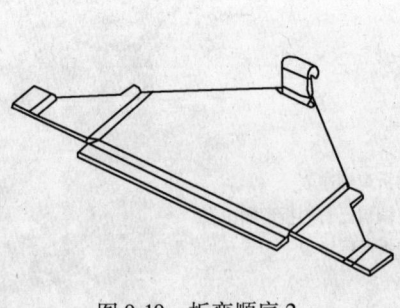

图 9-19　折弯顺序 2

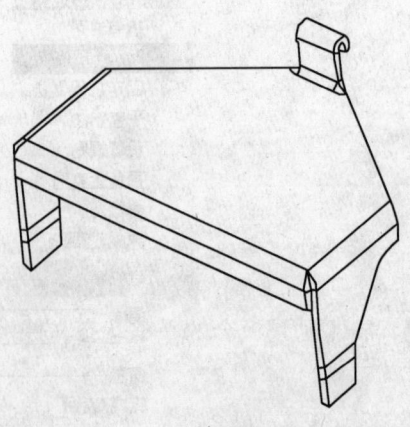

图 9-20　折弯顺序 3

9.7　设置平整状态

【平整状态】设置，可自动产生一个包含有三维钣金成型件及二维钣金展开件的族表，使用户可以通过名称随时查看钣金的三维或二维几何形状。利用这种功能可方便地创建钣金工程图的展开视图，简化制造中需要的平整形状的创建过程。

单击【平整状态】，菜单展开为图 9-21 所示样式。

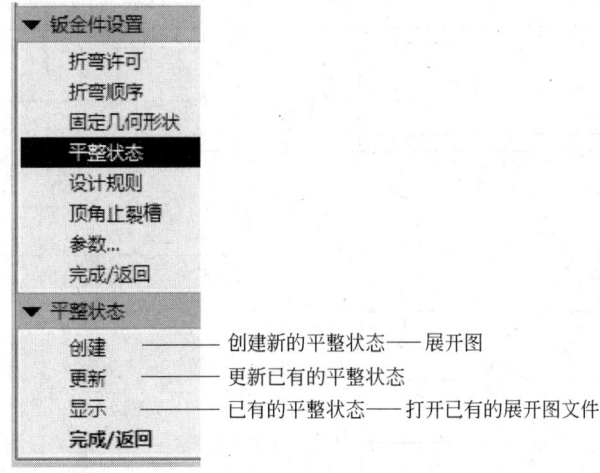

图 9-21 【平整状态】菜单

下面通过两个实例，说明平整状态设置的操作步骤及其前提条件。

例 9-3 完成图 9-22 所示支架钣金件的平整状态设置。

（1）设置工作目录。创建支架钣金文件（文件名：9-22. per）。

（2）按图 9-22 给出的尺寸，完成支架钣金件的设计。

（3）设置此钣金件的平整状态。

1）单击【编辑】菜单→【钣金件】→【平整状态】→【创建】（见图 9-21）。

2）在信息栏出现的"为平整阵列实例输入名字 9-22 _ FLAT1 ☑ ✖ "的提示中单击

☑，默认平整文件名。此时，菜单展开为如图 9-23 所示的【零件状态】菜单。

3）单击【零件状态】菜单中的【全部成型】，出现【规则类型】展开对话框，按对话框提示选取钣金件上表面为固定的平面，自动完全展平操作，单击【确定】，完成平整状态设置，且【平整状态】菜单中的所有命令均为可操作。可单击【显示】命令，以查看展平状态，如图 9-24 所示。

（4）单击【完成/返回】→【完成】，完成平整状态设置。

注意观察，此时原文件 9-22. prt 仍是原钣金折弯状态文件，而新产生的子文件 9-22 _ FLAT1. PRT 则是钣金的平整状态文件。

例 9-4 设置例 6-2 中连接架（见图 6-12）的平整状态。

（1）打开连接钣金文件 lianjiejia. prt，另存为 6-12. prt。

（2）参照例 6-2 或例 6-3 的展开方式，完成连接架的展平操作。

（3）设置平整状态。

1）单击【编辑】菜单→【钣金件】→【平整状态】→【创建】。

2）在信息栏出现的"为平整阵列实例输入名字 6-12 _ FLAT1 ☑ ✖ "提示中单击

☑，默认平整文件名。此时，菜单展开为如图 9-23 所示的【零件状态】菜单。

3）单击【零件状态】菜单中的【完全平坦】→出现【选取】对话框，同时信息栏提

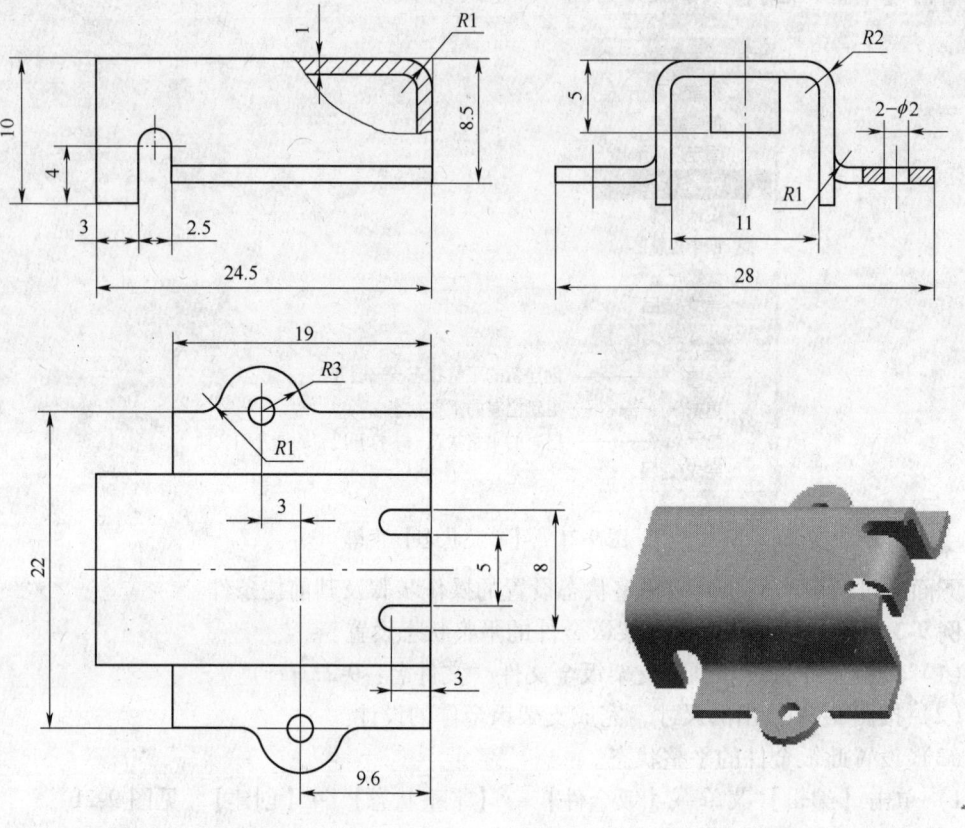

图 9-22　支架

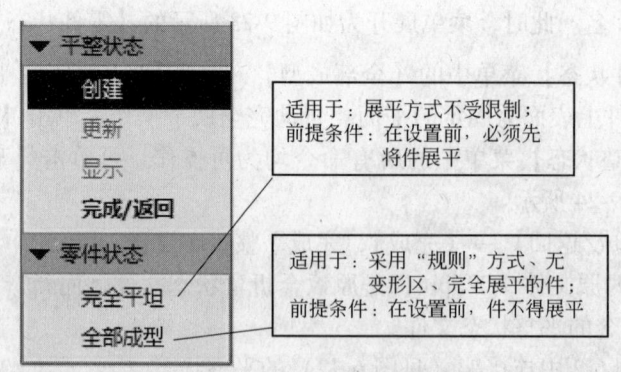

图 9-23　【零件状态】菜单

示"⇨选取展平特征创建印贴状态。",此时选取展平的钣金件→单击【选取】对话框中的【确定】→出现【YES/NO】菜单,如图 9-25 所示。

①如果选择【Yes】,展平状态保留在子文件"FLAT1"中,原文件自动隐含展平特征。

②如果选择【No】,展平状态保留在子文件"FLAT1"中,同时原文件仍显示展平特征。

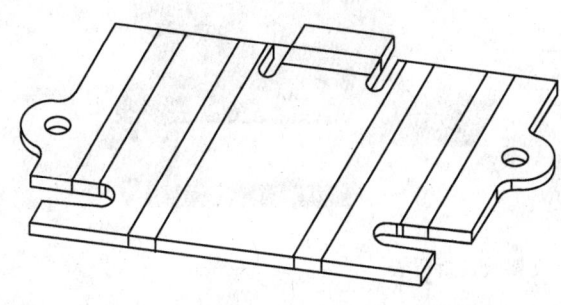

图 9-24　平整状态
（文件名：9-22 _ FLAT1. PRT）

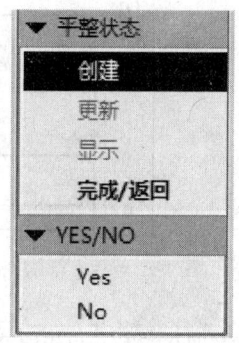

图 9-25　【YES/NO】菜单

（4）单击【完成/返回】→【完成】，完成平整状态设置。系统自动生成族表。

注意观察，此时原文件 6-12. prt 仍是原钣金折弯状态文件，而新产生的子文件 6-12 _ FLAT1. PRT 则是钣金的平整状态文件。

习　题

9-1　思考下列问题：

（1）调用钣金件缺省值设置命令的方法是什么？

（2）计算钣金展开长度的公式 $L = (0.5 \times \pi R + YT)\theta/90$ 中，各选项的含义是什么？

（3）折弯系数 Y 因子是如何定义的？Y 因子的取值与什么有关联？

（4）【钣金设置】选项中的【折弯顺序】、【平整状态】各有什么实际应用？

（5）如何修改折弯角度、折弯半径、折弯系数 Y 等参数的缺省值？

（6）如何设置折弯顺序？

（7）平整状态与钣金件的展平有何区别？

（8）平整状态设置有哪两种方法？这两种方法的采用各是依据什么条件？

9-2　接续题 4-2 支架的操作，完成折弯顺序设置，效果如图 9-26 所示。

折弯序列	#折弯	折弯#	折弯方向	折弯角度	折弯半径	折弯长度
1	3	1	IN	90.000	3.000	6.212
		\2	IN	90.000	3.000	6.212
		3	IN	90.000	3.000	6.212
2	2	1	IN	90.000	3.000	6.212
		2	IN	90.000	3.000	6.212
3	1	1	OUT	90.000	6.000	6.212

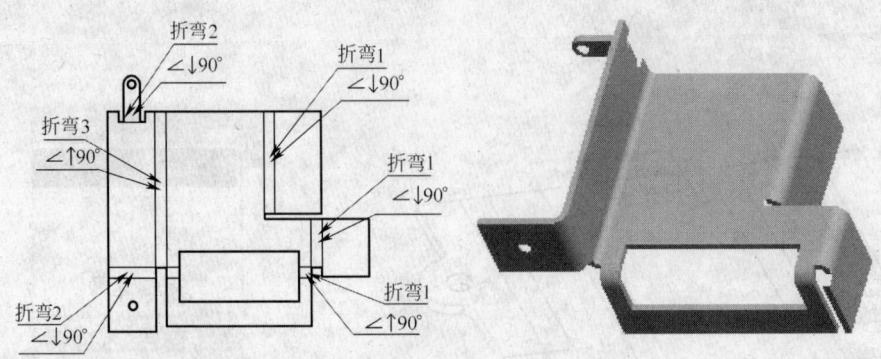

图 9-26　支架及其折弯表

9-3　完成如图 9-27 所示电饭锅开关摆杆的钣金平整状态设置、折弯顺序设置（折弯顺序由读者自定）。

9-4　接续题 8-2 护罩 1 操作，完成平整状态设置。

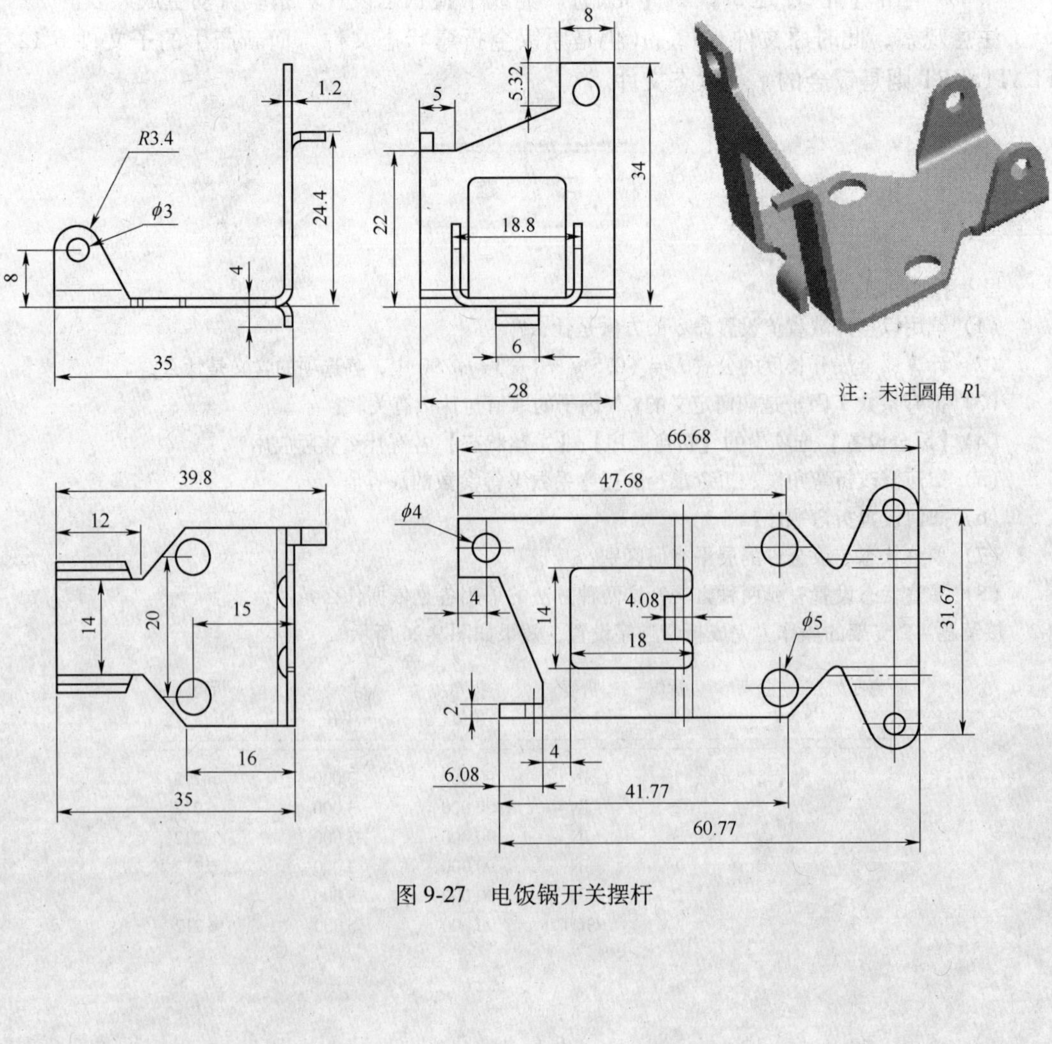

注：未注圆角 R1

图 9-27　电饭锅开关摆杆

10　钣金工程图

10.1　钣金工程图概述

进入 Pro/E 软件工程图环境后，要及时修改制图环境变量。有关常用变量见附表 6-1。

在 Pro/E 软件中，钣金件工程图的创建方法与一般零件基本相同，所不同的是钣金件的工程图需要创建展开视图或工序图。

钣金件展开工程图的创建方法根据平整状态族表的生成方法不同，大致分为手动族表法和自动族表法。其中自动族表法根据平整状态设置条件不同又分为"完全平坦"法和"全部成型"法。

（1）手动族表法（此法适用于各种可展开钣金件）。

1）打开钣金件的三维模型文件，创建族表。

①使用【展开（U）】命令将三维钣金展开。

②使用【族表（F）】命令，在族表中创建一个不含展平特征的三维模型实例。

2）创建钣金件工程图。

①新建工程图文件。

②创建展开视图。

③创建钣金件的三视图。

④标注所有视图的尺寸，书写技术要求等。

（2）完全平坦（此法适用于各种可展开钣金件）。

1）打开钣金件的三维模型文件。

2）完全展开钣金件。

3）参照例 9-4 中的步骤（3）、（4），完成平整状态设置。

4）参照手动族表法中的步骤 2），完成钣金件工程图的创建。

（3）全部成型（此法仅适用于采用"规则"方式、无变形区、完全展平的钣金件）。

1）打开钣金件的三维模型文件。

2）参照例 9-3 中的步骤（3）、（4），完成平整状态设置。

3）参照手动族表法中的步骤 2），完成钣金件工程图创建。

10.2　钣金工序图和工序表

钣金工序图及工序表示例如图 10-1 所示。图中折弯线含义参阅附录 5。创建钣金工序图方法与一般工程图方法基本相同，大致步骤如下：

（1）打开钣金文件。

（2）根据钣金件的具体结构及其工艺要求，并参照例 9-2 的方法，完成钣金件的折弯顺序表设置。

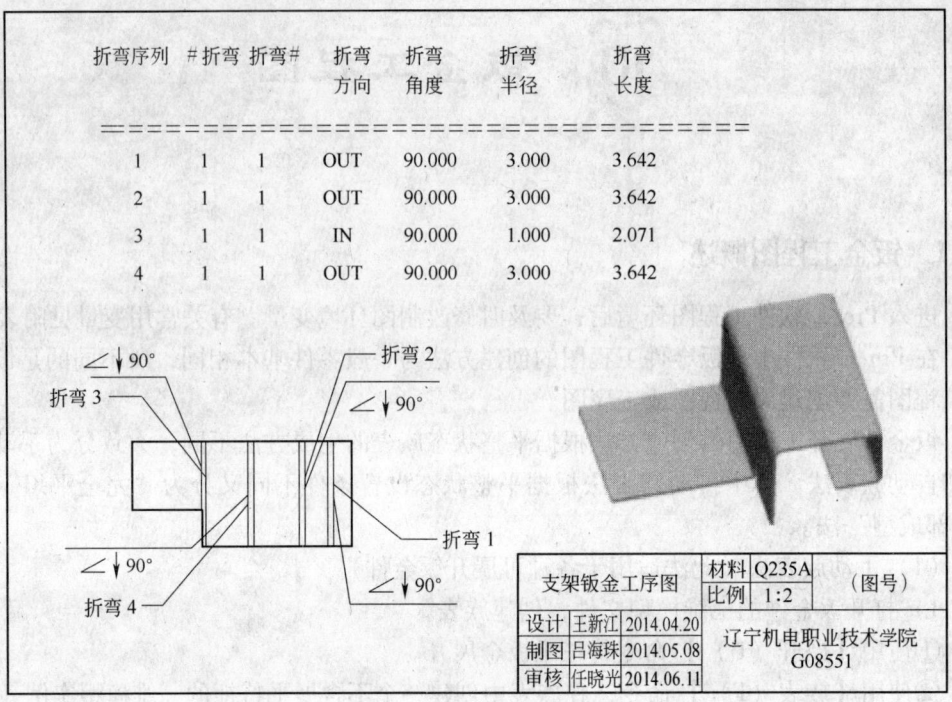

折弯序列	#折弯	折弯#	折弯方向	折弯角度	折弯半径	折弯长度
1	1	1	OUT	90.000	3.000	3.642
2	1	1	OUT	90.000	3.000	3.642
3	1	1	IN	90.000	1.000	2.071
4	1	1	OUT	90.000	3.000	3.642

支架钣金工序图	材料	Q235A	（图号）
	比例	1:2	
设计　王新江　2014.04.20		辽宁机电职业技术学院	
制图　吕海珠　2014.05.08		G08551	
审核　任晓光　2014.06.11			

图 10-1　钣金折弯工序图和工序表

（3）创建钣金折弯工序图。

1）创建工程图文件。

2）设置工程图环境参数。

3）放置展开视图。

4）显示折弯顺序表参数。单击【视图】菜单→【显示及拭除（S）…】→出现【显示及拭除】对话框→注释图标 ／ABCD →单击【显示全部】→在【确认】对话框中单击【是】→【接受全部】→【关闭】。

5）编辑折弯工序表及折弯指引注释。

（4）保存文件。

10.3　钣金工程图创建范例

Pro/E 钣金工程图的创建方法，主要取决于在钣金文件中"平整状态"族表的产生方式，而进入工程图文件的，方法基本都是一样的。

例 10-1　创建图 10-2 所示钣金件的展开工程图。

分析：此件结构简单，采用"规则"方式可完全展开，所以，采用哪种方法都可以设置平整状态族表。本例用自动生成族表法之"全部成型"法来创建展开工程图。

操作步骤：

（1）设置工作目录及创建钣金文件。

设置工作目录→创建钣金件文件 2-WB. PRT→按图 10-2 设计钣金件，自动生成族表。

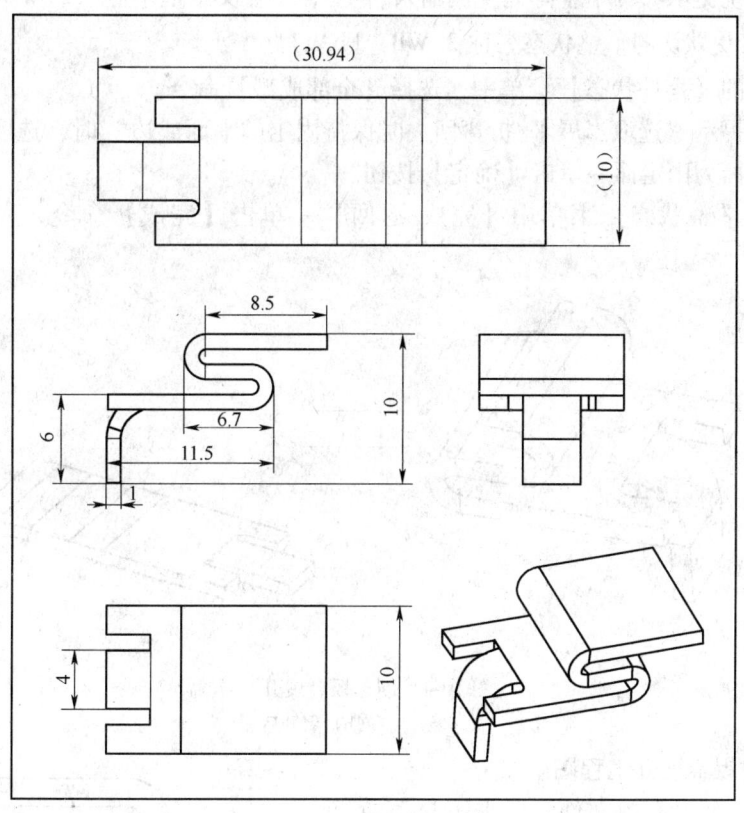

图 10-2　创建钣金工程图

1）创建分离的平整壁，尺寸为 10×8.5×1。

2）创建法兰壁，附着在平整壁的长边，取 Z 形壁，取值如图 10-3 所示。

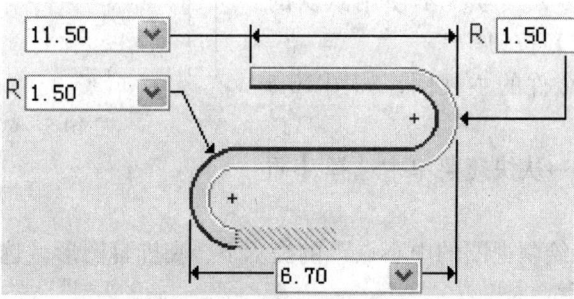

图 10-3　法兰壁取值对话框

3）创建连接的平整壁，附着在法兰壁左端上边，左右各偏移-3，采用"矩形"止裂口，尺寸按缺少值。设计结果见图 10-2 轴测图。

4）自动生成族表：即创建钣金的平整状态（采用"全部成型"法）。

①选择下拉菜单【编辑】→【设置】命令。

②在弹出的【零件设置】菜单中选择【钣金件】命令→在【钣金件设置】菜单中选择【平整状态】命令→在【平整状态】菜单中选择【创建】命令。

③此时系统提示"为平整阵列实例输入名字",并在文本框中显示 2-WB_FLAT1,单击✔按钮,接受默认的平整状态名称 2-WB_FLAT1。

④在弹出的【零件状态】菜单中,选择【全部成型】命令。

⑤在系统提示"选取当展平/折弯回去时保持固定的平面或边"时,选取图 10-4(a)所示的模型表面为固定面→单击【确定】按钮。

⑥单击【平整状态】菜单中【完成/返回】→单击【完成】命令,完成平整状态设置。

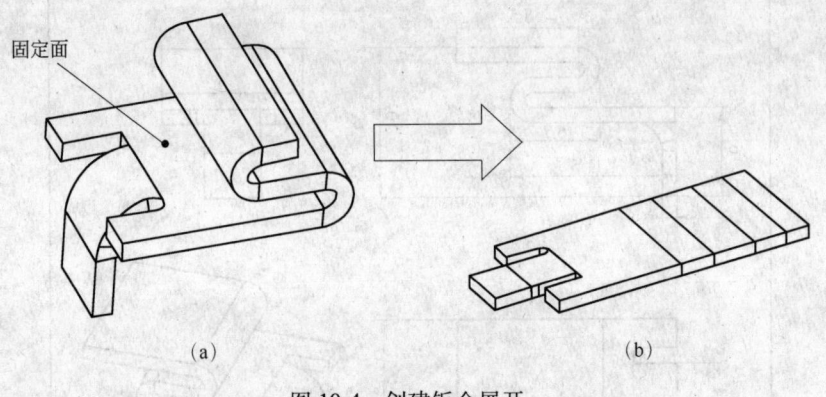

固定面

(a)　　　　　　　　　　　　　　　(b)

图 10-4　创建钣金展开
(a) 展开前;(b) 展开后

(2) 创建钣金展开工程图。

1) 新建一个工程图文件。单击下拉菜单【文件】→【新建】,在弹出的【新建】对话框中,选中【类型】区域的【绘图】按钮→输入文件名 2-WB-drawing→取消【使用缺省模板】复选框中的"√"号(不使用默认的模板)→单击【确定】按钮。

2) 创建三维钣金件的主视图,如图 10-5所示。

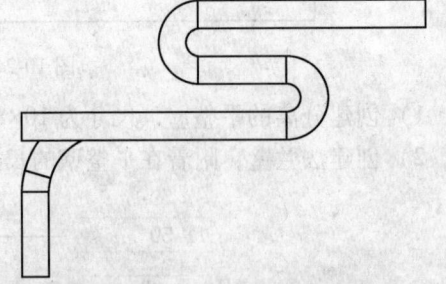

图 10-5　创建主视图

①在绘图区右击→从快捷菜单中选择【插入普通视图】命令。

②在系统"选取绘制视图的中心点"的提示下,在屏幕图形区选择一点。此时系统弹出【绘图视图】对话框。

③定义视图方向。在对话框的【模型视图名】区域选择视图方向为 FRONT→单击【应用】按钮。

④在对话框的【类别】区域选择【比例】选项→选中【定制比例】按钮→输入值 1。

⑤单击对话框中的【确定】按钮,完成主视图的创建。

3) 创建三维模型的投影视图,见图 10-6 中的左视图、俯视图。

4) 创建面三维模型的轴测图,如图 10-7 所示。

5) 标注尺寸(略)。

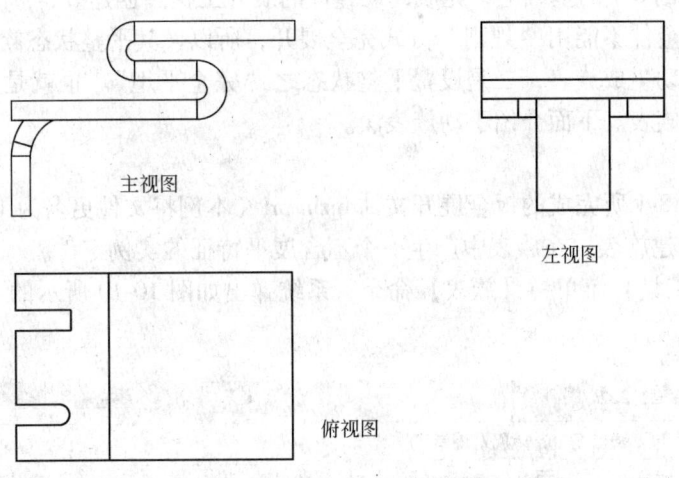

主视图

左视图

俯视图

图 10-6 创建左视图、俯视图

（3）创建展开视图。

1）单击【文件】菜单→【属性】→在【文件属性】菜单中点选【绘图模型】→【添加模型】→在【打开】窗口中选取文件 2-WB. PRT→在如图 10-8 所示的【选取实例】对话框中选择平整状态文件"2-WB _ FLAT1"→单击【打开】→【完成/返回】。

2）在绘图区右击→从快捷菜单中，选择【插入普通视图】命令→在系统"选取绘制视图的中心点"的提示下，在屏幕图形区选择一点。此时系统弹出【绘图视图】对话框。

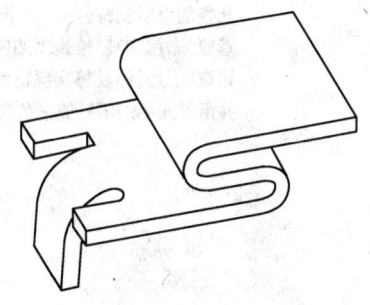

图 10-7 创建轴测图

3）定义视图方向。在对话框的【模型视图名】区域选择视图方向为 TOP→单击【应用】按钮。

4）设置比例。在对话框的【类别】区域选择【比例】选项→选中【定制比例】按钮→输入值 1。

5）单击对话框中的【确定】按钮，完成展开工程图的创建，如图 10-9 所示。

图 10-8 【选取实例】对话框

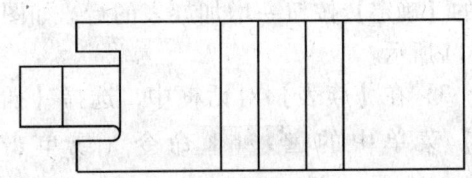

图 10-9 创建展开视图

例 10-2　在例 8-1 的基础上，完成此钣金件的展开工程图创建。

分析：此钣金件不能用"规则"方式完全展开，所以，其平整状态族表只能用两个方法实现：一是手动生成族表；二是设置平整状态之"完全平坦"。也就是说，必须先展平钣金件，再生成族表。下面介绍手动族表法。

操作步骤：

（1）打开例 8-1 所完成的钣金展开文件 bjzh. prt（本例将文件更名为 1-221. prt）。

（2）手动创建族表，在族表中产生一个不含展平特征的实例零件。

1）选择【工具】菜单→【族表】命令，系统弹出如图 10-10 所示的【族表】对话框→增加族表的列。

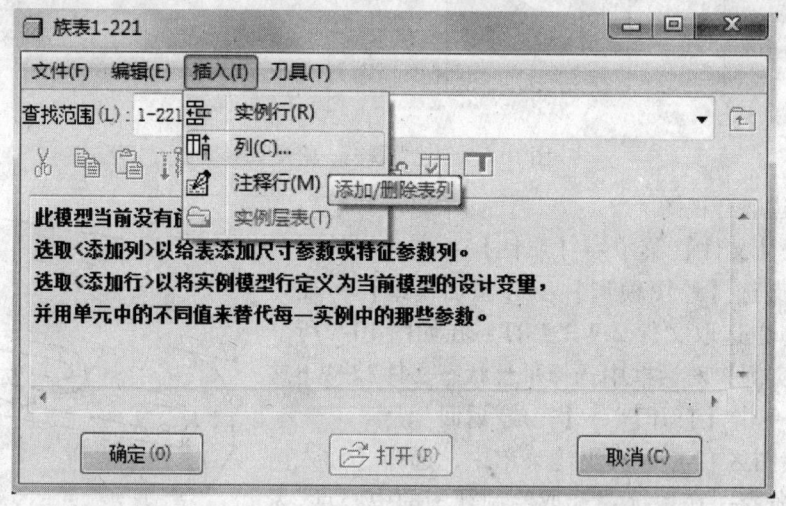

图 10-10　【族表】对话框

2）在【族表】对话框中，选择【插入】菜单中的 列(C) 命令（或上方工具栏中的 图标）→系统弹出如图 10-11 所示的【族项目】对话框，在该对话框的【添加项目】区域选中 特征 按钮→系统弹出如图 10-12 所示的【选取特征】菜单，选择【选取】命令→在模型树中选取上一步创建的展平特征，如图 10-13 所示→单击【完成】命令→单击【族项目】对话框中的【确定】按钮→增加族表的行，如图 10-14 所示。

3）在【族表】对话框中，选择【插入】菜单中的 实例行(R) 命令（或单击 图标）→系统立即添加新的一行，如图 10-15 所示，单击新文件行上的"F1510"列

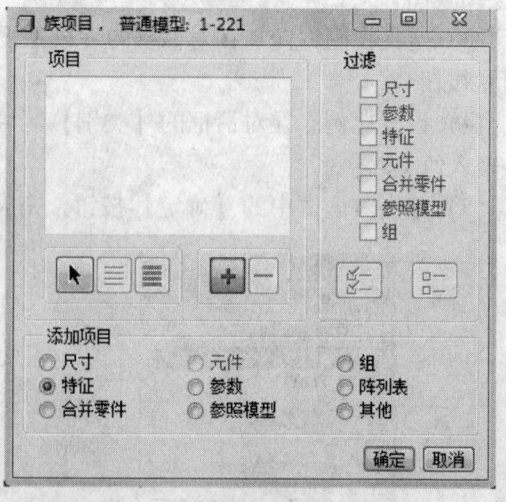

图 10-11　【族项目】对话框

"＊"号栏，将"＊"号改成"N"，这样在 1-221. prt _ INST 实例中就不显示展平特征→

单击【族表】对话框中的【确定】按钮→保存钣金零件。

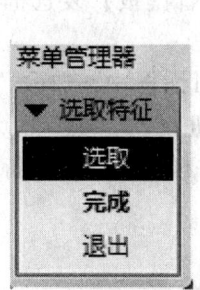

图 10-12 【选取特征】菜单

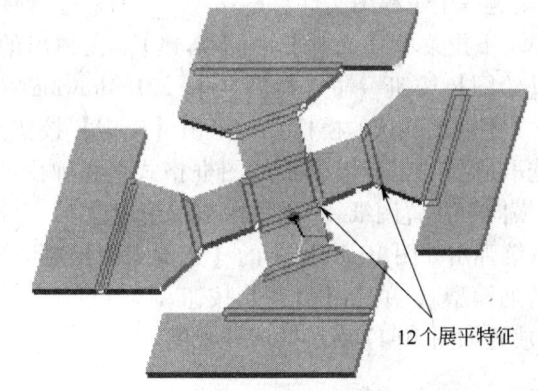

图 10-13 选取展平特征

图 10-14 【族表】对话框（一）

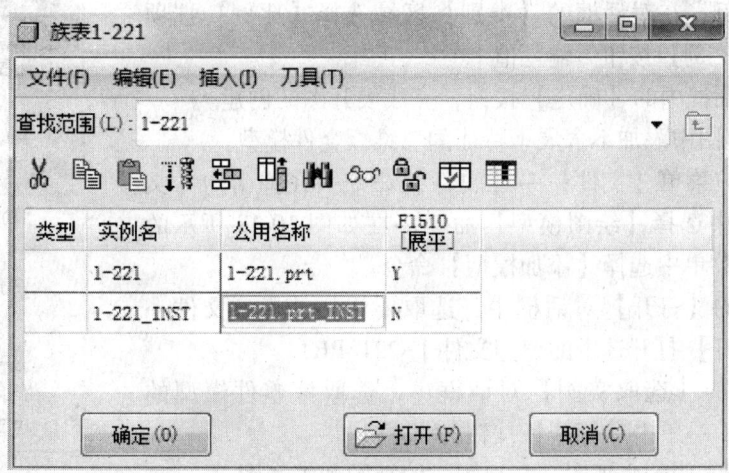

图 10-15 【族表】对话框（二）

（3）创建钣金工程图。

1）新建一个工程图文件。

①单击下拉菜单【文件】→【新建】，在弹出的【新建】对话框中，选中【类型】区域的【绘图】按钮→输入文件名 1-221-drawing→取消【使用缺省模板】复选框中的"√"号（不使用默认的模板）→单击【确定】按钮。

②选取适当的工程图模板或图框格式。在弹出的【新制图】对话框中，选取"空"模板、"横向"放置图纸、图纸的标准大小为 A3，单击【确定】按钮。

③系统弹出如图 10-16 所示的【选取实例】对话框，选取该零件模型的含展平特征的实例"普通模型"，单击【打开】按钮。

2）放置如图 10-17 所示的展开视图。

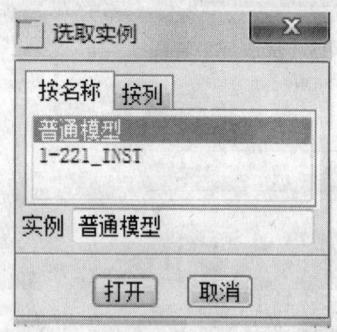

图 10-16　【选取实例】对话框

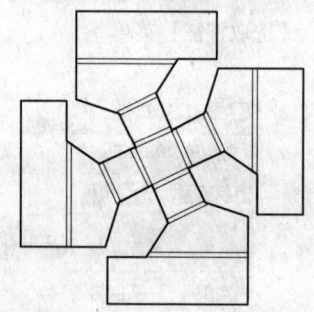

图 10-17　创建展开视图

①在绘图区右击→从快捷菜单中选择【插入普通视图】命令。

②在系统"选取绘制视图的中心点"的提示下，在屏幕图形区选择一点。此时系统弹出【绘图视图】对话框。

③定义视图方向。在对话框的【模型视图名】区域选择视图方向为 TOP，单击【应用】按钮。

④设置比例。在对话框的【类别】区域选择【比例】选项→选中【定制比例】按钮→输入值 1。

⑤单击对话框中的【确定】按钮，完成展开图的创建。

3）在工程图中添加不含展平特征的三维钣金件模型。

①选择下拉菜单【文件】→【属性】命令→在弹出的【文件属性】菜单中选择【绘图模型】命令→在如图 10-18 所示的【DWG 模型】菜单中选择【添加模型】命令。

②在弹出的【打开】对话框中，选取要添加的模型文件→单击按钮【打开】打开选中的模型文件 1-221. PRT。

③在弹出的【选取实例】对话框中，选取该零件模型的"1-221_INST"→单击【打开】按钮。

4）创建新实例的主视图、左视图、俯视图和轴测图。

5）标注尺寸。

6）保存工程图文件。

图 10-18　【DWG 模型】菜单

　　注意观察，采用手动族表法，钣金的原文件 1-221. prt 钣金的平整状态文件，而新产生的子文件 1-221_INST. PRT 则是钣金的折弯状态文件。

　　提示：本例的步骤（2），如果采用自动生成族表，则应选择零件状态的"完全平坦"（具体选择步骤，参照例9-4）。

10-1　思考下列问题：

　　（1）钣金件展开工程图的创建方法根据平整状态族表的生成方法不同，大致分为哪几种？

　　（2）创建钣金工序图、工序表的步骤如何？

10-2　接续题9-2的操作，完成支架的折弯工艺图设计。

10-3　接续题9-3的操作，完成电饭锅开关摆杆的展平工程图设计。

10-4　完成图10-19所示的输料槽钣金件的展平工程图设计。

　　操作提示：创建实体→转换为钣金→展平→生成平整状态族表（建议分别采用"手动族表"和"自动族表"两种方法完成此题）→生成展平工程图。

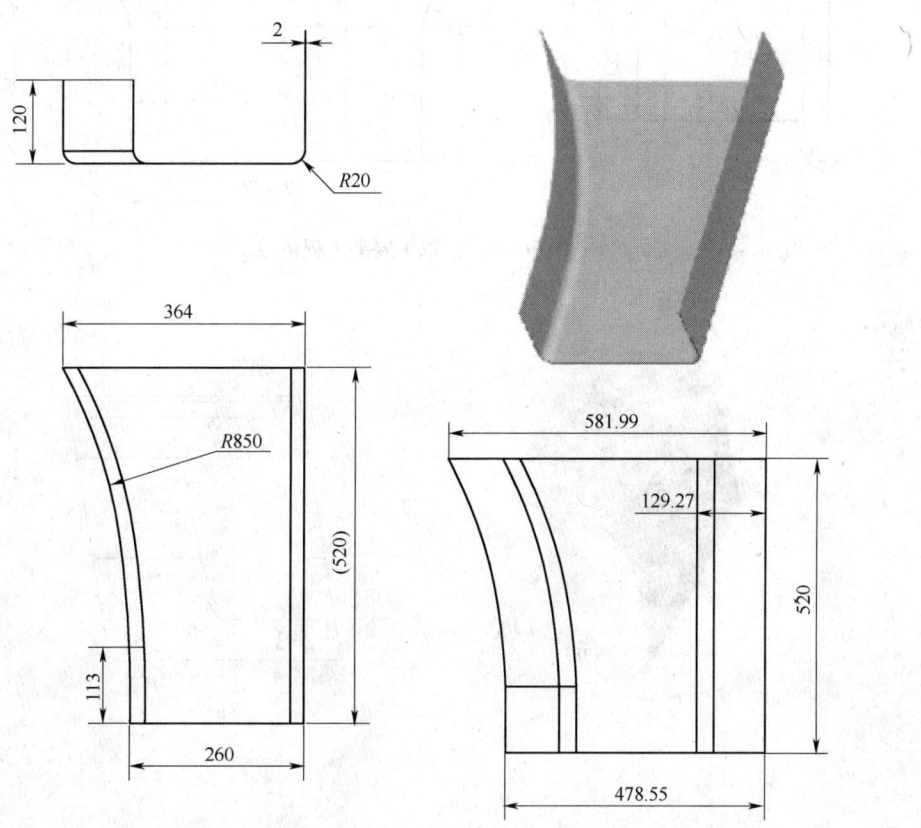

图 10-19　输料槽

10-5　完成题8-2护罩1钣金展平工程图设计，效果如图10-20所示。

10-6　完成如图10-21所示成型件的钣金展平工程图设计。

　　操作提示：拉伸壁，零件尺寸参照图10-21（c）所示→成型特征设计→创建平整状态族表→打开有平整状态（即展平）的文件，完成"平整成型"→生成展开工程图。

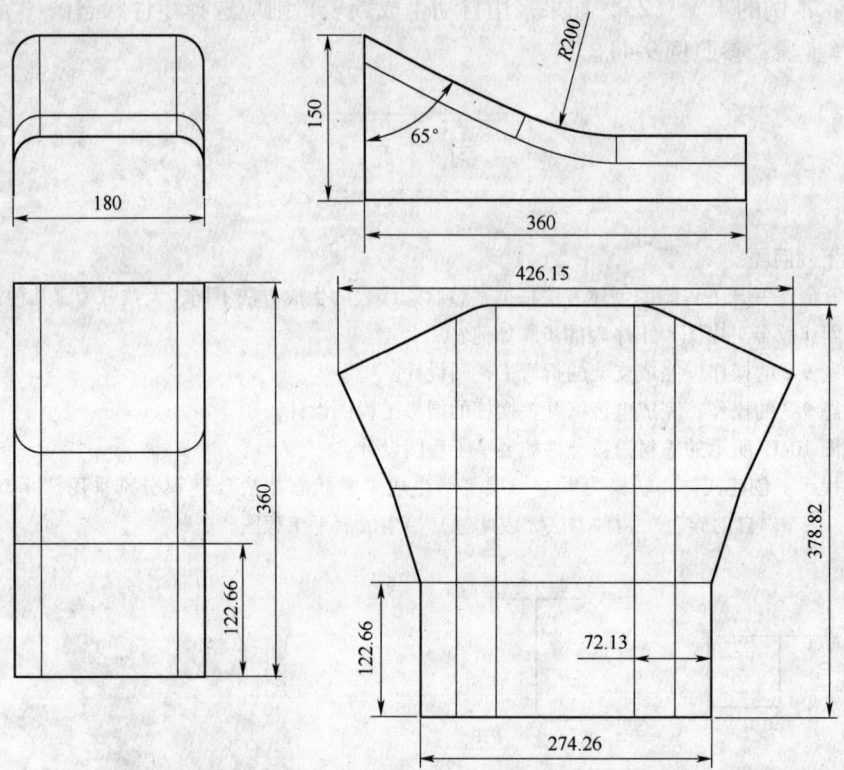

图 10-20　护罩 1 展平工程图

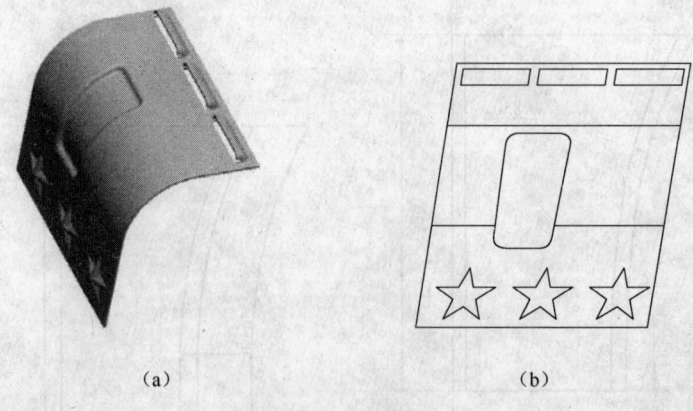

（a）　　　　　　　　　　　　　　（b）

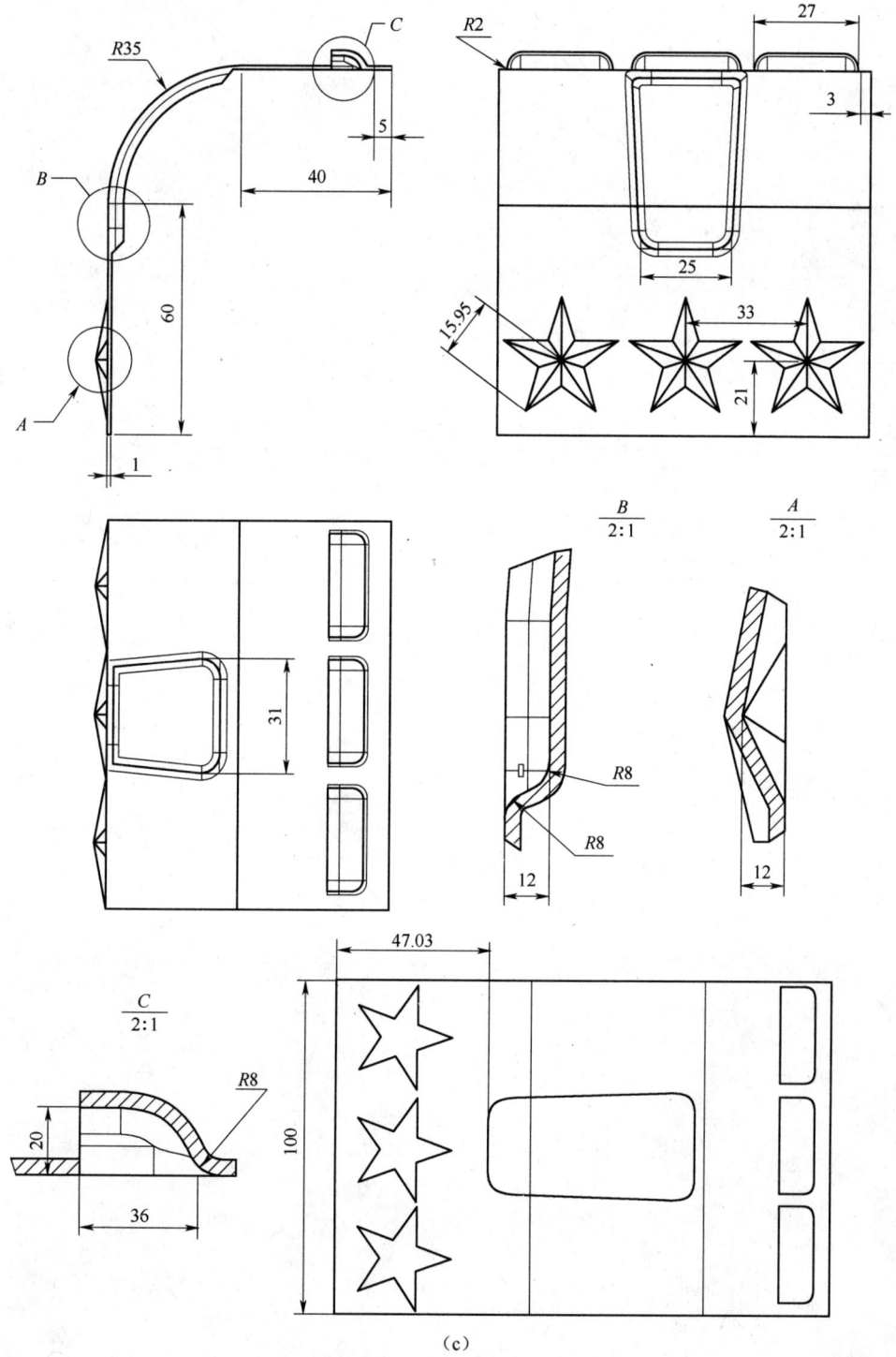

图 10-21 成型件展平工程图

(a) 成型特征；(b) 平整成型特征；(c) 展开工程图

下篇

焊接设计

计算机辅助焊接技术（Computer Aided Welding，CAW），即焊接成型 CAD，目前在焊接结构生产的各个环节中已经得到广泛应用。现在 CAW 不仅包括焊接结构和接头的计算机辅助设计、焊接工装计算机辅助设计、焊接工艺计算机辅助计划、焊接工艺过程计算机辅助管理等以计算机软件为主的许多方面，而且还涵盖焊接过程模拟、焊接工艺过程控制、传感器以及生产过程自动化等与计算机应用有关的方面。

三维设计软件在焊接设计方面，主要是实现焊接结构和接头的计算机辅助设计、焊接工装计算机辅助设计、焊接工艺计算机辅助计划、焊接工程图生成、焊接工艺过程计算机辅助管理等。

焊接技术作为一种连接零件的方式，在现代工厂中有着广泛的应用。利用焊接技术，可用简单的零件拼接出复杂的组件，而且焊接处的连接强度可以和零件本身保持一致。在Pro/E 4.0 的焊接模块中，用户可以模拟多种焊接工艺，如角焊、坡口焊、塞焊、槽焊、增强焊等，还可以自己定义焊接特征的参数和焊条参数。

学习本篇内容，必须先掌握焊接专业的基本知识，尤其是焊接工程图和焊接结构及其符号、代号的基础知识。有关焊缝结构及其基本符号、标注含义等，可参阅附录 1~附录 3。

Pro/E 软件的焊接设计，是先在建模环境中完成焊接件的结构设计，并在装配环境中完成焊接件的装配设计，之后，再从装配模块进入焊接模块。进入焊接模块的操作方法是：单击【应用程序】菜单→【焊接】。

从焊接模块进入装配模块的操作方法是：单击【应用程序】菜单→【标准】。

在装配设计过程中，可以随时进入焊接设计环境，在焊接设计过程中也可以随时进入装配设计环境。

11 Pro/WELDING 简介

11.1 Pro/WELDING 模块

Pro/WELDING 是 Pro/ENGINEER 的一个模块，可用于：

（1）在"组件"模式下创建和修改单一和复合焊缝。

（2）准备焊接边以及创建焊接凹槽。

（3）在组件中遮蔽或显示焊缝。

（4）定义焊接工艺参数。

（5）创建带焊接符号的组件绘图。

（6）获取有关焊缝（包括位置、质量、体积和尺寸）的一般和特定信息。

（7）生成带有焊条和焊缝信息的 Pro/REPORT 表。

典型的 Pro/WELDING 进程包括以下步骤：

（1）进入"组件"模式并检索或创建组件，将参照零件输入到焊接环境中。

（2）通过定义焊条、工艺及参数来定义焊接环境。

（3）确定是否要焊接、坡口加工或创建焊接凹槽，或者将三种操作组合在一起。

（4）定义要在零件或组件上执行的焊接、坡口加工或凹槽的类型。

（5）确定族表配置。族表提供了在普通零件中或零件的实例及其组件中生成切口的功能。

（6）确定是否要焊缝或特征包含实焊或轻焊几何。

（7）定义坡口加工切口、凹槽或焊缝尺寸。

（8）设置其他任何参数或焊接工艺。

（9）通过焊接组件的绘图和对焊接接头进行注释，细化焊接装配。

（10）生成材料清单（BOM）或带有焊缝参数的 Pro/REPORT 表，或者生成这两者。

11.2　Pro/WELDING 配置

与所有的 Pro/ENGINEER 配置选项一样，Pro/WELDING 配置选项设置对话框打开方法如下：从【工具】→【选项】，打开【选项】对话框设置。

Pro/WELDING 配置选项允许定制焊接设计环境（详见附表 6-2）。例如可为坡口加工设置缺省值、为焊缝指定采用 ANSI 或 ISO 标准、定义计算质量属性时要包括的内容或者设置焊缝的显示颜色。配置参数存储在 config. pro 文件中。

11.3　Pro/WELDING 设置

对 Pro/WELDING 进行设置有助于控制整个焊接设计过程，并且通过设置通用焊接元素的缺省值可节省时间。

设置 Pro/WELDING 时，可：

（1）为设计创建和指定各种焊条。

（2）建立用于指导公司或行业的焊接工艺并将焊缝创建自动归档。

（3）通过设置焊接参数保持设计的一致性。

（4）通过设置配置选项定制软件环境和功能。

习　题

11-1　简述三维设计软件在焊接设计方面的应用。

11-2　Pro/WELDING 配置时，可针对哪些方面进行设置？

12 焊 接 特 征

12.1 焊接特征概述

12.1.1 焊接特征的分类

焊接特征包括坡口加工、焊缝、焊接凹槽。根据实际焊接要求，可只选择某一特征应用，也可将几种特征组合起来应用。

（1）坡口加工：当零件和组件要求有一定强度时加工焊接边。可用的坡口加工类型有 I 形坡口、斜坡口和 V 形坡口等。

（2）焊缝：通过压力或使用中间焊料在高熔点下连接金属零件。可用的焊缝类型有角焊缝、对接焊缝、坡口焊缝、塞焊焊缝、槽焊焊缝和点焊焊缝等。

（3）焊接凹槽：在某一零件同时与另外两零件相互交叉连接处，创建一个开口（切口），使另外两个零件上的焊缝能够不间断地通过组件元件，避免因焊缝交叉而造成过大变形等。可用的凹槽类型有顶角、半圆孔、矩形凹槽及用户定义凹槽等。

12.1.2 焊缝、坡口加工和凹槽的共同点

创建焊缝、坡口加工和凹槽这三种焊接特征时，必须定义唯一的属性和参数。这三种焊接特征间存在着如下一些共同点。

（1）组合特征创建。以连续顺序创建坡口加工、焊缝和凹槽。进行此操作时，每次可创建一个焊缝、在零件的每侧创建对称焊缝或在零件的每侧创建不对称的焊缝。

（2）环境。建立在工厂或现场准确创建所需焊缝必需的焊接环境。可指定以下属性：

1）几何类型：分有实焊和轻焊特征，因二者均保留所有必需的定义和参数，所以可在实焊和轻焊特征间快速转换以分别满足制造和设计意图。

2）焊条：提供创建焊道所必需的焊接材料。可在任何焊接组件中使用和重新使用焊条。

3）族表实例：控制坡口加工、焊缝和凹槽与组件的【族表】交互作用的方式和位置。如果选择创建族表实例，则可定制实例名称后缀、将焊缝可见性设置为类属零件或零件及其组件实例。

4）可选的和用户定义的参数：通过指定可选的和用户定义的参数可进一步定制焊接特征。

12.1.3 焊接特征的几何类型

（1）实焊：在设计中创建并显示实体几何。焊缝和坡口加工特征包括了用于制造所有必需的数据，并且在设计中用实体几何表示。

（2）轻焊：参考现有曲线或边，但没有其自身的几何。焊缝和坡口加工特征包括了用于制造的所有必需的数据，但只用它所参照的几何（边、曲面）表示。

实焊坡口加工几何的缺省，会显著减少设计的再生和图形载入时间。要在绘图中显示焊缝或坡口加工信息，则必须使用实焊几何。

如果处理的模型包含大量焊缝和坡口加工，最好以轻焊形式创建所有焊缝和坡口加工并使其保持此状态，然后根据需要将其转换为实焊以用于制造。

几何类型在模型树中的标记会因坡口加工类型、焊缝特征的不同而不同，例如：

轻焊坡口焊在"模型树"中标记为 ；轻焊角焊在"模型树"中标记为 。实焊坡口焊在"模型树"中标记为 ；实焊角焊在"模型树"中标记为 。

轻焊与实焊转换操作，方法有二：

（1）按图 12-1 所示，单击【编辑】菜单→【焊缝】→【转换】→出现如图 12-2 所示的【焊缝转换】对话框→在【转换到】下，选取要创建的几何类型→在【过滤】下，定义要转换的特征类型→在设计中转换特征时，如果适用，可单击【转换从属对象】复选框，以同步转换焊缝或坡口加工特征的从属特征（子项）。【子项】列表仅包含与焊接相关的从属特征（子项）→选取特征。

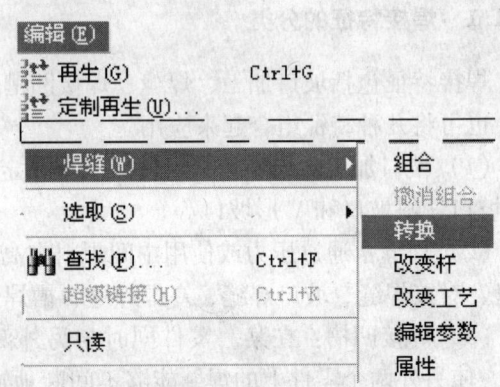

图 12-1　【编辑】菜单

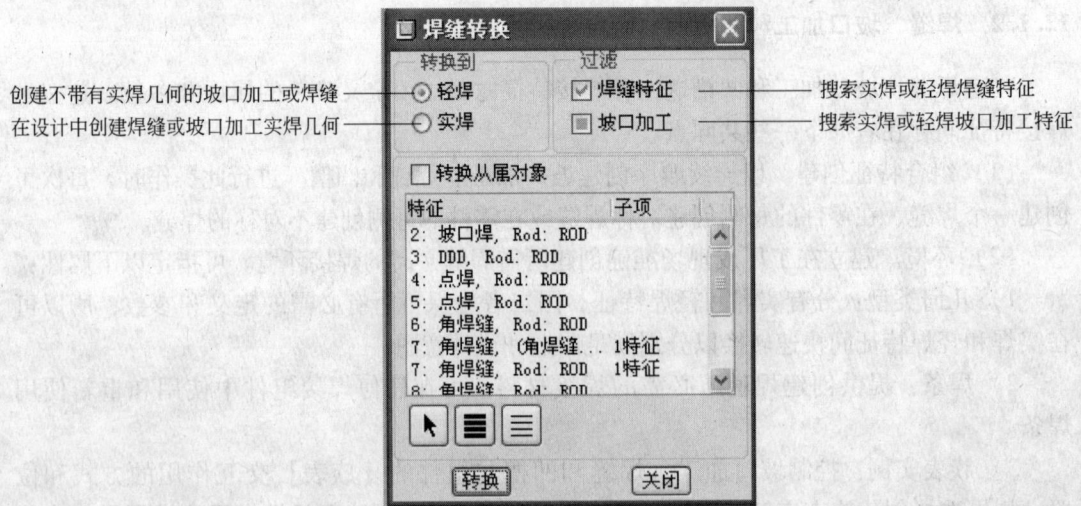

图 12-2　【焊缝转换】对话框

从【特征】列表中选取特征时，可用鼠标直接点选；从屏幕中选取要转换的焊缝或坡口加工特征时，可单击 →在屏幕选取特征→单击【选取】菜单中的【确定】→【转换】。特征就被转换了。

（2）在模型树中，右键单击某焊缝特征→从快捷菜单中选取【转换】命令。

12.2　创建坡口

坡口是根据设计或工艺需要，在焊接件的待焊部位加工并装配成的一定几何形状的沟槽。坡口加工指的沿着金属表面的边去除材料。当零件和组件要求有一定强度时，必须为焊接加工坡口。要完全焊透，必须开坡口。焊缝会填补切除掉的材料，使得要接合的零件成为一体。坡口加工类型见表 12-1。

表 12-1　可用的坡口加工类型

图　标	名　　称	图　标	名　　称
	单边钝边间隙		V 形坡口斜切口
	斜坡口斜切口		有钝边间隙的 V 形坡口斜切口
	双面钝边间隙		有钝边间隙的斜坡口斜切口

坡口加工仅适用于某些类型的焊缝。例如：钝边间隙坡口加工可用于对接接头中的斜坡口、V 形坡口、J 形坡口、I 形坡口；而斜切口坡口加工只适用于对接接头中的斜坡口、V 形坡口、I 形坡口，但不适用于 J 形坡口。

如图 12-3 所示的【焊缝定义】对话框，可以定义焊缝坡口加工的深度、坡口角度和

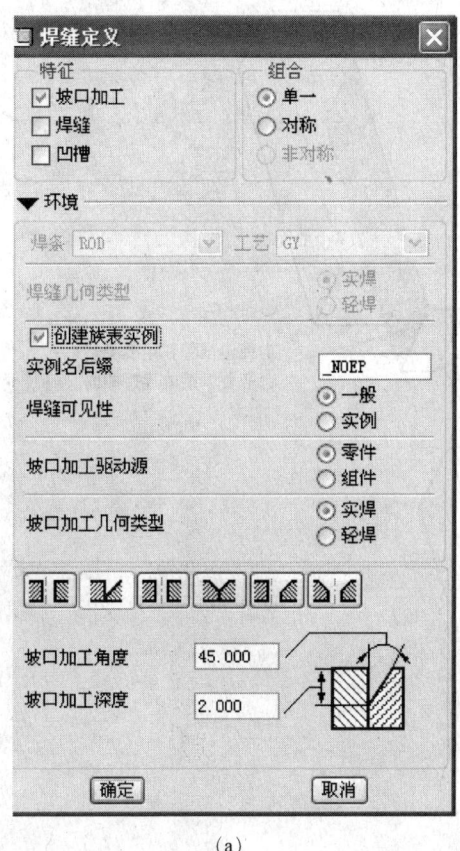

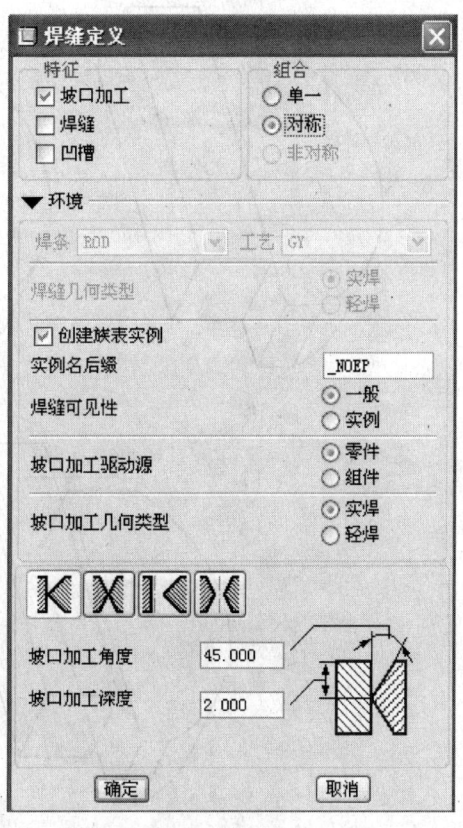

(a)　　　　　　　　　　　　　　　　　　(b)

图 12-3　坡口加工的【焊缝定义】对话框

(a) 单侧；(b) 对称

钝边间隙的缺省值以及确定坡口加工的几何类型等。

开坡口时，钝边的作用是防止烧透；间隙的作用是保证焊透。

如果两曲面间存在间隙，当指定钝边尺寸和斜切口尺寸时，应考虑该间隙的尺寸。

坡口加工中，深度、坡口角度、钝边间隙示例，如图 12-4 所示。

● 注意：与实焊坡口加工不同，轻焊坡口加工并不在绘图中表示。如果轻焊坡口加工包含焊缝，则绘图中仅显示焊接符号。

例 12-1　创建一个单边钝边间隙为 3mm 的坡口（▨▨）。

（1）参照附录 7 中的附图 7-1 所示，创建焊接练习装配模型（文件名：ZJ-1. ASM），结果如图 12-5（a）所示。

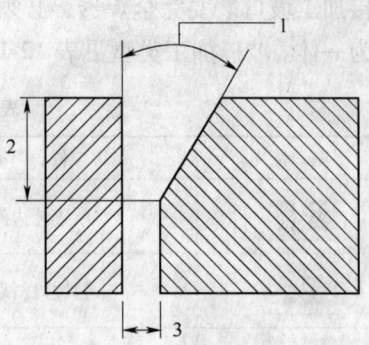

图 12-4　焊接的深度、
坡口角度、钝边间隙
1—坡口角度；2—深度；3—钝边间隙

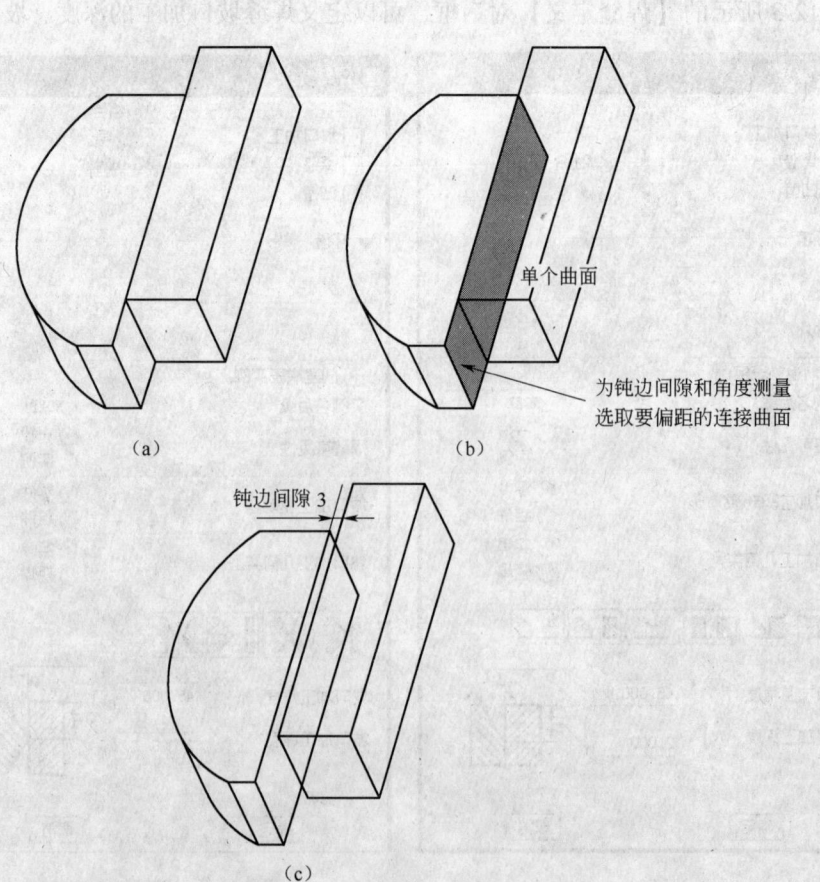

单个曲面

为钝边间隙和角度测量
选取要偏距的连接曲面

（a）　　　　　　　　（b）

钝边间隙 3

（c）

图 12-5　装配及其焊接坡口加工示例
（a）装配图；（b）选取偏距曲面；（c）单侧钝边间隙坡口

（2）进入焊接环境。单击【应用程序】菜单→【焊接】。

（3）创建坡口。

1）单击【插入】菜单→【焊缝】（或直接单击图标）。

2）在图 12-6（a）所示的【焊缝定义】对话框的【特征】列表中，勾选【坡口加工】→点选【组合】列表中【单一】→在坡口加工类型图例中单击图标→输入钝边间隙 3→单击【确定】。

3）在系统提示"为钝边间隙和角度测量选取要偏距的连接曲面"时，按图 12-5（b）所示点选左侧零件的指定表面→单击【选取】菜单中【确定】→单击【边准备】对话框中【确定】，完成坡口创建，如图 12-5（c）所示。

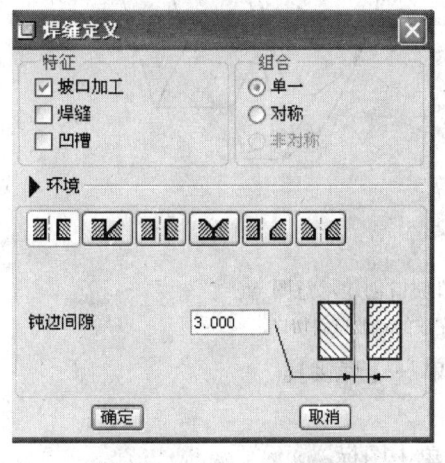
（a）

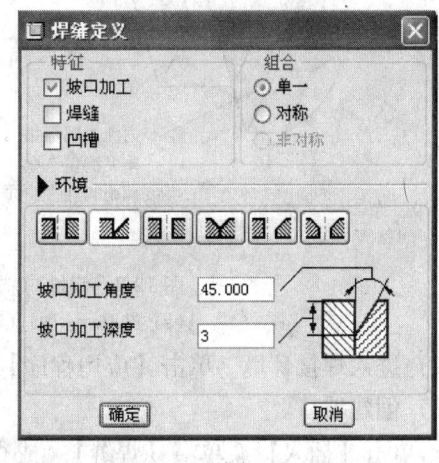
（b）

图 12-6　【焊缝定义】对话框

（a）单边钝边间隙坡口创建；（b）斜坡口斜切口创建

例 12-2　创建一个加工角为 45°、加工深度为 3mm 的斜坡口斜切口（）。

（1）参照附录 7 中的附图 7-1 所示，创建焊接练习装配模型（文件名：ZJ-2. ASM），结果如图12-5（a）所示。

（2）进入焊接环境。单击【应用程序】菜单→【焊接】。

（3）创建坡口。

1）单击【插入】菜单→【焊缝】（或直接单击图标）。

2）在图 12-6（b）所示的【焊缝定义】对话框的【特征】列表中，勾选【坡口加工】→点选【组合】列表中【单一】→在坡口加工类型中单击图标→输入坡口加工角度 45°、坡口加工深度 3→单击【确定】。

3）在系统提示"为钝边间隙和角度测量选取要偏距的连接曲面"时，按图12-7（a）所示点选左侧零件的指定表面→单击【选取】菜单中【确定】。

4）出现系统提示"为加亮的连接曲面选取要准备的一组边"，继续按图 12-7（a）所示点选加亮曲面的上边→单击【选取】菜单中【确定】→单击【链】菜单中的【完成】→单击【边准备】对话框中【确定】，完成坡口创建，如图 12-7（b）所示。

例 12-3　创建一个加工角为 45°、加工深度为 3mm、钝边间隙为 3mm 的 V 形坡口斜切口（▨◣）。

（1）参照附录 7 中的附图 7-1 所示，创建焊接练习装配模型 ZJ-3.ASM，结果如图 12-5（a）所示。

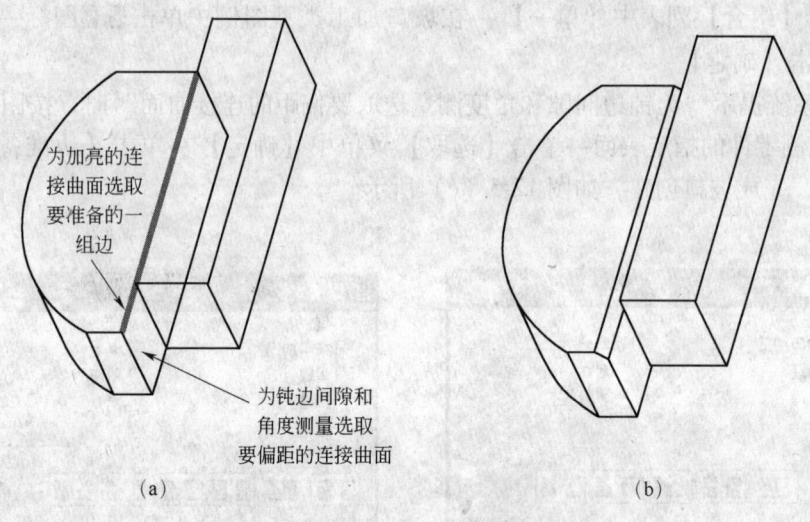

为加亮的连接曲面选取要准备的一组边

为钝边间隙和角度测量选取要偏距的连接曲面

（a）　　　　　　　　　　　　　　　（b）

图 12-7　斜坡口斜切口坡口创建示意图
（a）选取示意图；（b）完成的斜坡口斜切口

（2）进入焊接环境。单击【应用程序】菜单→【焊接】。

（3）创建坡口。

1）单击【插入】菜单→【焊缝】（或直接单击图标▨）。

2）在图 12-8 所示的【焊缝定义】对话框的【特征】列表中，勾选【坡口加工】→点选【组合】列表中【单一】→在坡口加工类型中单击▨◣图标→输入坡口加工角度 45°、坡口加工深度 3，钝边间隙为 3→单击【确定】。

3）在系统提示"为钝边间隙和角度测量选取要偏距的连接曲面"时，按图 12-9（a）所示点选零件①的连接表面→单击【选取】菜单中【确定】→按图 12-9（b）所示点选零件②的连接表面→单击【选取】菜单中【确定】。

4）出现系统提示"为 ZJ-3-A.PRT 的已加亮连接曲面选取要准备的第一组边"时，按图 12-9（a）所示继续点选零件①的上边→单击【选取】菜单中【确定】→单击【链】菜单中的【完成】。

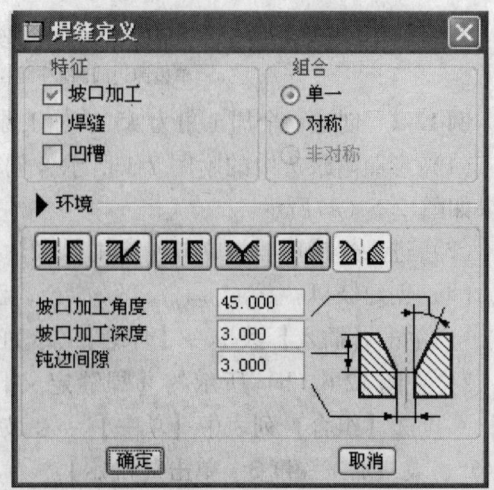

图 12-8　有钝边间隙的 V 形坡口
【焊缝定义】对话框

5）系统提示"为 ZJ-3-B.PRT 的已加亮连接曲面选取要准备的第一组边"时，按图 12-9（b）所示点选点零件②的上边→单击【选取】菜单中【确定】→单击【链】菜单中的【完成】→单击【边准备】对话框中【确定】，完成坡口创建，如图 12-10 所示。

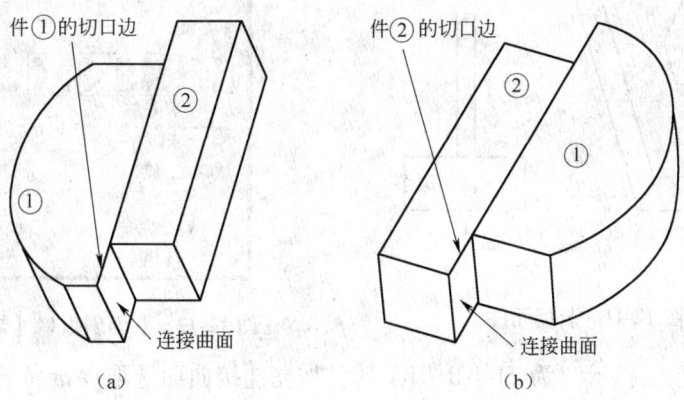

图 12-9　选取示意图

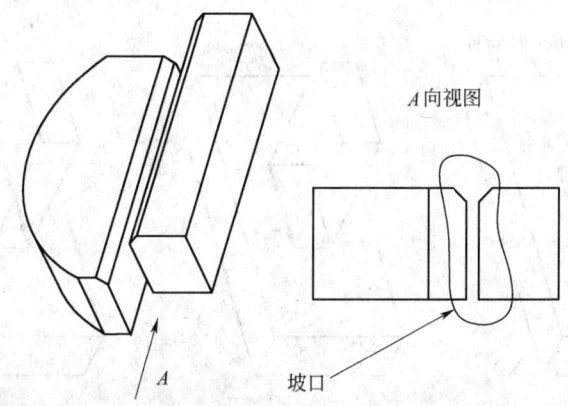

图 12-10　有钝边间隙的 V 形坡口斜切口

例 12-4　创建一个加工角为 45°、加工深度为 3mm 的双面斜坡口斜切口（▨）。

（1）参照附录 7 中的附图 7-2 所示，创建焊接练习模型（文件名：ZJ-4.ASM），结果如图 12-11 所示。

（2）进入焊接环境。单击【应用程序】菜单→【焊接】。

（3）创建坡口。

1）单击【插入】菜单→【焊缝】（或直接单击图标▨）。

2）在图 12-12 所示的【焊缝定义】对话框的【特征】列表中，勾选【坡口加工】→点选【组合】列表中【对称】→在坡口加工类型中单击▨图标→输入坡口加工角度 45°、坡口加工深度 3→单击【确定】。

3）在系统提示"为钝边间隙和角度测量选取要偏距的连接曲面"时，按图 12-13（a）所示点选零件的连接表面→单击【选取】菜单中【确定】。

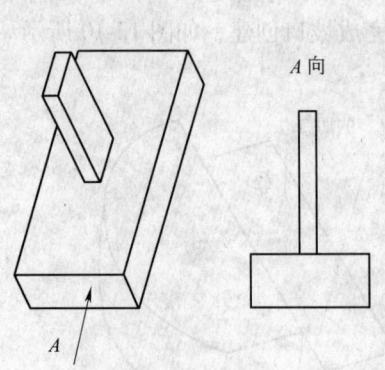

图 12-11　装配元件

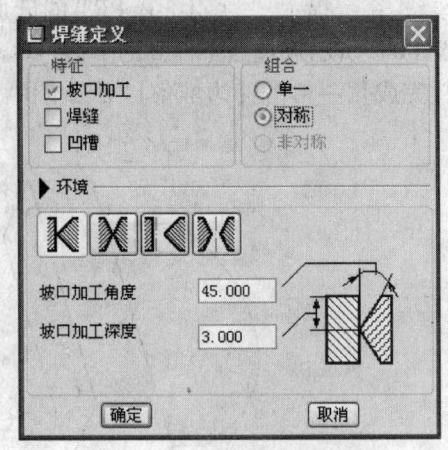

图 12-12　双面斜坡口【焊缝定义】对话框

4）出现系统提示"为 ZJ-4-B. PRT 的已加亮连接曲面选取要准备的第一组边"，按图 12-13（b）所示点选零件一边→单击【选取】菜单中【确定】→单击【链】菜单中的【完成】。

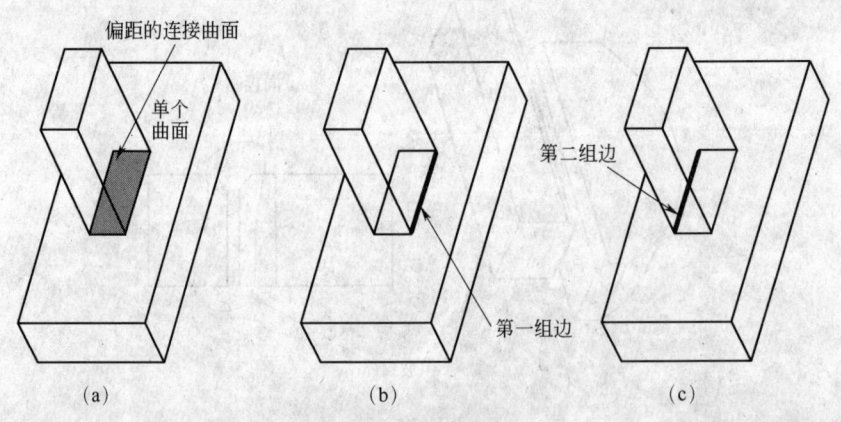

图 12-13　边准备操作

（a）选取连接曲面；（b）选取产生坡口第一边；（c）选取产生坡口第二边

5）系统又提示"为 ZJ-4-B. PRT 的已加亮连接曲面选取要准备的第二组边"，按图 12-13（c）所示点选零件另一边→单击【选取】菜单中【确定】→单击【链】菜单中的【完成】→单击【边准备】对话框中【确定】，完成坡口创建，如图 12-14 所示。

● 注意：坡口加工在模型树上以"⌐边准备"显示，轻焊与实焊仅以图标左端不同颜色加以区分，轻焊呈"天蓝色"，实焊呈"绿色"。

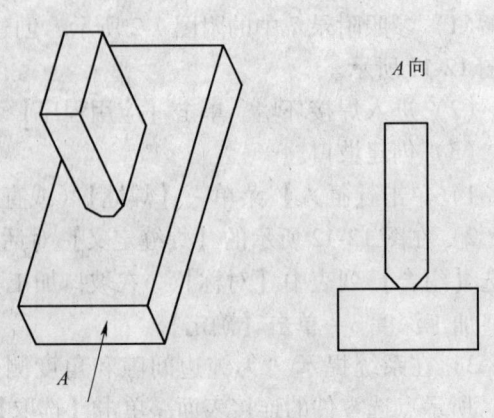

图 12-14　双面斜坡口切口

12.3　创建焊缝

　　焊接是通过加热或在高熔点时使用焊料，或同时使用这两种方法将金属连接到一起。在 Pro/WELDING 中，可为在组件模式下打开的零件创建焊缝。焊缝和特征几何被表示为具有高级复杂程度的面组。

　　焊接类型见表 12-2 所示。

表 12-2　焊接类型及其图标（修改选项 weld _ ui _ standard 值 ansi＊/iso）

类型	使用 ANSI 标准	使用 ISO 标准
角焊	◹ —单面角焊 ▷ —双面角焊	
坡口焊 或 对接焊	‖ —单面 I 形坡口 ‖ —双面 I 形坡口	‖ —单面 I 形对接焊缝 ‖ —双面 I 形对接焊缝
	∨ —单面 V 形坡口 ✕ —双面 V 形坡口	∨ —单面 V 形对接焊缝 ✕ —双面 V 形对接焊缝
		Ⴤ —带有宽钝边的单面V形对接焊缝（又称Y形坡口） Ⴤ —带有宽钝边的双面 V 形对接焊缝
	ⱴ —单面斜坡口 Ⱪ —双面斜坡口	ⱴ —单面斜边对接焊缝 Ⱪ —双面斜边对接焊缝
		ⱱ —带有宽钝边的单面斜对边接焊缝 Ⱪ —带有宽钝边的双面斜对边接焊缝

类型	使用 ANSI 标准	使用 ISO 标准
坡口焊 或 对接焊	Y — 单面 U 形坡口	Y — 单面 U 形对接焊缝
	X — 双面 U 形坡口	X — 双面 U 形对接焊缝
	⼁ — 单面 J 形坡口	⼁ — 单面 J 形对接焊缝
	⼁ — 双面 J 形坡口	⼁ — 双面 J 形对接焊缝
	Y — 单面喇叭形坡口	
	)(— 双面喇叭形坡	
	⼁⼁ — 单面平喇叭形坡	
	⼁C — 双面平喇叭形坡	
塞焊	⊡ — 塞焊	⊓ — 塞焊
槽焊	⊓ — 槽焊	
点焊	⦿ — 点焊	

　　焊接设计时，除了要创建焊接类型之外，还必须确定在设计中创建焊缝几何的方法，即是采用"轻焊"还是采用"实焊"，一般默认为"实焊"。

　　●注意：创建焊缝时也可创建坡口加工和凹槽，其中要切除钣金件边以实现完全焊透，单击【坡口加工】复选框；要创建一个间隙（切口），使焊缝穿过组件元件而不中断，单击【凹槽】复选框。

　　根据焊件厚度和工作条件不同，常用的焊接接头形式有对接、搭接、T 形接和角接四种，如图 12-15 所示。

　　对接接头是各种焊接结构中采用最多的一种接头形式。因对接接头受力较均匀，所以重要的受力焊缝尽量选用此种形式。根据焊接板厚不同，对接接头的坡口形式有：

　　（1）I 形坡口（或称平接）：用于焊接板厚为 1~6mm 的焊接。为了保证

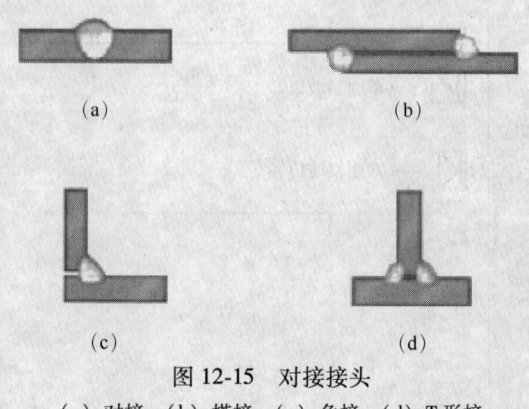

图 12-15　对接接头

（a）对接；（b）搭接；（c）角接；（d）T 形接

焊透件，接头处要留有 0~2.5mm 的间隙。

（2）V 形坡口：用于板厚为 6~30mm 焊件的焊接。该坡口加工方便。

（3）X 形坡口：即双面 V 形坡口，用于板厚为 12~40mm 焊件的焊接。由于焊缝两面对称，焊接应力和变形小。

（4）U 形坡口：用于板厚为 20~50mm 焊接的焊接。此坡口容易焊透，工件变形小。

12.3.1　角焊缝

角焊缝是三角形剖面，用于连接两段相互垂直或近似垂直的材料。Pro/ENGINEER 在"模型树"中的角焊缝标记是🝆。

角焊应用很普遍，如图 12-15 所示的焊接接头形式，都是用角焊缝。

Pro/WELDING 中的 T 形接头和角接接头角焊缝的关键尺寸见表 12-3。

表 12-3　角焊缝（使用 ANSI 标准）

焊缝类型	示　例	关　键　尺　寸
角焊缝（T 形接头）		L_1——第一焊脚距离； L_2——第二焊脚距离； RP——根部熔深
角焊缝（角接接头）		L_1——第一焊脚距离； L_2——第二焊脚距离； RP——根部熔深

角焊缝分为连续的和间断的。放置焊缝时，可根据焊接元件的几何形状来放置角焊缝的端点。间断焊缝的各段可以在中心之间标注尺寸，也可在端点之间标注尺寸。

如表 12-4 所示，间断焊缝可以为线性，也可以有一定角度。线性间断焊缝沿直线分布。只有垂直于相应焊接曲面的圆柱曲面才可使用角形间断焊缝。

表 12-4　间断角焊缝及标注

间断焊缝	图　例	标　注
线性间断		两种标注形式：段与段的端点之间和段与段的中心之间。 1—间距（P）；2—段长度（L3）

间断焊缝	图　例	标　注
角形间断		1—间距（P）；2—以度表示的段长度（L3）

下面以图 12-16 为例介绍角焊缝创建操作步骤及其有关选项等的含义（假设已进入焊接模块）。

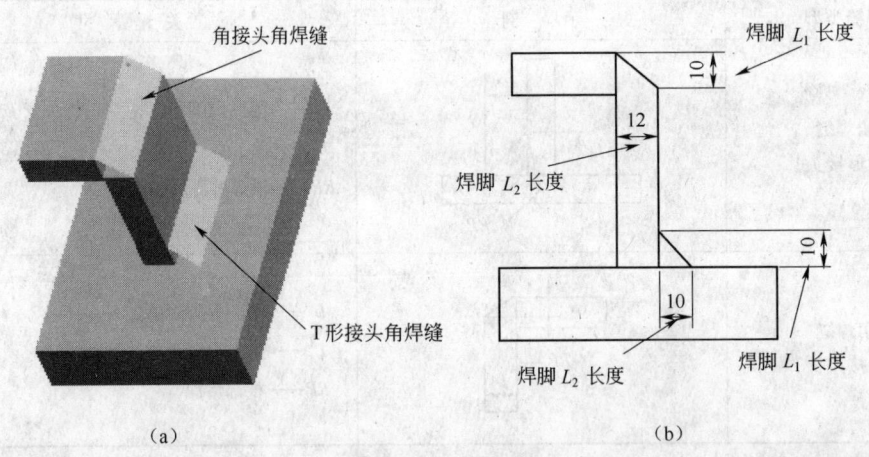

图 12-16　角焊缝
（a）三维模型；（b）二维图示

（1）单击【插入】→【焊缝】→【焊缝定义】对话框打开，如图 12-17 所示（修改参数 weld _ ui _ standard 的值，以指定焊接用户界面的标准是 ANSI 还是 ISO）。

（2）在【焊缝定义】对话框中完成有关设置操作：

1）确定焊接特征。勾选【特征】下的【焊缝】复选框。

● 注意：也可与焊缝同时创建坡口加工和凹槽。要切除钣金件边以实现完全焊透，单击【坡口加工】复选框。要创建一个间隙（切口），使焊缝穿过组件元件而不会中断，单击【凹槽】复选框。

2）确定创建焊缝几何的形式。根据实际焊接要求，在【组合】下点选相应选项。

①单边：创建单边焊缝。

②对称：在金属壁双面创建相同的焊缝。

③非对称：在金属壁的双面创建不同的焊缝。

3）定义焊缝特征。单击【环境】选项卡以完成如下定义（如果已经创建了焊条、焊接工艺参数等）：

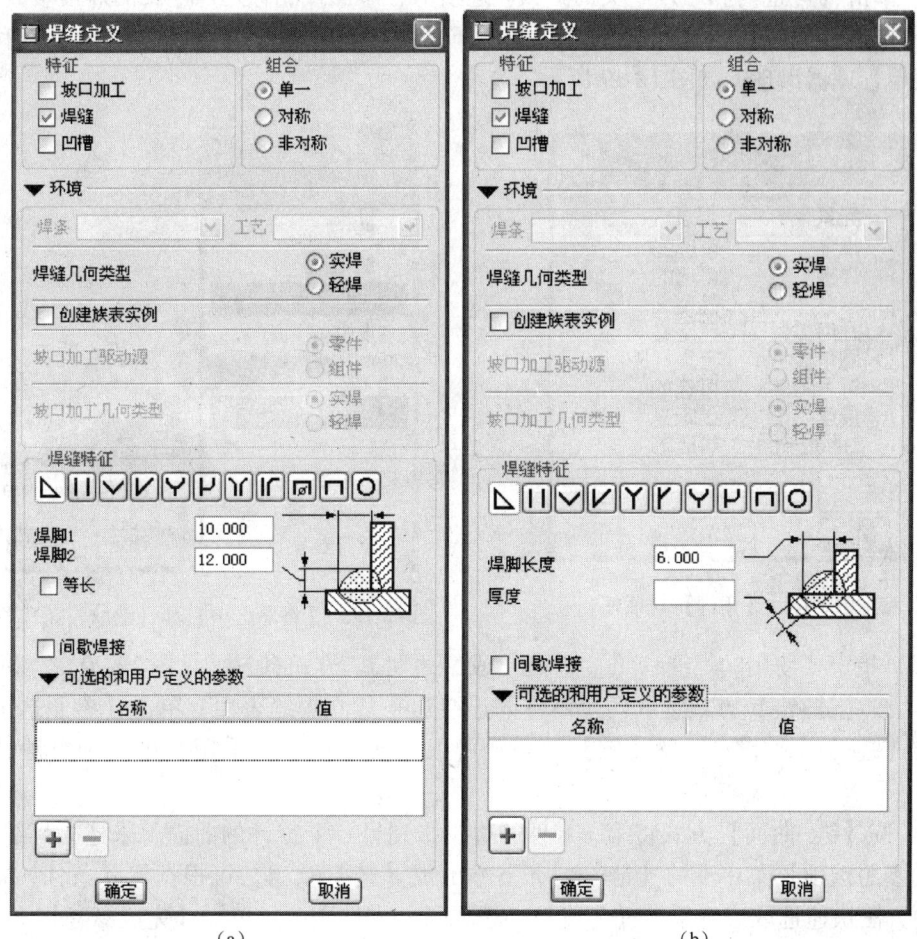

图 12-17 角焊缝的【焊缝定义】对话框

(a) 使用 ANSI 标准；(b) 使用 ISO 标准

①从【焊条】列表选取一种焊条，作为焊缝指定焊条。

②从【工艺】列表选取一种工艺，作为焊缝指定特定的焊接工艺。

③设置【焊缝几何类型】为【实焊】或【轻焊】，以控制焊缝特征。

④要在【族表】中控制焊缝特征，请勾选【创建族表实例】复选框。要为焊缝实例名添加后缀，在【实例名后缀】框中键入一个后缀。要为一般零件或族表实例设置焊缝的可见性，请点选【一般】或【实例】。

4）选取焊接类型。如创建"角焊缝"，在【焊缝特征】下，单击图标 ◣，指定焊缝尺寸。

对于相等长度的角焊缝，勾选【等长】复选框。如图 12-16 所示 T 形接头的角焊缝就是两个焊脚等长。

对于长度不等的角焊缝，取消【等长】复选框中的对号→键入【焊脚 1】和【焊脚 2】的长度尺寸。如图 12-17 所示的【焊缝定义】对话框中输入的两个焊脚的值，就是按图 12-16 所示的角接头角焊缝设置的，两个焊脚不等长。

5）单击【可选的和用户定义的参数】选项卡，添加或删除用户定义的焊接参数。

6）单击【确定】→【角焊】对话框打开（见图 12-18），同时【参照选项】和【选取】菜单管理器出现，如图 12-19 所示。

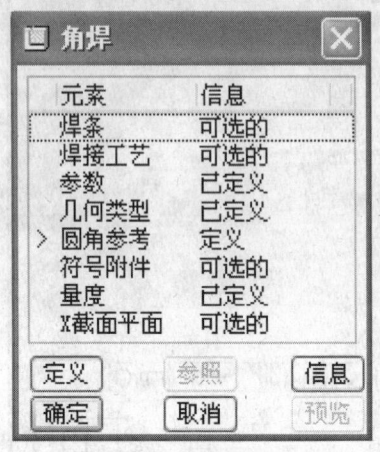

图 12-18　【角焊】对话框

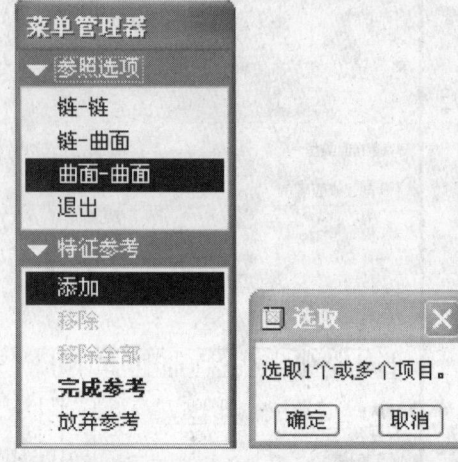

图 12-19　【参照选项】和【选取】菜单管理器

（3）指定要使用的焊缝参照（"面"或"边"），方式有三（见图 12-20）：

1）按【链-链】方式选取两个零件的连接边来建立焊缝表面。单击【参照选项】菜单上的【链-链】，下方出现【链】菜单，可根据实际条件，采用其中一种方法快速选取边。

2）按【链-曲面】方式将第一零件的边投影到另一个零件的曲面上来建立焊缝表面。单击【参照选项】菜单上的【链-面】，下方出现【链】菜单，可根据实际条件，采用其中一种方法快速选取边→单击【完成】→选取另一零件表面→单击【完成参考】。

3）按【曲面-曲面】方式选取两个零件的曲面来建立焊缝表面。

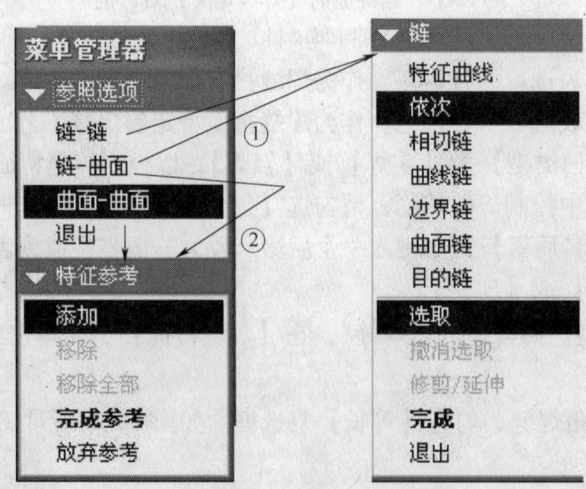

图 12-20　【链】菜单

（①指向链选择子菜单；②指向面选择子菜单）

（4）改变焊缝参数，如修改焊缝端点位置以及定义焊缝长度、连续焊缝或间断焊缝。

1）当采用【链-链】方式选取创建焊缝的参照时，若要根据所选边长度创建焊缝，操作如下：选取一个零件的焊接边→单击【链】菜单中的【完成】→再选取另一零件的焊缝边→单击【链】菜单中的【完成】→选取两个零件焊接轨迹→单击【链】菜单中的【完成】→判断提示箭头指向，以确定焊接的材料侧→单击【角焊】对话框中【确定】，完成焊缝创建，如图 12-16 所示。

若要在所选的焊接边上创建指定长度的焊缝，操作如下：定义第一个元件的参照边或边链→单击【选取】菜单中的【确定】，此时【链】菜单下方的【修剪/延伸】选项变为可用状态，如图 12-21（a）所示→单击【修剪/延伸】选项，【选取】菜单内容改变，如图 12-21（b）所示→判断修改端并单击【接受】，出现【裁剪/延拓】菜单，如图 12-21（c）所示→选择【裁剪/延拓】方法→输入焊缝增量长度值→在【链】菜单中选择【完成】，结束第一个元件的选取操作。同理，可对第二元件进行相同操作。结果如图 12-22 所示。

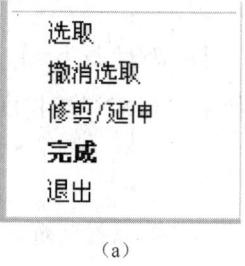
(a)

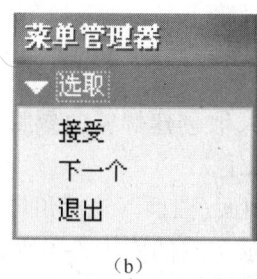
(b)

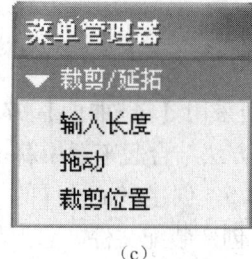
(c)

图 12-21　创建指定长度焊缝的操作
(a)【修剪/延伸】命令；(b)【选取】菜单；(c)【裁剪/延拓】菜单

2）当采用【曲面-曲面】方式选取创建焊缝的参照时，完成所有参照曲面选取后，单击【完成参考】，出现【放置】菜单，如图 12-23 所示。

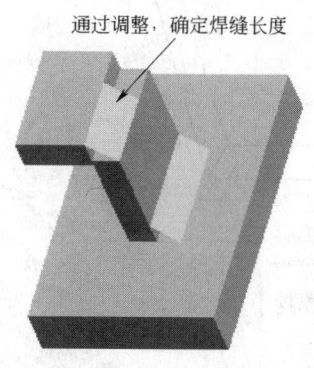
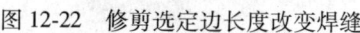

图 12-22　修剪选定边长度改变焊缝

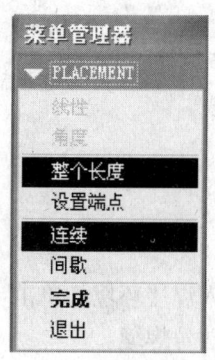

图 12-23　【放置】菜单

按【放置】（PLACEMENT）菜单（见图 12-23）要求，确定焊缝长度和间距（整个长度或设置端点，以及连续或间断焊缝）。

若默认【整个长度】与【连续】，就创建连续焊缝。若默认【整个长度】，选择【间歇】，就在整个长度上创建间断焊缝；若选择【设置端点】与【连续】会出现【设置端点】菜单,如图 12-24 所示。按此菜单提示,可根据需要来修改指定端点位置,也可改变起始点。选择【修改端点】与【接受】后,用鼠标大致选取一个参考点,单击左键,出现【端点/尺寸/类型】菜单,如图 12-25 所示,根据需要,在此菜单中选择一个方式作为新端点放置的参照,输入偏距距离值,以确定端点位置。同理,可修改另一端点的位置。

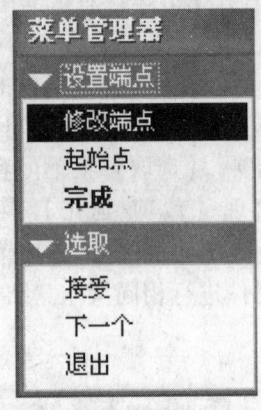

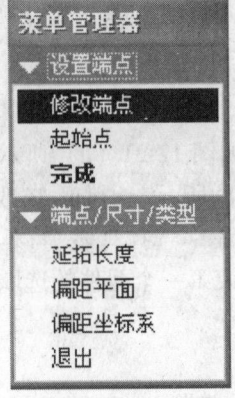

图 12-24　【设置端点】菜单　　　　　　　　图 12-25　【端点/尺寸/类型】菜单

3)当采用【链-曲面】方式选取创建焊缝的参照时,如果要指定焊缝长度的话,把上述两种方法结合起来运用就可以了。

例 12-5　创建多个元件的"曲面-曲面"连续角焊缝。

(1)创建装配文件。参照附录 7 中的附图 7-3 所示,创建焊接练习装配模型(文件名:JHF. ASM),如图 12-26 所示,装配三个零件。

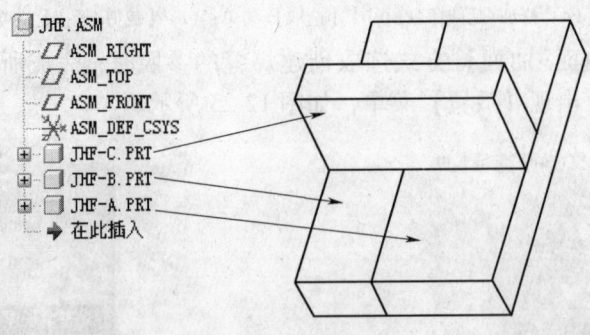

图 12-26　装配元件
(零件 JHF-C. PRT 的长度为 80mm)

(2)进入焊接环境。单击【应用程序】菜单→【焊接】。

(3)创建角焊缝。

1)单击【插入】菜单→【焊缝】。

2)在【焊缝定义】对话框中,勾选【焊缝】→单击【角焊缝】图标→设置两个焊脚等长→输入焊脚长 10→单击【确定】。

3)默认【参照选项】菜单中【曲面-曲面】方式,【特征参考】中【添加】状态→点选零件 JHF-C. PRT 的前面→单击【参照选项】菜单中的【完成参考】→点选零件 JHF-B. PRT 的上面→按住 Ctrl 键,同时点选零件 JHF-A. PRT 的上面→单击【参照选项】菜中【完成参考】→出现【放置】菜单，默认焊缝为"整个长度"、"连续"的，单击【完成】→出现【方向】菜单，同时模型中出现箭头提示焊接的材料侧，如图 12-27 所示，确认符合要求，就单击【正向】→单击【角焊】对话框中的【确定】，完成角焊缝创建，如图 12-28 所示。

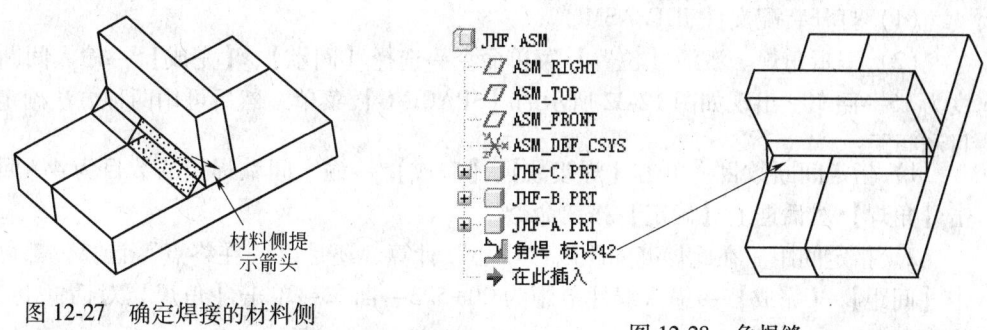

图 12-27 确定焊接的材料侧

图 12-28 角焊缝

例 12-6 创建如图 12-29 所示的焊缝，并指定焊缝长度和端点。

本例可以从头创建，也可采用对上例进行编辑获得。在此采用将上例焊缝进行重新编辑定义的方式来重新修改焊缝，以创建图 12-29 所示的焊缝效果。

（1）打开装配文件 JHF. ASM。

（2）编辑角焊，激活【位置】菜单命令。在模型树上，右键单击"角焊"标记→在快捷菜单上，单击【编辑定义】命令→在如图 12-30 所示的【角焊】对话框中，点选【位置】→单击【定义】→在【放置】菜单中依次单击【设置端点】、【连续】、【完成】。

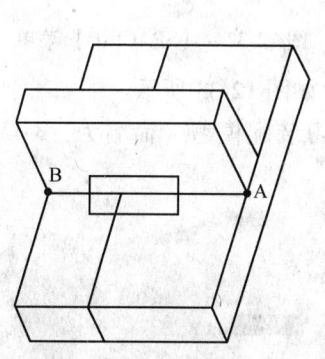

图 12-29 指定长度的连续焊缝

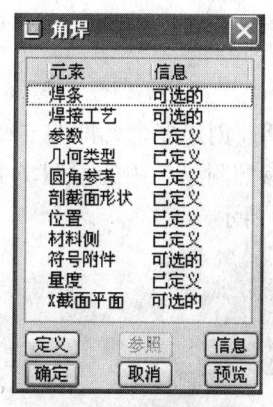

图 12-30 【角焊】对话框

（3）修改右侧端点。在【设置端点】菜单中单击【接受】，接受图 12-29 所示的 A 点为调整焊接轨迹的起始点→拖动鼠标到适当位置→单击左键→从【端点/尺寸/类型】菜单中选取设置端点的尺寸类型为【延拓长度】→按系统提示输入延拓长度为-20→回车→单击【完成】。

（4）修改左侧端点。依次单击【设置端点】菜单中【修改端点】、【下一个】、【接受】，接受图 12-29 所示的 B 点为调整焊接轨迹的起始点→拖动鼠标到适当位置→单击左键→从【端点/尺寸/类型】菜单中选取设置端点的尺寸类型为【偏距平面】→在模型区选取平放板件左端侧面作为测量偏距的平面→按系统提示输入偏距距离为-20→单击 ✔ →单击【完成】→单击【角焊】对话框上【确定】按钮命令。结果如图12-29所示。

例12-7　创建如图12-31所示的间断焊缝。

本例仍采用编辑图12-28所示的焊缝方法来实现。

（1）打开装配文件 JHF.ASM。

（2）编辑角焊。激活【位置】菜单命令→选择【间歇】、【完成】→输入间断焊缝长度为15→回车，出现如图12-32所示的【SPACING】菜单，然后可用两种方法确定间断数目和间距：

1）指定间断数目。单击【焊接数】、【完成】→输入间歇焊接的数目为4→回车→单击【角焊】对话框上【确定】按钮命令。

2）指定间距。在此焊缝间距以"中心"计算，还是以"在终点"计算，都可以。单击【间距】、【完成】→输入线性节距为20+5/3→回车→单击【角焊】对话框上【确定】按钮命令。

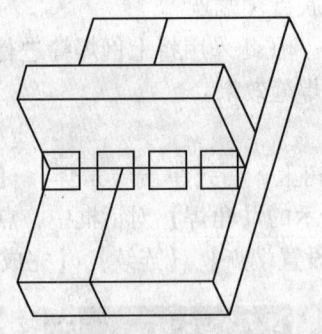

图12-31　间断焊缝

图12-32　【SPACING】菜单

例12-8　创建多个元件的"链-链"连续角焊缝，如图12-33所示。

（1）参照附录7中的附图7-4所示，创建焊接练习装配模型（命名为：3-15.ASM），如图12-34所示。

图12-33　角焊缝

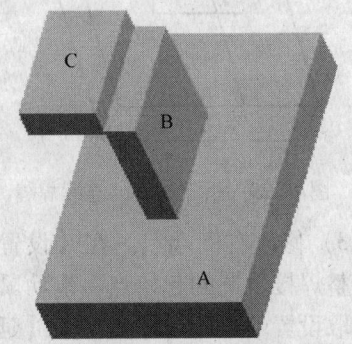

图12-34　装配模型

（2）进入"焊接"模块。单击【应用程序】菜单→【焊接】。

（3）创建角焊缝。

1）单击【插入】菜单→【焊缝】→选择【角焊缝】图标→取消【等长】前的对号

→焊脚1输入10，焊脚2输入12→【确定】。

　　2）在【参照选项】菜单中选择【链-链】，默认【依次】→选取零件C的右上边→【完成】→选取零件B的右上边→【完成】→选取零件B的右上边（作为焊接轨迹参考方向）→【完成】→指定材料侧方向→【确定】，完成焊缝创建。

　　例12-9　创建多个元件的"链-链"连续角焊缝，修改焊缝端点以改变焊缝长度，效果见图12-22的上部焊缝。

　　操作步骤：

　　（1）打开装配文件3-15.ASM，如图12-34所示。

　　（2）进入"焊接"模块。单击【应用程序】菜单→【焊接】。

　　（3）创建角焊缝。

　　1）单击【插入】菜单→【焊缝】→选择【角焊缝】图标→取消【等长】前的对号→焊脚1输入10，焊脚2输入12→【确定】。

　　2）在【参照选项】菜单中选择方式【链-链】、【依次】。

　　3）选取零件C的右上边→单击【选取】菜单中【确定】命令→如图12-21所示菜单的提示，选择【修剪/延伸】、【接受】、【拖动】命令→输入增量长度为-15→回车→【完成】。

　　4）同理，选取零件B的右上边重复步骤3）。

　　5）选取零件B的右上边（作为焊接轨迹参考方向）→【完成】→指定材料侧方向→【确定】，完成焊缝创建。

　　例12-10　创建如图12-35所示的对称连续角焊缝。

　　（1）打开装配文件3-15.ASM，如图12-34所示。

　　（2）进入"焊接"模块。单击【应用程序】菜单→【焊接】。

　　（3）创建角焊缝。

　　1）单击【插入】菜单→【焊缝】→按图12-36所示，选择【角焊缝】图标、点选【对称】、勾选【等长】、输入焊脚1为10→【确定】。

图12-35　对称角焊缝

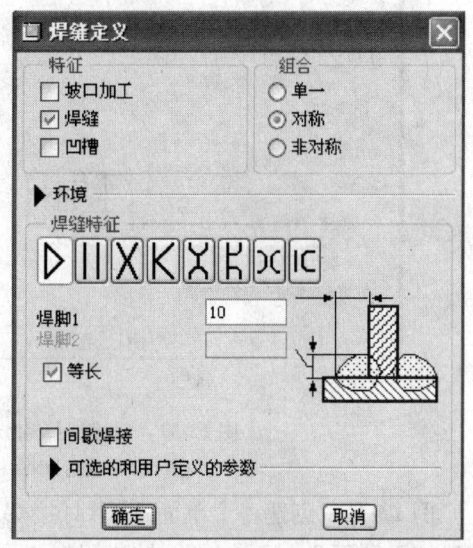

图12-36　【焊缝定义】对话框

2）创建第一条焊缝。默认【参照选项】菜单中【曲面-曲面】→选取零件 A 上表面→【完成参考】→选取零件 B 右端面→【完成参考】→此时出现如图 12-23 所示的【放置】菜单，默认选项，单击【完成】→单击【正向】，以确认材料侧向内。

3）创建第二条焊缝。单击【角焊】对话框的【确定】→默认【参照选项】菜单中【曲面-曲面】→选取零件 A 上表面→【完成参考】→选取零件 B 左端面→【完成参考】→此时出现如图 12-23 所示的【放置】菜单，默认选项，单击【完成】→单击【正向】，以确认材料侧向内→单击【角焊】对话框的【确定】，完成对称焊缝创建。

12.3.2　对接焊缝和坡口焊缝

对接零件对接头的焊接焊缝分为对接焊缝和坡口焊缝。在 Pro/E 中二者区别在于对接头焊接前是加工成 I 形坡口还是加工成斜坡口（或 V 形坡口）。

对接焊缝（I 形坡口）即对接接头（简称接头或焊缝），此方式的基础材料被连接形成一个平面。坡口焊缝（斜坡口或 V 形坡口）是通过在将要连接到一起的基础材料间加工出的凹槽内填充焊料而形成的。

在焊接组件中可创建各种对接和坡口焊缝类型。Pro/ENGINEER 在"模型树"中以┷标记对接焊缝和坡口焊缝。

创建对接焊缝和坡口焊缝的一般操作步骤与创建角焊的一般操作步骤基本相同。

【焊缝定义】对话框上【焊缝特征】中列出了可创建对接焊缝或坡口焊缝的类型，如图 12-37 所示，依据焊接结构要求，在此可指定相应的焊接结构尺寸，如钝边间隙、加工深度、熔深以及角度尺寸。

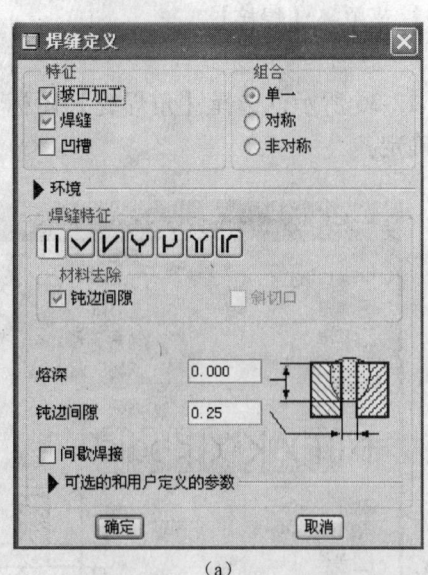
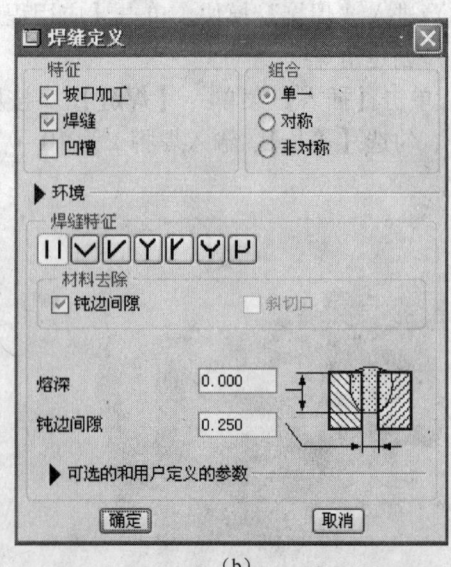

（a）　　　　　　　　　　　　　　　　　　（b）

图 12-37　对接焊缝和坡口焊缝的【焊缝定义】对话框
(a) 使用 ANSI 标准；(b) 使用 ISO 标准

例 12-11　创建一个单面 V 形对接焊缝（单面 V 形坡口），要求坡口加工角度 45°、坡口加工深度 2、熔深 1.5、钝边间隙 0，图 12-38 所示板厚 30mm。

坡口焊必须在生成焊缝前加工出坡口，之后才能进行坡口焊接。Pro/E坡口焊接创建方法有以下两种：

（1）两次焊缝定义，第一次加工坡口，第二次定义坡口焊。

1）参照附录7中附图7-5所示，创建焊接练习装配模型 DJHF-01.ASM，如图 12-38 所示。

2）进入焊接模块。单击【应用程序】菜单→【焊接】。

3）参照例12-3的操作方法完成"坡形斜切口"坡口的创建，如图 12-39 所示。

4）创建 V 形坡口焊（参照例12-8的操作方法）。

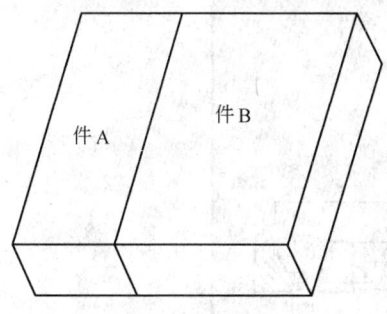 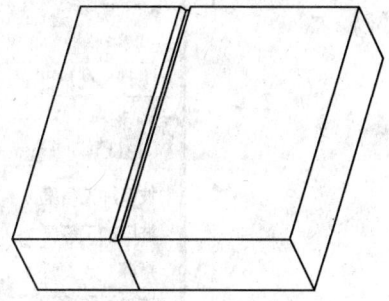

图 12-38　装配件　　　　　　　　　　　　图 12-39　V 形坡口

①单击【插入】菜单→【焊缝】→选择【V 形坡口】图标→输入坡口加工角度45°、坡口加工深度2、熔深1.5、钝边间隙0→【确定】。

②在【参照选项】菜单中默认【链-链】、【依次】→选取零件 A 的坡口上边→【完成】→选取零件 B 的坡口上边→【完成】→指定材料侧方向→【确定】，完成 V 形坡口焊缝创建，如图 12-40 所示。

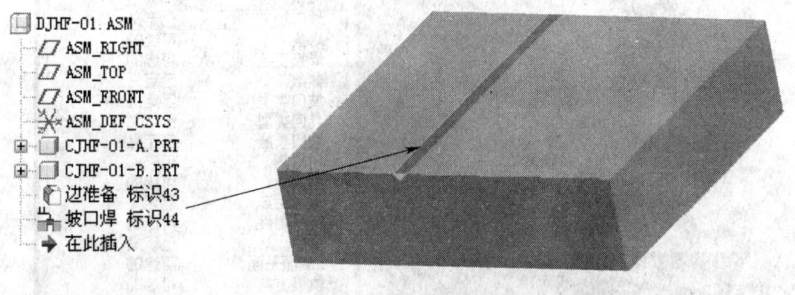

图 12-40　V 形坡口焊缝

（2）在一次焊缝定义中同时定义坡口加工和焊缝。

1）打开文件 DJHF-01.ASM，如图 12-38 所示。

2）进入焊接模块。单击【应用程序】菜单→【焊接】。

3）焊缝定义。

①完成焊缝定义。单击焊接命令按钮 →在如图 12-41 所示的【焊缝定义】对话框中，勾选【坡口加工】、【焊缝】，点选【单一】→按题要求修改坡口加工及坡口焊参数→【确定】。

②出现【边准备】对话框和【选取】菜单，此时，参照例12-3的操作方法完成如图

12-39 所示结果→单击【边准备】对话框中的【确定】→出现【坡口焊】对话框，同时焊缝自动参照坡口边生成，等待指定材料方向侧，如图 12-42 所示→单击【正向】→【确定】，效果与方法（1）一样。

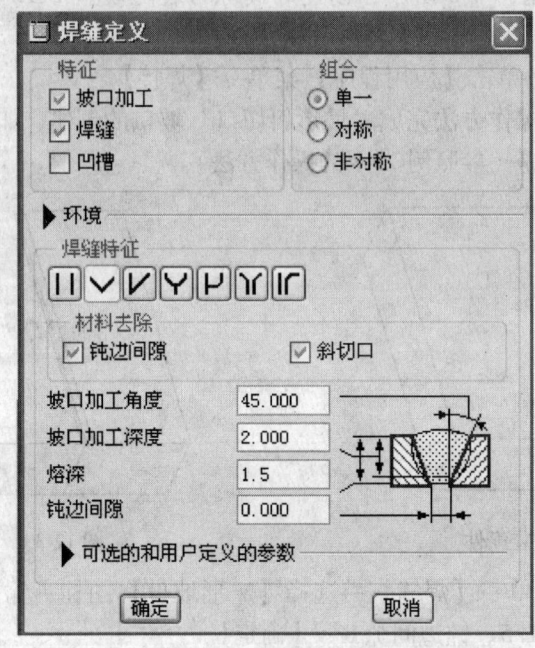

图 12-41　【焊缝定义】对话框

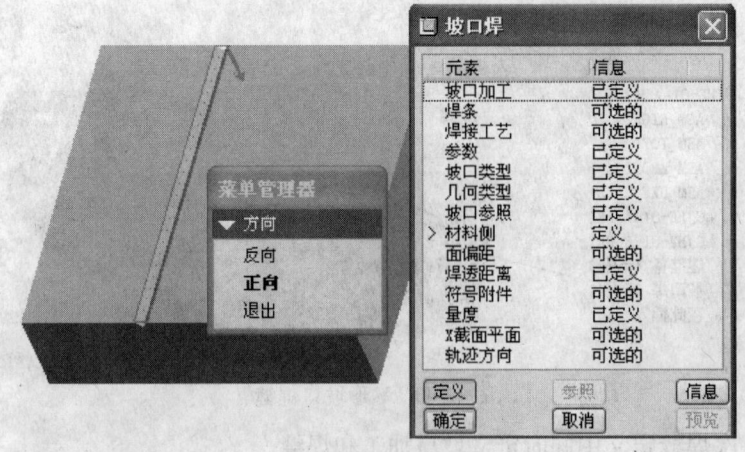

图 12-42　坡口焊操作示意图

实际应用中，采用哪种方法，可根据具体情况自定。

例 12-12　创建如图 12-43（c）所示的斜坡口对接焊缝。

（1）参照附录7中的附图7-6所示，创建焊接练习装配模型 DJHF-2. ASM，如图 12-43（a）所示。

（2）进入"焊接"模块。单击【应用程序】菜单→【焊接】。

（3）创建斜坡口。

1）单击【插入】菜单→【焊缝】→在特征栏勾选【坡口加工】，在组合栏中点选【单一】，在焊缝特征栏选择【斜坡口】图标，输入坡口加工角度45°、深度5、熔深1.5、钝边间隙0→【确定】。

2）按住 Ctrl 键连续选取底板方孔内四个表面→单击【选取】菜单的【确定】命令。

3）按住 Ctrl 键连续选取底板方孔上端四条边→单击【完成】→【确定】，结果如图12-43（b）所示。

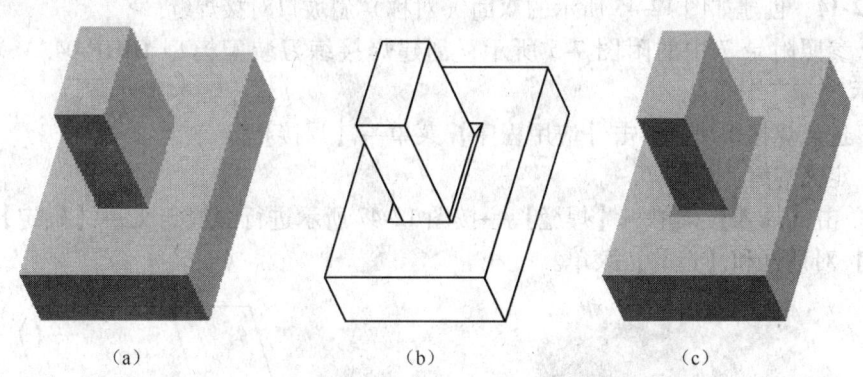

(a)　　　　　　　　(b)　　　　　　　　(c)

图 12-43　斜坡口焊缝的创建

(a) 装配体；(b) 斜坡口；(c) 斜坡口焊缝

（4）创建角焊缝。

1）单击【插入】菜单→【焊缝】→选择【角焊缝】图标，在组合栏中点选【单一】，输入行长焊脚5→【确定】。

2）在【参照选项】菜单中选择【链-曲面】→【目的链】→点选【坡口一边】→【完成】→按住 Ctrl 键连续选取四棱柱四个侧表面→【完成参考】→选取坡口上一条边作为焊缝参考方向→【正向】→【确定】，完成效果如图 12-43（c）所示。

例 12-13　采用【链-曲面】方式创建如图 12-44 所示的对接焊缝。

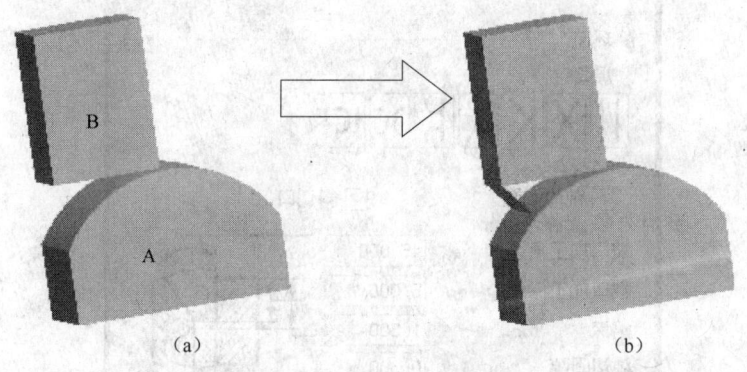

(a)　　　　　　　　(b)

图 12-44　采用【链-曲面】方式创建角焊缝实例

(a) 装配模型；(b) 焊缝

（1）参照附录 7 中的附图 7-7 所示，创建焊接练习装配模型 DJHF-03. ASM，如图12-44（a）所示。

（2）进入"焊接"模块。单击【应用程序】菜单→【焊接】。

（3）创建角焊缝。

1）单击【插入】菜单→【焊缝】→选择【斜坡口】图标，在组合栏中点选【单一】，输入熔深 1.5、钝边间隙 0→【确定】。

2）在【参照选项】菜单中选择【链-曲面】→【目的链】→点选零件 B 下边→【完成】→选取零件 A 圆弧表面→【完成参考】→选取零件 B 下边作为焊缝参考方向→【正向】→【确定】。

例 12-14　创建如图 12-45 所示的双面（对称）斜坡口对接焊缝。

（1）参照附录 7 中的附图 7-5 所示，创建焊接练习装配模型 DJHF-04. ASM，如图 12-46 所示。

（2）进入焊接模块。单击【应用程序】菜单→【焊接】。

（3）定义焊缝。

1）单击【插入】菜单→【焊缝】→按图 12-47 所示进行焊缝定义→【确定】→出现【边准备】对话框和【选取】菜单。

图 12-45　双面斜坡口焊

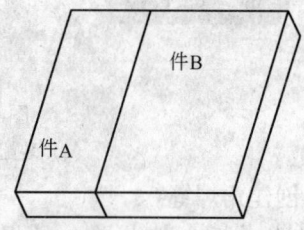

图 12-46　装配件

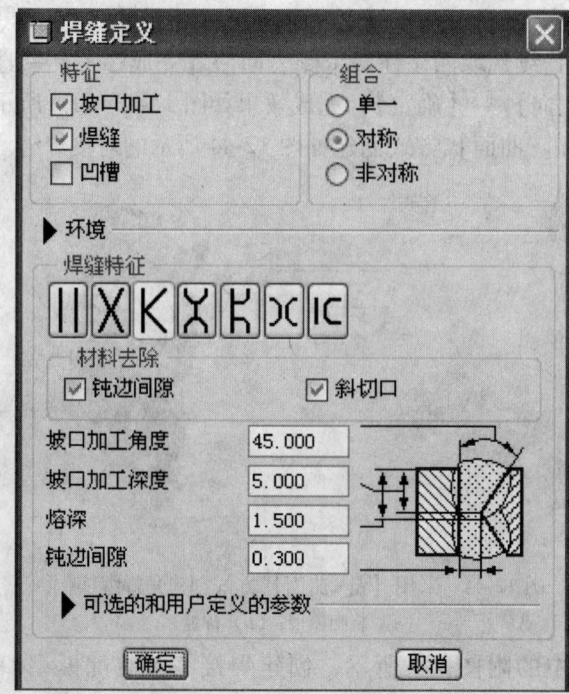

图 12-47　双面对称斜坡口焊的【焊缝定义】对话框

2）加工斜坡口。选取件 B 右侧面→单击【选取】菜单中的【确定】→出现【链】菜单，默认【依次】、【选取】→选取件 B 右面上边线→【完成】→选取件 B 右面下边线→【完成】→单击【边准备】对话框中【确定】，完成斜坡口加工，出现【坡口焊】对话框及【参照选项】菜单。

3）创建一侧坡口焊。采用【链-链】方式→选取上斜坡口一边→【完成】→选取上斜坡口另一边→【完成】→【正向】→选择【坡口焊】对话框中【确定】，完成一侧坡口焊的创建。

4）参照步骤3）完成另一侧坡口焊的创建操作。注意调整好材料侧方向。在【坡口焊】对话框中【确定】，完成了所有坡口焊。

例 12-15　创建如图 12-48 所示的双面（对称）V 形坡口对接焊缝。

（1）打开装配文件 DJHF-04. ASM（见图 12-46）。

（2）进入焊接模块。单击【应用程序】菜单→【焊接】。

（3）定义焊缝。

1）单击【插入】菜单→【焊缝】→按图 12-49所示进行焊缝定义→【确定】→出现【边准备】对话框和【选取】菜单。

图 12-48　双面 V 形坡口焊

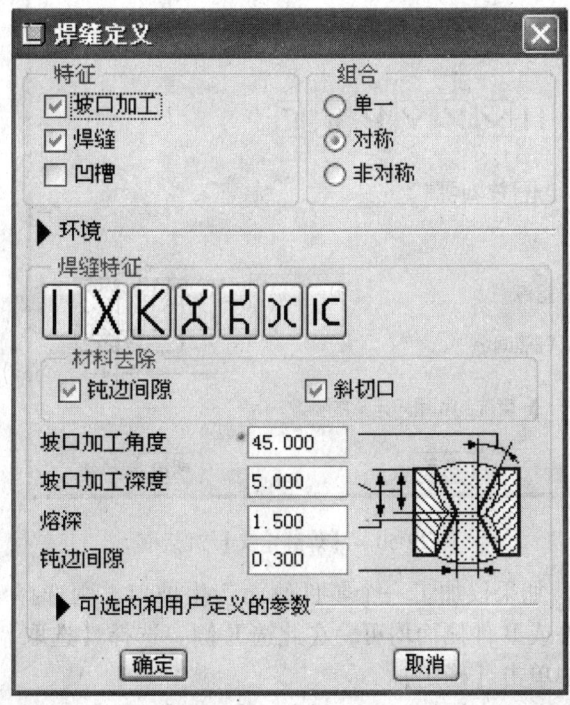

图 12-49　双面对称斜坡口焊的【焊缝定义】对话框

2）加工双面 V 形坡口。选取接缝处件 B 表面→单击【选取】菜单中的【确定】→选

取接缝处件 A 表面→单击【选取】菜单中的【确定】→选取接缝处件 B 上边→单击
【链】菜单中的【完成】→选取接缝处件 B 下边→单击【链】菜单中的【完成】→选取
接缝处件 A 上边→单击【链】菜单中的【完成】→选取接缝处件 A 下边→单击【链】菜
单中的【完成】。

3）创建双面坡口焊。单击【边准备】对话框中【确定】→出现【坡口焊】对话框和
【方向】菜单，选择【正向】以默认材料侧指向内→单击【坡口焊】对话框中【确定】，
出现【方向】菜单→单击【反向】，以调整方向指向材料内→【正向】→单击【坡口焊】
对话框中的【确定】，完成双面 V 形坡口焊创建。

例 12-16　创建单面 I 形对接焊。

（1）打开焊接练习模型文件 DJHF-04. ASM（见图 12-46）。

（2）进入焊接模块。单击【应用程序】菜单→【焊接】。

（3）定义焊缝。

1）单击【插入】菜单→【焊缝】→按图 12-50 所示进行焊缝定义→【确定】→出现
【边准备】对话框和【根开放类型】菜单，如图 12-51 所示。

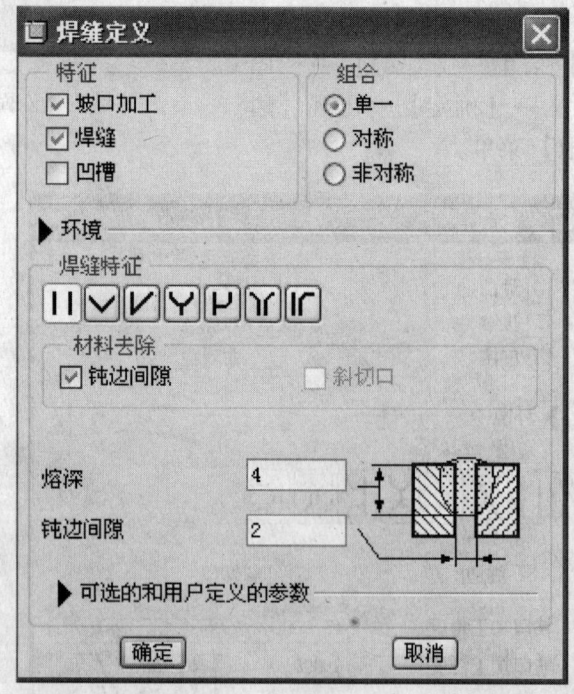

图 12-50　【焊缝定义】对话框

2）加工 I 形坡口。如果仅加工一个零件侧面产生坡口，则选择【单侧】→【完成】
→选取两件接缝处 A 件或 B 件侧面均可，在此选 B 侧→选择【选取】菜单中【确定】→
在【边准备】对话框中单击【确定】。

如果要加工两个零件侧面产生坡口，则选择【双侧】→【完成】→先后选取 A 件、B
件接缝处侧面，在此先选 B 侧面→选择【选取】菜单中【确定】→再选 A 件侧面→单击
选择【选取】菜单中的【确定】→单击【边准备】对话框中的【确定】，如图 12-52

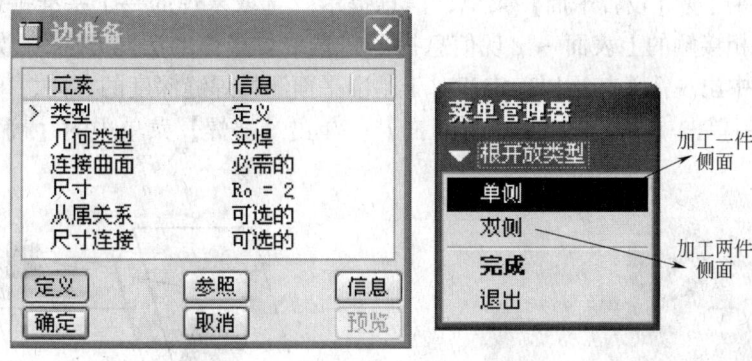

图 12-51 【边准备】对话框和【根开放类型】菜单

所示。

3）创建单面 I 形坡口焊。采用【链-链】方式→选取 I 形坡口的件 A 的上边→【完成】→选取 I 形坡口的件 B 的上边→【完成】→【正向】→选择【坡口焊】对话框中的【确定】，完成 I 形坡口焊，如图 12-53 所示。

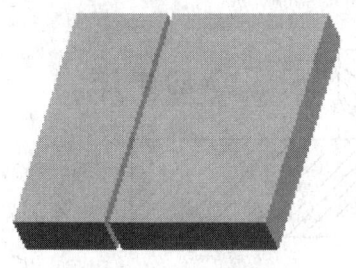

图 12-52 I 形坡口

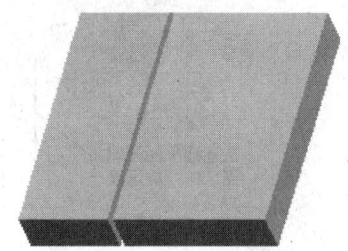

图 12-53 I 形坡口焊

12.3.3 塞焊

塞焊通过孔将一段材料表面连接到另一段材料。孔可以部分填充也可以全部填充焊接金属。Pro/ENGINEER 在"模型树"中用🔲标记塞焊。

图 12-54 示出了塞焊的关键尺寸。

例 12-17 创建塞焊。

（1）参照附录 7 中的附图 7-8 所示，创建焊接练习模型 SHF. ASM。如图 12-55 所示。

（2）进入焊接环境。单击【应用程序】菜单→【焊接】。

（3）创建角焊缝。

1）单击【插入】菜单→【焊缝】。

2）在【焊缝定义】对话框中，勾选【焊缝】→单击塞焊图标🔲→输入塞大小 20、深度 6→单击【确定】。

3）信息提示"选取栓的侧曲面"，在【特征参考】中"添加"状态下，点选零件 1 的孔圆柱面（注意：要按住 Ctrl 键，将整个圆柱都选中）→单击【特征参考】菜单中

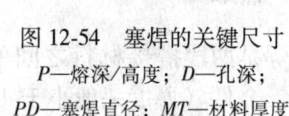

图 12-54 塞焊的关键尺寸

P—熔深/高度；D—孔深；

PD—塞焊直径；MT—材料厚度

【完成参考】→出现【设置平面】菜单，信息提示"选取塞焊的一个基准平面"，点选零件 1 与零件 2 相接触的上表面→出现信息提示"选取焊接面的法向方向"，如图 12-56 所示，同时模型中出现箭头，用以确定相对于基准平面测量焊缝深度的方向，确认箭头由件 2 指向件 1 时→单击【方向】菜单中【正向】→单击【塞焊】菜单中的【确定】，完成塞焊设计。

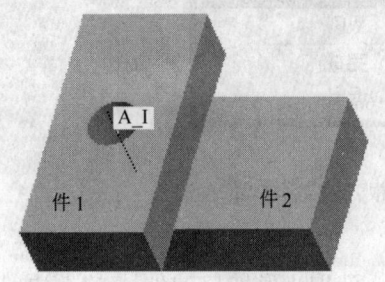

图 12-55　装配件

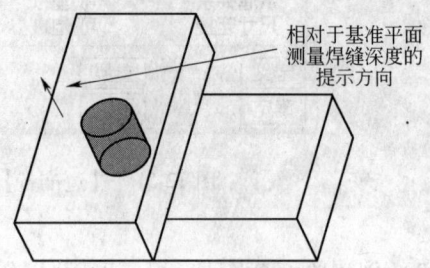

图 12-56　选取焊接面的法向方向

焊缝剖面如图 12-57 所示。

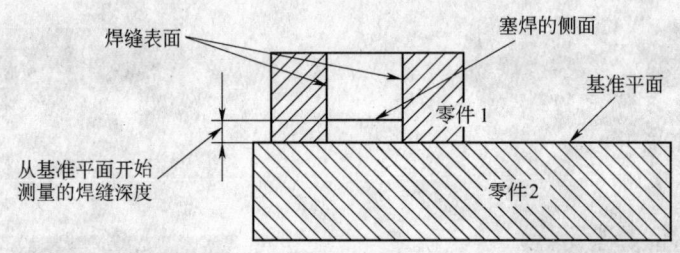

图 12-57　塞焊焊缝剖面图

12.3.4　槽焊

　　槽焊通过细长孔将一块材料与另一块材料的表面连接在一起，槽焊在所开出的细长孔内角焊。此孔可以一端开放，也可以部分或完全充满焊缝金属。Pro/ENGINEER 在"模型树"中以 标记槽焊。

　　图 12-58 示出了槽焊的关键尺寸。

　　●注意：定义槽焊或塞焊时，需要设置基准平面，必须从基准平面测量焊缝深度，这样才能定位焊缝表面。

12.3.5　点焊

　　点焊是两段搭接材料之间的接头（或焊缝），通常用于钣金件（厚度一般小于 4mm 的冲压、轧制的薄板的连接，如飞机蒙皮、航空发动机的火烟筒、汽车驾驶室外壳等）。图 12-59 所示是用点焊钳焊接的汽车驾驶室的后挡板。

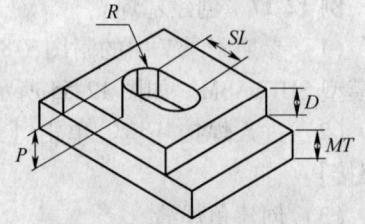

图 12-58　槽焊的关键尺寸

P—熔深/高度；*D*—槽深度；*MT*—材料厚度；
SL—槽长度；*R*—槽半径

要创建点焊，需要参照基准点。可以选取现有的基准点，也可在确定焊缝路径的过程中创建基准点。创建点焊的方法有两种：

（1）定义多个点焊位置，在一次操作中创建多条焊缝。

（2）创建单个点焊，然后用"阵列"命令将其排列。

图 12-60 示出了点焊的关键尺寸。

图 12-59　后挡板的点焊

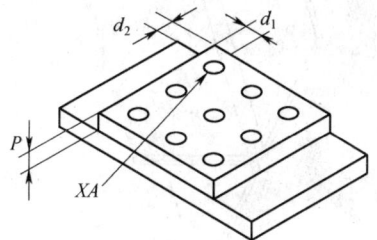

图 12-60　点焊的关键尺寸
P—熔深/高度；XA—剖面面积；
d_1，d_2—定位点焊中心的尺寸

根据参数 XA，按圆面积公式，可算出点焊的半径 R（即 XA 的半径）：

$$R^2 = XA/\pi$$

点焊显示为圆形曲面。系统依据用户在定义焊缝参数时输入的 X_SECTION_AREA 参数值计算该圆的直径。要修改点焊的大小，需要打开【焊缝参数】对话框，修改 X_SECTION_AREA 参数。也可以建立一个关系式以控制焊缝面积（有关 X_SECTION_AREA 参数的详细概念及其操作，将在本章"焊缝参数"一节中阐述）。

例 12-18　设计 12 个点的剖面面积为 75、熔深为 4、焊点间距为 20 的点焊。

（1）参照附录 7 中的附图 7-9 所示，创建焊接练习装配模型 DHF.ASM，如图 12-61 所示。

（2）进入焊接环境。单击【应用程序】菜单→【焊接】。

（3）创建基准点。

1）单击【基础点工具】图标 ×× →创建一基准点（定位尺寸：25×25）。

2）阵列基准点。阵列数量为 6×2，间隔为 30，如图 12-61 所示。

（4）创建点焊缝。

1）单击【插入】菜单→【焊缝】。

2）在【焊缝定义】对话框中，勾选【焊缝】→单击【点焊】图标→按图 12-62 所示【焊缝定义】对话框中的提示，输入点焊参数→单击【确定】→出现如图 12-63 所示的对话框及菜单。

3）选择【点参照】菜单中【添加】→选择【SET POINT】菜单中【选取】→按住 Ctrl 键，选择图 12-61 所示的所有点→单击【点参照】菜单中的【完成】→单击【点焊】对话框中的【确定】命令。完成设计要求的点焊操作，效果如图 12-64 所示。

此例宜用于均布多点焊接设计。

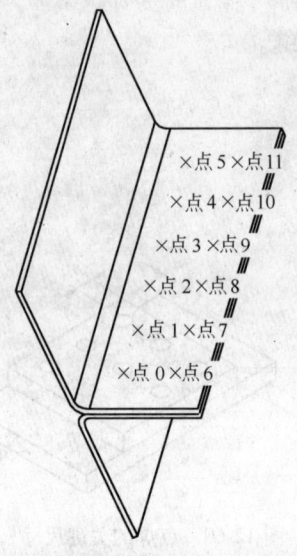

图 12-61　钣金件装配、阵列点

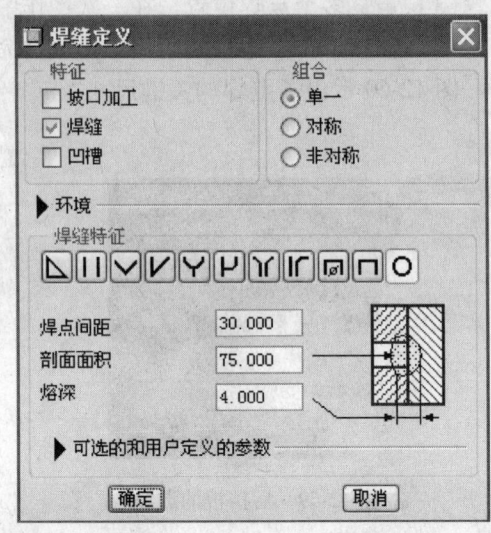

图 12-62　点焊的【焊缝定义】菜单

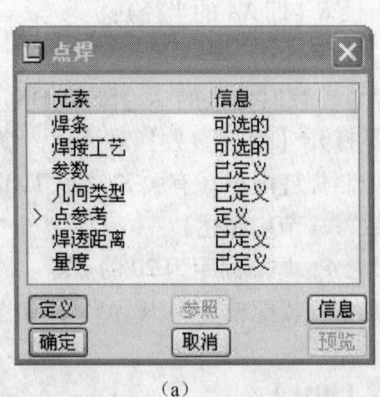

(a)

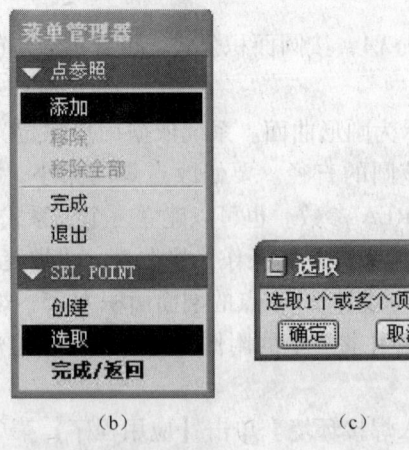

(b)　　　　　　(c)

图 12-63　点焊设计的对话框和菜单

(a)【点焊】对话框；(b)【点参照】菜单；(c)【选取】菜单

例 12-19　设计一个剖面面积为 75、熔深为 4、焊点间距为 20 的点焊。

(1) 打开例 12-18 中创建的装配文件 DHF. ASM。

(2) 进入焊接环境。单击【应用程序】菜单→【焊接】。

(3) 创建点焊缝。

1) 单击【插入】菜单→【焊缝】。

2) 在【焊缝定义】对话框中，勾选【焊缝】→单击【点焊】图标→按图 12-62 所示【焊缝定义】对话框中的提示，输入点焊参数→单击【确定】→出现如图 12-63 所示的对话框及菜单。

3) 选择【点参照】菜单中【添加】→选择【SET POINT】菜单中的【创建】→在图

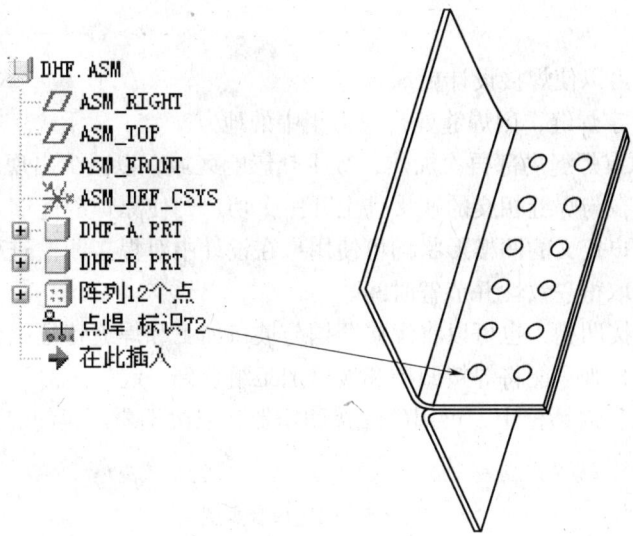

图 12-64　多点点焊

12-61 所示中，选择上方零件的水平上面→单击【选取】菜单中的【确定】→按住 Ctrl
键，选取装配件的前边、右边作为点的定义尺寸基准→输入两个定位尺寸为 25、25→单击
【点参照】菜单中的【完成】→单击【点焊】对话框中的【确定】命令。完成设计要求
的点焊操作，如图 12-65 所示。

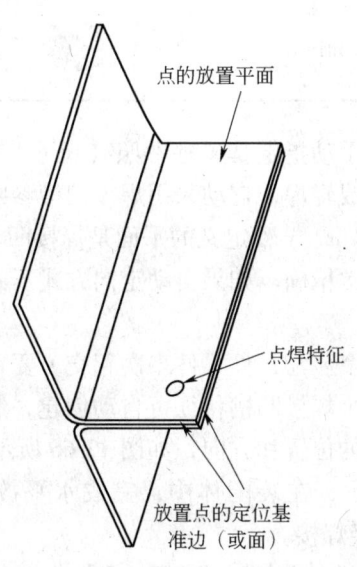

图 12-65　一点焊

此例宜用于创建一个点的点焊。

●注意：焊缝也是特征，所以可以对焊缝进行阵列、复制、编辑、修改等操作。在生
成工程图时，会将阵列的所有焊缝特征的焊接符号都单独显示出来。所以，对于多点均布
点焊接不宜采用阵列焊缝的操作，否则，焊接工程图中焊接符号重复标注较多。

12.4　创建凹槽

添加焊接凹槽可以使焊接设计更加合理。

（1）可避免十字焊缝，因焊缝处是应力集中的地方。

（2）可避免原有焊缝局部再次加热，减少热影响区域，以减少出现裂纹条件。

焊接凹槽就是在与焊缝相交的连接件上开一个切口，使原焊缝能够不间断地通过组件元件。标准的和用户定义的凹槽形状均可使用户在设计中对焊接凹槽进行自动操作和标准化，从而确保设计取得一致性并节省时间。

可创建单一焊接凹槽，也可以将焊接凹槽与坡口加工和焊缝特征组合在一起。如果要同时创建焊缝特征，则只能将焊接凹槽和坡口加工组合到一起。

在【焊缝定义】对话框中，可用的焊接凹槽形状取决于要创建的焊缝类型。凹槽形状类型见表 12-5。

表 12-5　凹槽形状类型

图　标	名　　称	图　标	名　　称
	圆角凹槽		半圆孔凹槽
	三角形凹槽		矩形凹槽
	矩形拐角凹槽		用户定义凹槽

创建焊接凹槽时，可通过手动指定其单独参照（尺寸、位置、方向和相交零件），也可通过将焊接凹槽参照到实焊或轻焊，自动采用焊接凹槽参照。

焊接凹槽使用坐标系定向。x、y 轴定义的平面是焊接凹槽的放置平面，Z 轴定义移除材料的方向。这种自动定向非常精确。如果自动定向方式不满足设计需要，可自定义坐标系确定焊接凹槽方向。

一个焊接凹槽不允许与一个装配元件零件多次相交。要在零件上创建多次相交，必须创建多个焊接凹槽特征。第一个焊接凹槽特征可自动创建，然后再在元件零件上定义另一坐标系来确定第二个凹槽特征的位置和方向，如图 12-66 所示。

例 12-20　如图 12-67 所示，在装配体中，完成水平放置两零件（AOCAO-A. PRT、AOCAO-B. PRT）上表面的对接焊接。

水平放置上面的连接零件（AOCAO-C. PRT）会把将要焊接的焊缝阻断，因此应在零件上开一凹槽，以保证焊缝的连续性。

（1）参照附录 7 中附图 7-9 所示，创建焊接练习装配模型 AOCAO. ASM，如图 12-67 所示。

（2）进入焊接环境。单击【应用程序】菜单→【焊接】。

（3）创建焊缝与焊接凹槽。

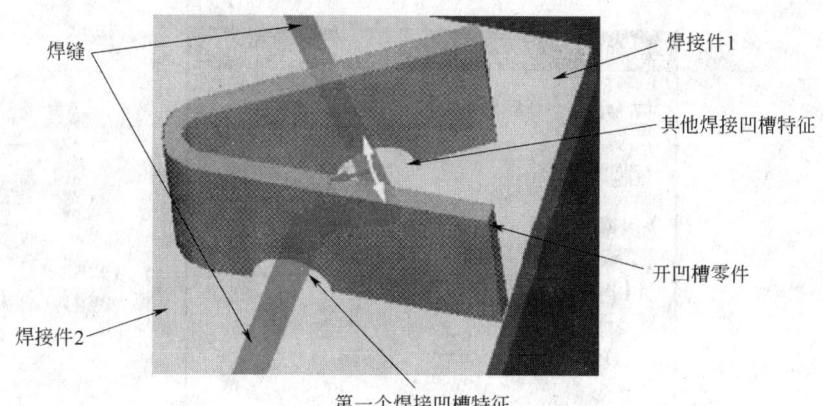

图 12-66 多个焊接凹槽相交

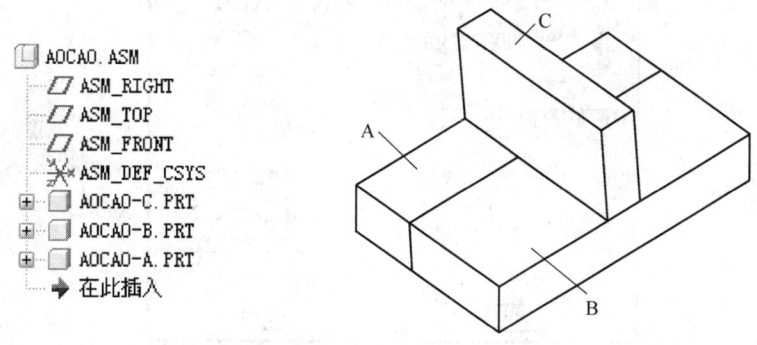

图 12-67 装配件

1）单击【插入】菜单→【焊缝】。

2）在如图 12-68（a）所示的【焊缝定义】对话框中，勾选【焊缝】、【凹槽】→按图 12-68 所示，输入参数→单击【确定】，出现如图 12-68（b）、（c）所示的【边准备】对话框和【根开放类型】菜单坡口焊对话框及参照选项菜单。

3）创建双侧 I 形坡口。

①在【根开放类型】菜单中选择【双侧】→【完成】。

②在焊缝处选取件 A 侧面→在【选取】菜单中选择【确定】。

③在焊缝处选取件 B 侧面→在【选取】菜单中选择【确定】。

④单击【边准备】对话框的【确定】，完成 I 形坡口创建。此时，又出现了如图 2-68（d）、（e）所示的【坡口焊】对话框和【参照选项】菜单。

4）创建 I 形坡口焊（此时默认【参照选项】菜单"链-链"选项）。

①选取元件 AOCAO-A.PRT 上要焊接的边→在【选取】菜单中选择【完成】。

②选取元件 AOCAO-B.PRT 上要焊接的边→在【选取】菜单中选择【完成】。

③确定焊接的材料侧，采用默认方向，单击【正向】。

④单击如图 12-68（d）所示的【坡口焊】对话框中的【确定】后，又出现了如图 12-69所示的两个对话框。

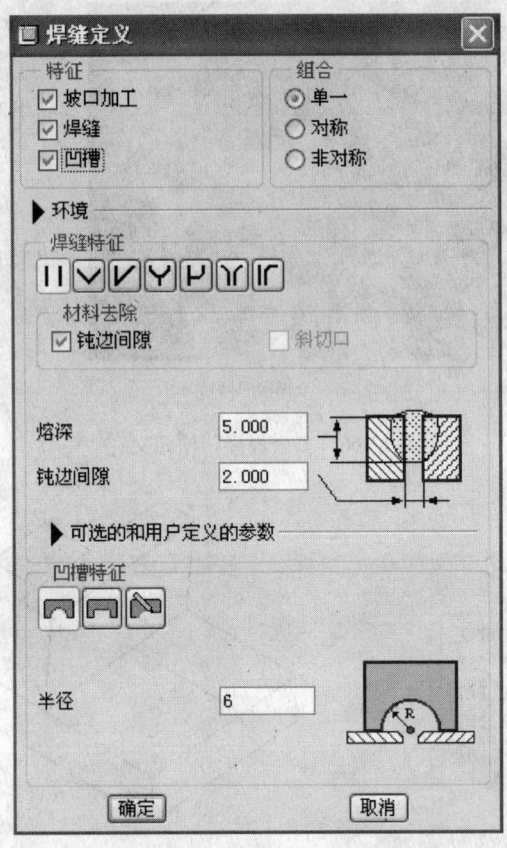

(a)

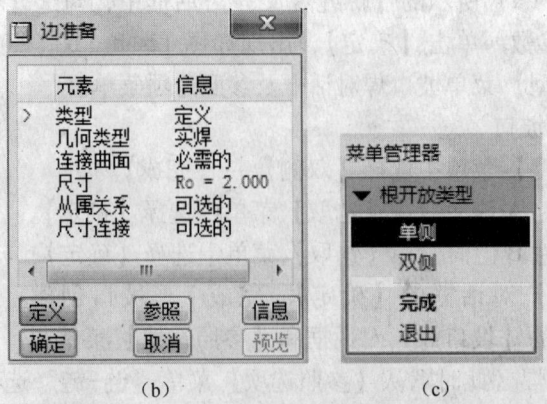

(b)　　　　　　(c)

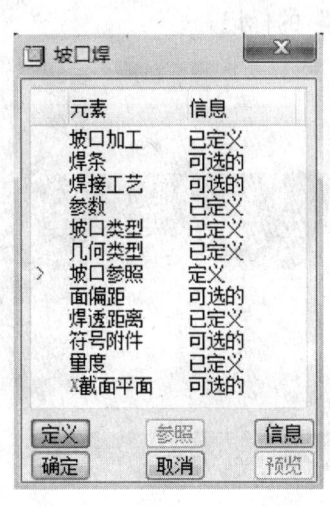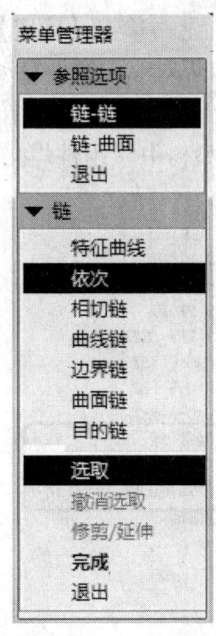

（d）　　　　　　　　　　　　　（e）

图 12-68　对话框

（a）【焊缝定义】对话框；（b）【边准备】对话框；（c）【根开放类型】菜单；

（d）【坡口焊】对话框；（e）【参照选项】菜单

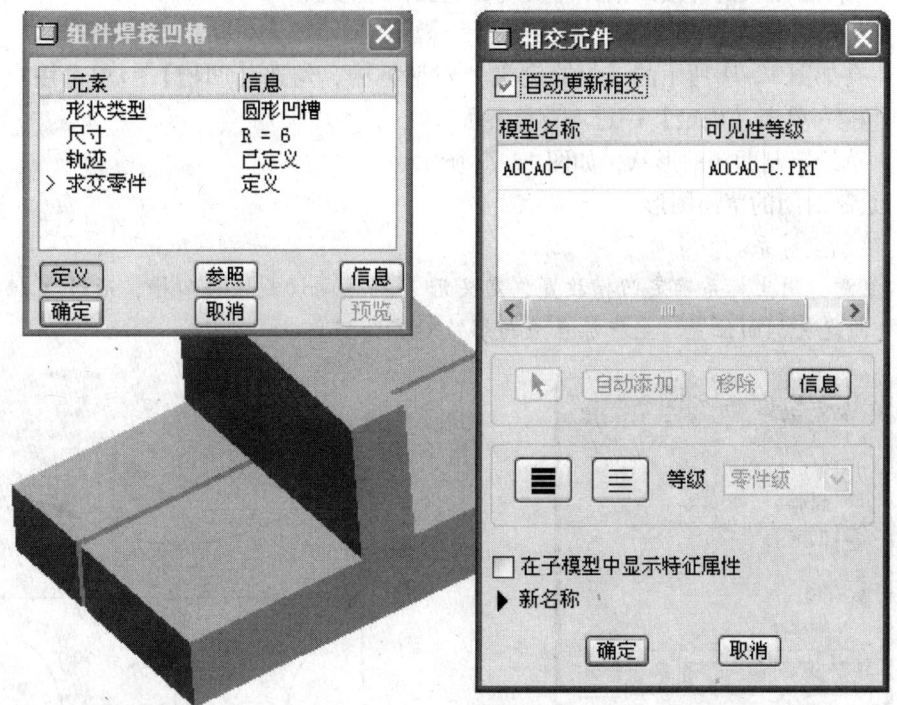

图 12-69　坡口焊及【组件焊接凹槽】对话框和【相交元件】对话框

5）创建焊接凹槽。

①在图 12-69 所示的【相交元件】对话框中勾选【自动更新相交】，元件零件 AOCAO-

C. PRT 自动添加上→单击【确定】，系统自动完成求差零件（系统将在零件 AOCAO-C. PRT 上与 I 形坡口焊对应位置处自动加工出凹槽）。

②单击图 12-69 所示的【组件焊接凹槽】对话框中的【确定】，完成设计。结果如图 12-70 所示。注意模型树中"组件焊接凹槽"的标记。

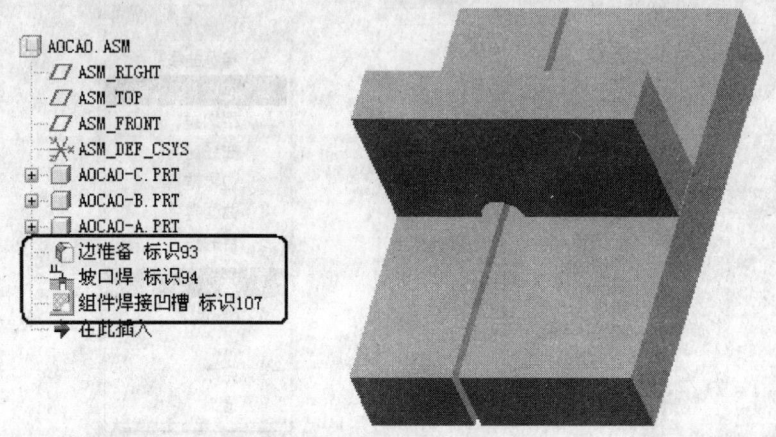

图 12-70　组件焊接凹槽及 I 形坡口焊

例 12-21　将上例中的"组件焊接凹槽"删除，保留"边准备"和"坡口焊"特征，创建一个用户自定义的焊接凹槽，即实现自定义凹槽形状。

（1）单击【插入】菜单→【焊缝】。

（2）在如图 12-71 所示的【焊缝定义】对话框中，勾选【凹槽】→单击用户自定义凹槽剖面 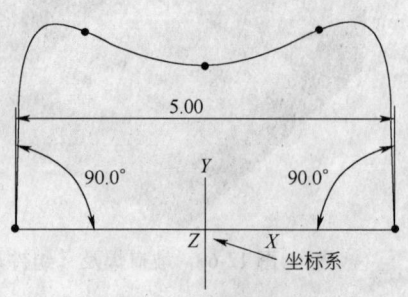→单击【确定】→进入草绘界面。

（3）草绘定制凹槽的形状，如图 12-72 所示。

1）绘制封闭的草绘图形。

2）绘制坐标系。

● 注意：用坐标系确定凹槽放置，定义沿 Z 轴方向切割焊接凹槽，通过 X 轴和 Y 轴确定的平面定义剖面位置，坐标原点应与焊缝对齐为好。

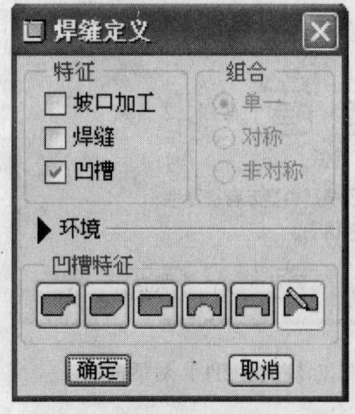

图 12-71　【焊缝定义】对话框

图 12-72　焊接凹槽草绘

3）完成草绘后，在草绘器工具栏中，单击☑。

（4）创建凹槽。

1）在如图 12-73 所示【焊接凹槽轨迹】菜单中，选择【选取参照焊缝】命令，出现【搜索工具】对话框，如图 12-74 所示。

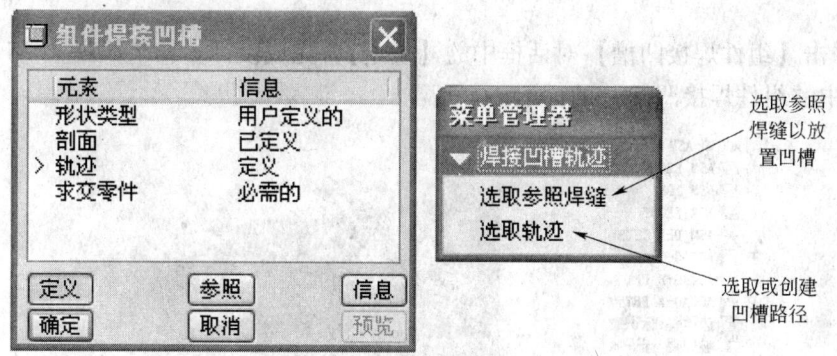

图 12-73 【组件焊接凹槽】对话框及【焊接凹槽轨迹】菜单

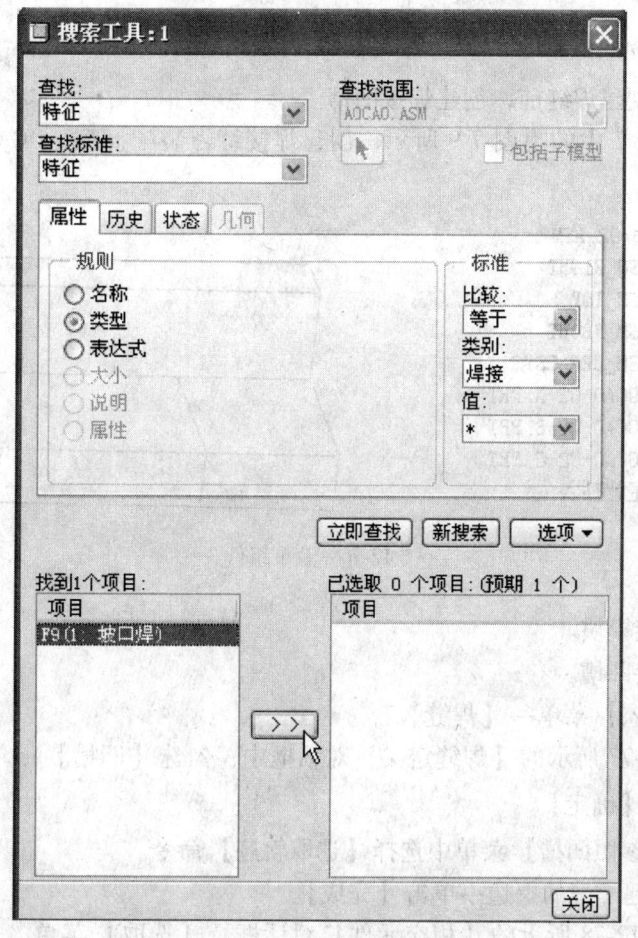

图 12-74 【搜索工具】对话框

2）在【搜索工具】对话框中，从【找到项目】的窗口中选取"F9（1：坡口焊）"，移到【选定项目】的窗口中→单击【关闭】，出现【相交元件】对话框，并且零件 AOCAO-C. PRT 也处于被选中状态。

3）在【相交元件】对话框中勾选【自动更新相交】→单击【确定】，完成求差零件。

4）单击【组件焊接凹槽】对话框中的【确定】，完成设计。结果如图 12-75 所示。注意模型树中"组件焊接凹槽"的标记。

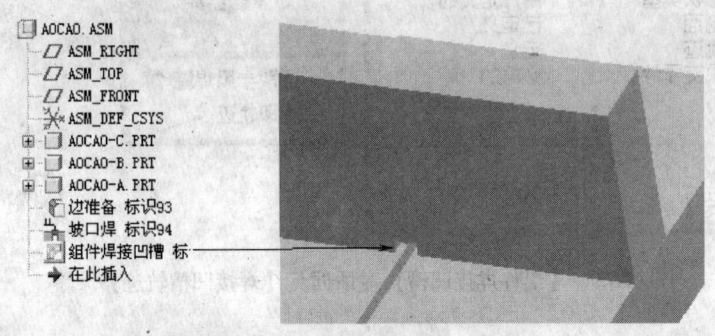

图 12-75　用户添加的组件焊接凹槽

例 12-22　在创建焊缝前，创建焊接凹槽。

（1）参照附录 7 中的附图 7-9 所示，创建焊接练习装配模型 AOCAO-02. ASM，如图 12-76 所示。

图 12-76　装配组件

（2）进入焊接模块。

（3）创建焊接凹槽。

1）单击【插入】菜单→【焊缝】。

2）在如图 12-77 所示的【焊缝定义】对话框中，勾选【凹槽】→单击用户自定义凹槽剖面 →单击【确定】。

3）在【焊接参照凹槽】菜单中选择【选取轨迹】命令。

4）选取要创建焊缝的上边→单击【完成】。

5）出现如图 12-78 所示的【相交元件】对话框及【选取】菜单，选取零件 AOCAO-02-C. PRT→单击【相交元件】对话框中的【确定】→单击【组件焊接凹槽】对话框中的

【确定】。完成的凹槽创建如图 12-79 所示。
- 注意: 轨迹选取要正确, 否则组件焊接凹槽位置不合理。

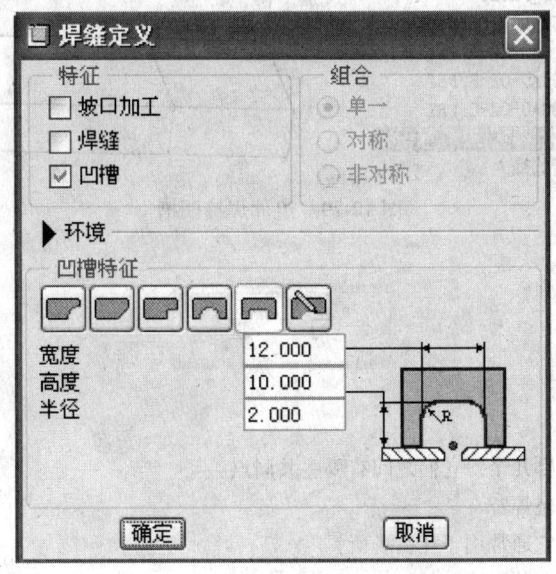

图 12-77　【焊缝定义】对话框

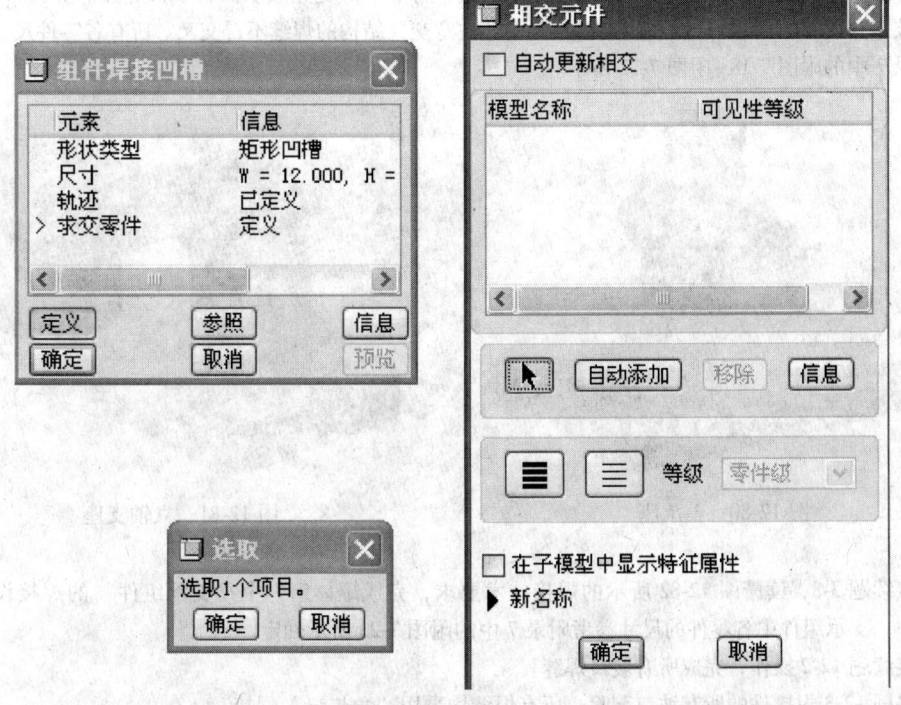

图 12-78　【组件焊接凹槽】对话框、【相交元件】对话框、【选取】菜单

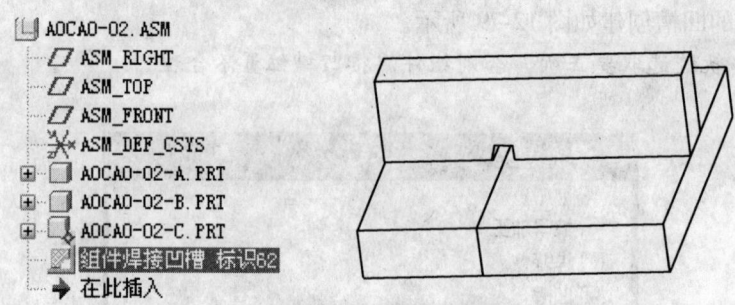

图 12-79　组件焊接凹槽

习　题

12-1　思考下列问题：

（1）焊接特征包括哪几个？它们之间有哪些共同点？

（2）什么是实焊和轻焊？

（3）什么是点焊？它通常用于什么场所？

（4）创建点焊有哪两种方法？

12-2　如图 12-80 所示的轴承座，由 5 个零件组成，请完成所有焊接部位的坡口加工，根据具体焊接结构选择双侧斜坡口或单侧斜坡口。坡口参数取值：坡口角度 50°，钝边长度和间隙均为 3mm。注意交叉结构的焊缝不得交叉。所有各零件尺寸参阅附录 7 中的附图 7-12～附图 7-17 所示。

12-3　如图 12-81 所示的立轴支座，由 4 个零件组成，对所有焊缝完成双面斜坡口焊接。焊接参数取值：坡口角度 60°，钝边长度和间隙均为 2mm。注意交叉结构的焊缝不得交叉。所有各零件尺寸参阅附录 7 中的附图 7-18～附图 7-22 所示。

图 12-80　轴承座

图 12-81　立轴支座

12-4　接续题 3-8，读懂图 12-82 所示的焊接技术要求，完成罐体组件中"支承组件"的焊接设计。其中，支承组件中各零件的尺寸参考附录 7 中的附图 7-23 所示确定。

12-5　接续题 12-2 操作，完成所有坡口焊缝。

12-6　将题 12-3 焊接件的所有坡口删除，所有焊缝均采用"角焊缝"焊接。

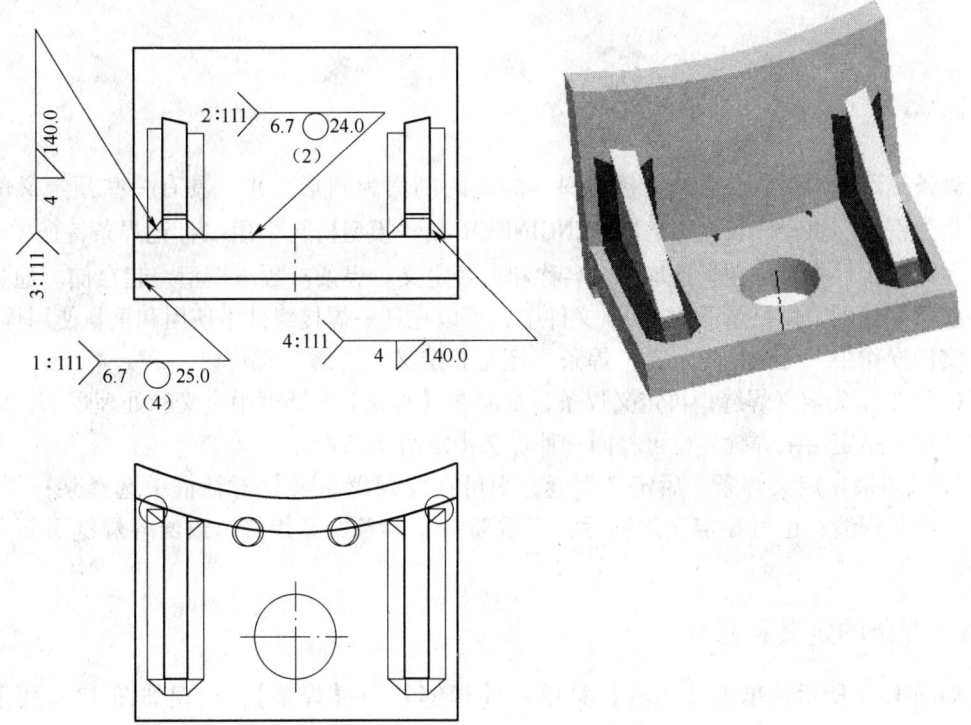

图 12-82　支承组件焊接工程图

13　焊　　条

　　焊条是形成焊道所必需的焊接材料。焊条的剖面为圆形，并且具有一些预定义的属性，例如密度、直径和长度等。Pro/ENGINEER 在"模型树"中用 标记焊条特征。

　　在焊接组件中，每种焊条均由其名称和参数定义。焊条参数与模型一起存储。通过将焊条参数存储到工作目录下的 ROD 文件中，可以在任一焊接组件中使用和重新使用焊条。

　　实例操作中，无论是先定义"焊条"还是先定义"焊缝"都可以。

　　（1）如果先定义焊缝，再定义焊条，则应在【焊条】对话框中定义和处理焊条，以将选取的焊条指定给某焊缝，也可将同一种焊条指定给多条焊缝。

　　（2）如果先定义焊条，后定义焊缝，则可在【焊缝定义】对话框中选择某一焊条，以指定给某焊缝；也可在定义焊缝后，再重新指定焊条给某焊缝，或给各焊缝重新分配焊条。

13.1　焊条的定义和修改

　　如图 13-1 所示，单击【工具】菜单→【焊缝】→【焊条】，出现如图 13-2 所示的【焊条】对话框（对话框中的各参数的定义等参阅附表 6-3）。

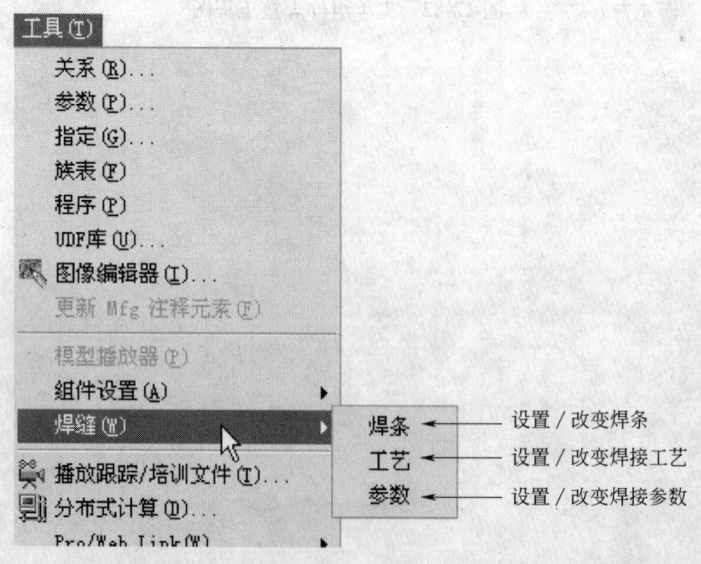

图 13-1　【焊缝】设置命令

　　在【焊条】对话框中可对焊条进行如下操作：

　　（1）定义新焊条。

　　1）单击 ，然后在【焊条参数】选项下定制焊条属性。

　　2）在【焊条名称】框中键入名称，如输入 ROD1，并按下回车键，或单击对话框中的【完成】按钮，焊条其余的参数均可用。

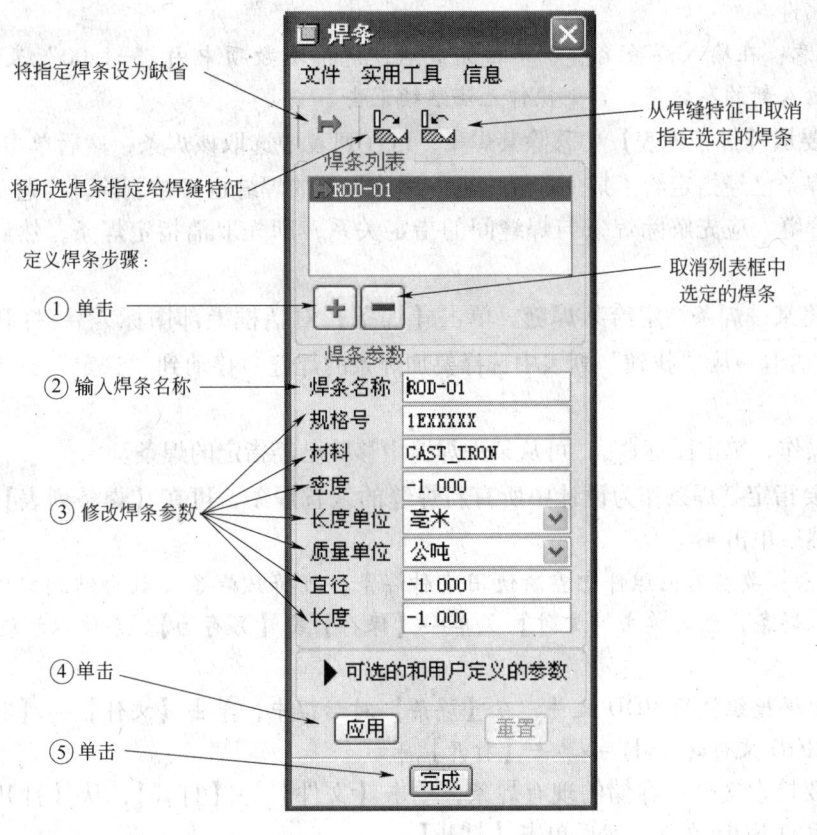

图 13-2 【焊条】对话框

3）设置其他属性参数。

①在【规格号】框中键入规范编号（注：编号要符合相关标准），以指定公司或行业规范，如：碳钢焊条 J422Fe（或 E4303）、J502（或 E5003）；铸铁焊条 Z208（或 EZC）等等有关焊条牌号推荐，参阅附录一。

②在【材料】框中键入材料类型，注意要与上述"规格号"相对应。

③在【密度】框中键入焊条密度值（我国标准没有这项要求，可参照所焊接的材料密度给出）。

④在【长度单位】框中输入所定义焊条的长度量单位：毫米、英寸、英尺、厘米或米。作为公制单位，一般采用"毫米"为单位。

⑤在【质量单位】框中，选取质量单位：公斤、盎司、镑、吨、克或公吨。作为公制单位，一般采用"克"为单位。

⑥在【直径】框中键入焊条的直径值。

⑦在【长度】框中键入焊条的长度值。

⑧单击【可选的和用户定义的参数】，可添加或删除用户定义的焊条参数。

4）定义了焊条属性后，单击【应用】。至此，一个焊条定义完毕。

可重复上述步骤 1）～4），定义更多新的焊条。

（2）修改现有焊条。在【焊条列表】中将该焊条名称加亮，并在【焊条参数】下编辑修改其属性。

- 注意：在输入焊条名称、单击完成后，焊条参数项中由 "-1.00" 表示的参数，必须重新输入新的参数值，否则操作无法继续下去。

（3）要从【焊条列表】中移除某焊条，可在列表中选取该焊条，然后单击 ▬。如果要删除的焊条已经指定给了某一焊缝，则使用该焊条的焊缝也必被删除。为避免在删除焊条时删除焊缝，应先解除焊条与焊缝间的指定关系，即先取消指定焊条，然后再删除该焊条。

（4）将某一焊条指定给某焊缝。单击【焊条】对话框上部图标 🖾→打开【搜索工具：1】对话框→从 "找到" 列表中选择要加焊条的焊缝→移动到 "选定" 列表中→单击【关闭】。

同理操作，单击图标 🖾，可从某一焊缝中移除已经指定的焊条。

（5）要指定某焊条作为设计中所有新焊缝的缺省焊条，可在【焊条列表】中选取焊条名称，然后单击 ➡。

- 注意：要在其他组件中重新使用某种焊条，可将该焊条参数存储到文件中。从焊条列表选取焊条，然后单击【文件】菜单→【保存】或【另存为】。系统以扩展名 .rod 存储该文件。

要检索焊接组件的 ROD 文件，在【焊条】对话框中，单击【文件】→【打开】→选取所需的 ROD 文件（.rod）→单击【打开】。

（6）要检索文件中存储的现有焊条，单击【文件】→【打开】，从【打开】对话框中选取合适的 ROD 文件，然后单击【打开】。

（7）要获取 "焊条" 在何处使用的信息，就从【焊条列表】中选取相应 "焊条"，并单击→【使用场所】。【信息窗口】将会打开，从中可以看到焊条在哪些焊缝中使用的信息。

13.2　更换焊缝所用焊条

要更换焊缝所用的焊条，可打开【焊条】对话框，运用命令图标 🖾来实现。除此之外，编辑方法有两种：

（1）采用快捷菜单命令。在模型上，右键单击某焊缝标记→从快捷菜单上单击【改变杆】，如图 13-3 所示→从出现的如图 13-4 所示的【焊条选取】对话框中选择一指定的新焊条名→单击【焊条选取】对话框中【确定】按钮，便更改了该焊缝所用的焊条。

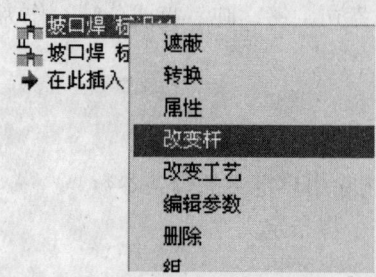

图 13-3　焊缝编辑的快捷菜单命令

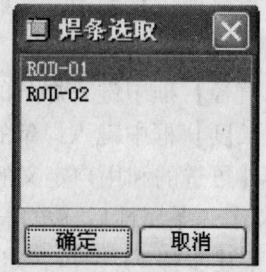

图 13-4　【焊条选取】对话框

（2）采用编辑菜单命令。选中焊缝→单击【编辑】菜单→【改变杆】，如图 13-5 所示→从如图 13-4 所示的【焊条选取】对话框中更换焊条。

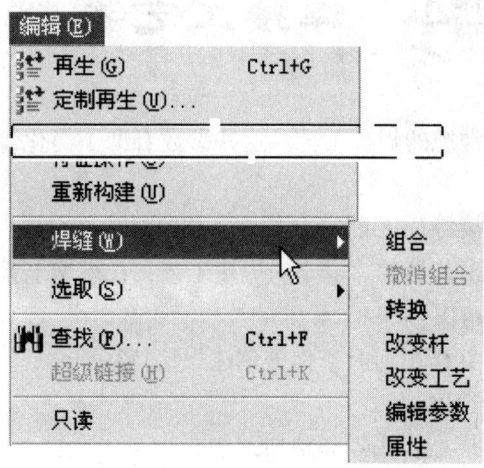

图 13-5 【焊缝】编辑菜单命令

13-1 思考下列问题：
　　（1）焊条的剖面为什么形状？它具有哪些预定义的属性？
　　（2）实例操作中，"焊条"与"焊缝"的定义顺序是否有先后？
　　（3）定义焊条的属性都有哪些？
13-2 接续题 12-2 的焊接设计，将所有焊缝的焊条定义为：J421，直径 3.2mm。
13-3 接续题 12-3 的焊接设计，将所有焊缝的焊条定义为：J427，直径 4mm。

14　焊接工艺参数

　　焊接工艺参数提供了常规的焊接工艺。这些参数有助于简化焊接设计、保证设计的一致性并能节省时间。

　　通常可在创建任何焊接特征之前定义焊接工艺参数。而且，在设计中也可以随时定制、指定或取消指定焊接工艺参数。定制的焊接工艺，在模型上是以 ▮ 为标记显示的。

　　使用焊接工艺参数，可以：

　　（1）指定加工类型，并指出何时、何处创建焊接特征。

　　（2）指定特定的进给速度。

　　（3）选取焊接处理、成型、底焊和精加工。

　　（4）应用公司或行业规范。

　　（5）建立可接受的焊条和钝边间隙长度。

　　通过指定可选的和用户定义的参数可进一步定制焊接工艺。

　　在焊接组件中，每个焊接工艺均由其名称和参数定义。工艺参数与模型一起存储。通过将工艺参数存储到工作目录下的 WPR 文件中，可以在任一焊接组件中使用及重新使用焊接工艺。

14.1　焊接工艺参数的定义和修改

　　使用【焊接工艺】对话框可以定义或修改焊接工艺参数。

　　如图 13-1 所示，单击【工具】菜单→【焊缝】→【工艺】，打开如图 14-1 所示的【焊接工艺】对话框。

　　（1）要定义新的焊接工艺，可单击 ✚ →在【工艺参数】下定制焊接工艺的属性。

　　1）在【加工类型】列表中选取加工类型。

　　①手工：表示手工进行焊接。

　　②自动：表示自动执行焊接。

　　2）从【处理】列表中选取适当的焊缝热处理（【无】、【低氢】、【预热】或【焊后加热】）。

　　3）指定焊条进给速度。在【进给速度】框中，键入具体值（单位为 mm/h）。

　　4）指定公司或行业规格号。在【规格】框中，键入规格号（参见附录 2）。

　　5）设置焊条的最大允许长度。在【最大允许长度】框中，键入具体值。

　　6）设置焊条的最小允许长度。在【最小允许长度】框中，键入具体值。

　　7）设置最大钝边间隙。在【最大钝边间隙】框中，键入具体值。

　　8）设置最小钝边间隙。在【最小钝边间隙】框中，键入具体值。

　　9）从【精加工】列表中，选取精加工类型（【凿】、【敲】、【磨】、【加工】、【轧】或【未指定】）。

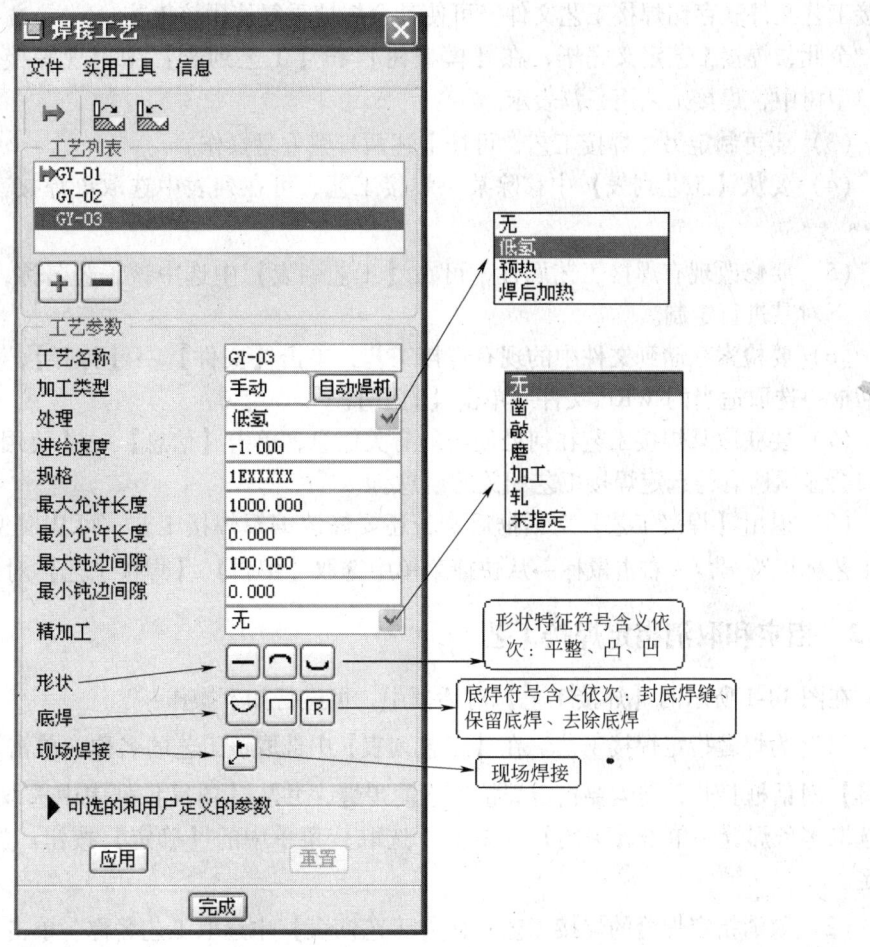

图 14-1　【焊接工艺】对话框

10）从【形状】选项中，选取焊缝曲面轮廓形状：▬为平整轮廓；⌒为凸形轮廓；⌣为凹形轮廓。

11）从【底焊】选项中，选取以下一种底焊：

①▽封底焊缝：切换工艺参数【封底焊精加工】和【背面焊缝形状】的显示。

②□保留底焊。

③Ⓡ移除底焊。

12）封底焊精加工：底焊的精加工。此参数只有在选中 ▽时才可用。选中⌒后，可选取以下封底焊精加工类型中的一种——【铲】、【敲打】、【磨削】、【机加工】、【辊轧】或【未指定】。

13）背面焊缝形状：单击▬或⌒。此参数只有在选中 ▽时才可用。

14）现场焊接：指示进行现场焊接，而不在组件初始组装过程中焊接。在【现场焊接】旁，单击 ⌐将焊接工艺指定为现场焊接。

15）单击【可选的和用户定义的参数】选项卡，添加或删除用户定义的焊接参数。

（2）单击【应用】→【文件】→【保存】或【另存为】。系统以扩展名 .WPR 存储焊接工艺文件。存储焊接工艺文件，可使其余焊缝重复使用该工艺。

至此，焊接工艺定义完毕，在【模型树】和【工艺列表】中出现焊接工艺的名称。在模型树中，焊接工艺用┊┊Ｆ表示。

（3）要再制定另一焊接工艺，可按上述两步骤重复操作。

（4）要从【工艺列表】中移除某一焊接工艺，可在列表中选取该焊接工艺，然后单击━。

（5）要修改现有焊接工艺属性，可在【工艺列表】中选中该工艺名称，在【工艺参数】下对其进行定制。

（6）要检索存储到文件中的现有焊接工艺，单击【文件】→【打开】，出现【打开】对话框→选取适当的 WRP 文件→单击【打开】。

（7）要获取某焊接工艺在何处使用的有关信息，单击【信息】→【使用场所】，信息窗口会显示所有与选定焊接工艺相关的信息。

（8）退出【焊接工艺】对话框后，若还要修改编辑焊接工艺，可从模型树中选取相应工艺标识符┊┊Ｆ→右击鼠标→从快捷菜单中选取【编辑】。【焊接工艺】对话框打开。

14.2　指定和取消指定焊接工艺

在图 14-1 所示的【焊接工艺】对话框中，可进行如下操作：

（1）为焊缝指定焊接工艺。在【工艺列表】中选取该工艺的名称→单击▨→【搜索工具】对话框打开，搜索要指定焊接工艺的焊缝，并从【项目】列表中选取适当的焊缝，可选取多条焊缝→单击【关闭】→单击【选取】菜单中的【确定】按钮。焊接工艺即被指定。

（2）取消指定焊缝的焊接工艺。在【工艺列表】中选取工艺名称→单击▨→【搜索工具】对话框打开，搜索要取消指定的焊接工艺的焊缝特征，并从【项目】列表中选取适当的焊缝，可选取多条焊缝→单击【关闭】→单击【选取】菜单中的【确定】按钮。焊接工艺即被取消指定。

（3）将某焊接工艺指定为设计中所有新焊缝的缺省焊接工艺。在【工艺列表】中选取该工艺的名称，然后单击▶。

（4）要在另一组件中重新使用已保存的某焊接工艺，就要为该焊接组件检索已保存的 WRP 文件。在【焊接工艺】对话框中单击【文件】→【打开】，选取所需的 WRP 文件→单击【打开】。

（5）退出【焊接工艺】对话框后，要改变焊缝的焊接工艺，可从图 13-3 所示的快捷菜单中选择【改变工艺】命令，或从图 13-5 所示的【编辑】菜单中选择【改变工艺】命令，来更换选中焊缝的焊接工艺。

习　　题

14-1　思考下列问题：

　　（1）焊接工艺参数的作用是什么？

　　（2）焊接工艺参数定义的选项有哪些？

14-2　接续题 12-2 的焊接设计，将所有焊缝的焊接工艺定义为：手动电弧焊，焊接进给速度 2000mm/h，所有焊缝表面平整，采取现场焊接。

14-3　接续题 12-3 的焊接设计，将所有焊缝的焊接工艺定义为：手动电弧焊，焊接进给速度 1500mm/h，所有焊缝表面外凸。

15　焊　缝　参　数

在 Pro/E 中进行焊接设计时，焊缝参数可自动完成例行操作任务，从而有助于简化焊接设计。可预定义某些通用特征几何以确保设计能取得一致性并节省时间。

焊缝参数大致可分为以下几类：

（1）一般：使用户能够在组件中预定义几何和建立一般焊接特征处理方法，如附表 6-4 所示。

（2）报告：使用户能够预定义和建立焊接报告的焊接数据特性，如附表 6-5 和附表 6-6 所示。

（3）焊条：使用户能够在焊接组件中创建和控制焊条的特性。如附表 6-3 所示。

通过创建可选的和用户定义的参数，以及扩展以上类别中所包含的参数，可进一步定制焊接组件。

作为定义焊缝参数的方法之一，焊接测量参数是基于模型测量的通用的用户定义参数。首先创建参数名并为其指定测量值，然后定义要求测量的项目。或者，先定义测量，然后再创建参数。这种测量参数可在以下情况使用：

（1）创建焊缝：在元素树中使用测量选项，然后创建参数。还可在创建焊缝前，用值"measure"定义参数。

（2）重定义焊缝；通过添加带有"measure"值的参数修改焊缝参数。也可在元素树中设置参数值，然后创建参数。

15.1　焊缝参数的定义和修改

要在焊接工程图或工艺文件中，显示出所需要的相关数据，就必须对每一条焊缝都指定与显示数据有关的焊缝参数。焊缝参数可以随时定义，也可以事先定义好，保存为 .wpr 文件，使用时导入。

15.1.1　新定义焊缝参数

（1）单击如图 13-1 所示【工具】菜单上的【焊缝】→【参数】。出现如图 15-1 所示【焊缝参数】对话框。有关一般焊缝参数取值及其含义，参阅附录 6 中的附表 6-4。

（2）单击【焊缝参数】对话框中【操作】下拉菜单→【添加参数】（或单击对话框下方的 ✚ ）→在参数框中键入一个用户定义的参数或从列表中选取一个参数。

（3）在【值】框中，键入一个值或从列表中选取一个值。

（4）要删除某个参数，就选取该参数→单击 ▬ 。

（5）要保存定义的参数，在【焊缝参数】对话框中【文件】菜单→【保存】。软件会提示用户输入文件名→单击【确定】，将焊缝参数保存为的扩展名为 .WPR 文件。

（6）单击【焊缝参数】对话框中的【确定】，关闭焊接对数定义。

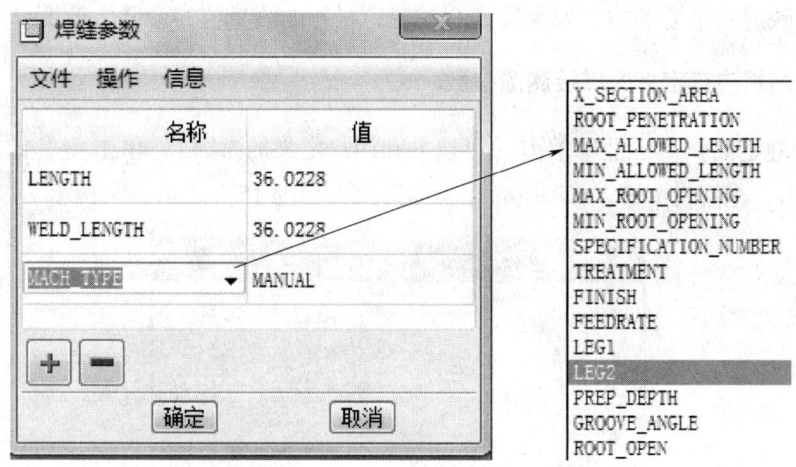

图 15-1　【焊缝参数】对话框

15.1.2　为设计指定焊缝参数

焊接设计过程中，随时可以检索参数文件给某一焊缝指定焊缝参数，可在任何焊接组件中使用和重新使用焊缝参数。

（1）打开【焊缝参数】对话框。单击【工具】→【焊接】→【参数】，出现【焊缝参数】对话框→单击【文件】菜单→【打开】→在打开窗口查找焊缝参数文件→单击【打开】→如果参数已存在，则会提示是否要将其覆盖→单击【是】→焊缝参数文件即被检索并应用指定到设计上，覆盖原有焊缝参数。

（2）在【焊缝参数】对话框中添加焊缝参数。单击【焊缝参数】对话框下端图标按钮 ✛ →出现参数选项列表，打开列表，就可以选取所需要的焊缝参数，并可修改参数值。

15.1.3　修改焊缝参数

修改焊缝参数时可用多种方式打开【焊缝参数】编辑窗口。

（1）方式一：要编辑修改所有焊缝的焊缝参数，可单击【工具】→【焊接】→【参数】，出现【焊缝参数】对话框，此时可以修改所有焊缝的参数。

（2）方式二：要修改具体某一个焊缝的焊缝参数，可先选中要编辑的焊缝特征→参照图 13-3 或图 13-5 所示，选择菜单命令【编辑参数】，打开【焊缝参数】对话框后，修改某一焊缝的具体参数。

- 注意：只有在【焊缝定义】对话框中最后一次修改设置的参数才能从【工具】→【焊缝】→【焊缝参数】对话框中看到。例如：多个角焊缝，但焊脚长度不同，只有最后一次操作的那个角度焊缝的焊脚参数值能通过【工具】→【焊缝】→【焊缝参数】对话框看到，其余焊缝参数只有逐个打开【焊缝参数】对话框才能看到。

15.2　焊接测量参数

量度是一种特定的用户定义焊缝参数，总是需要为其指定测量值，并必须定义模型中的哪些测量映射到量度参数。如果模型有改变，报告的测量值亦会随之改变。

15.2.1　添加用户自定义的焊接测量参数

在【焊缝定义】对话框中单击【可选的和用户定义的参数】，单击➕，添加用户定义的参数 A、B，在值栏中输入 measure 作为参数值，如图 15-2 所示。

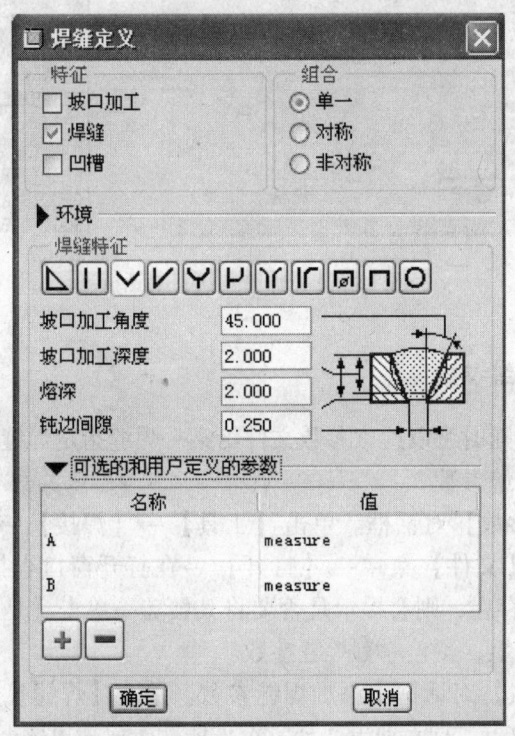

图 15-2　定义焊缝测量参数

也可以在焊缝定义后，从模型树中选取某一焊缝，打开【焊缝参数】对话框，单击➕，添加用户定义的参数 A、B，在值栏中输入 measure 作为参数值，如图 15-3 所示。

下面举例说明，添加用户定义的参数，以度量焊缝横截面面积。

例 15-1　在创建焊缝的过程中，添加用户定义的参数。

（1）打开装配文件 DJHF-01.ASM，如图 15-4 所示，组件上已经加工好 V 形坡口。

（2）进入焊接模块。

（3）定义焊缝，并添加用户定义的变量。

1）单击图标 ，打开【焊缝定义】对话框。

2）定义：V 形坡口焊缝，等长焊脚 L1 = 6。

3）添加用户定义的参数：单击➕，输入参数名称为 A，在值栏中输入 measure 作为参数值；再次单击➕，输入参数名称为 B，在值栏中输入 measure 作为参数值。如图 15-2 所示。

4）单击【确定】，同时出现如图 15-5 所示的【坡口焊】对话框和【参照选项】菜单及【选取】菜单。

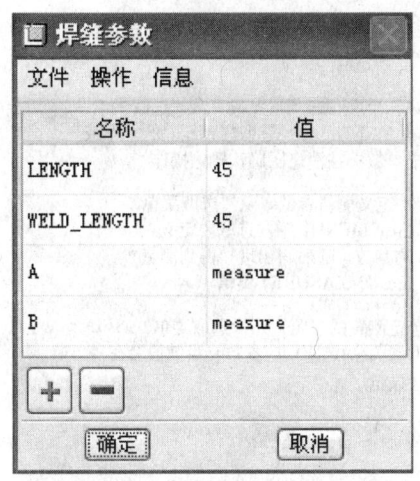

图 15-3　【焊缝参数】对话框

图 15-4　组件 V 形坡口

图 15-5　坡口焊操作对话框及菜单

（4）选取 V 形坡口右边线→【完成】→选取 V 形坡口左边线→【完成】→【正向】，出现【量度参数】菜单，如图 15-6 所示。

（5）量度：选择【A】→出现如图 15-7 所示的【得到测量】菜单，从中选择【边/曲线长度】→系统提示"选取一条要量度的曲线或边"，同时，菜单变为【量度参数】→按图 15-8 所示，选取 V 形坡口右侧斜边→选择【B】→选择【边/曲线长度】→按图 15-8 所示，选取 V 形坡口右侧斜边→【完成】→【确定】，完成操作。

例 15-2　在创建焊缝后，用方式一添加用户自定义的参数。

（1）打开 V 形坡口焊文件 DJHF-01. ASM，如图 15-9 所示。

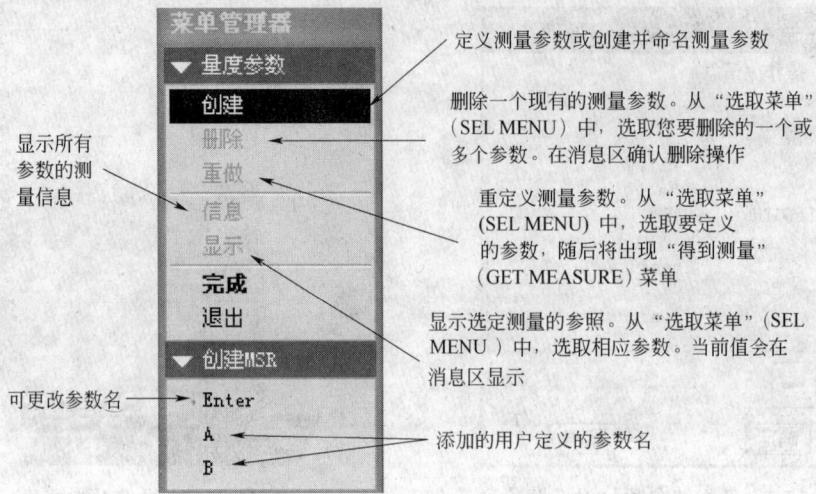

图 15-6　【量度参数】菜单

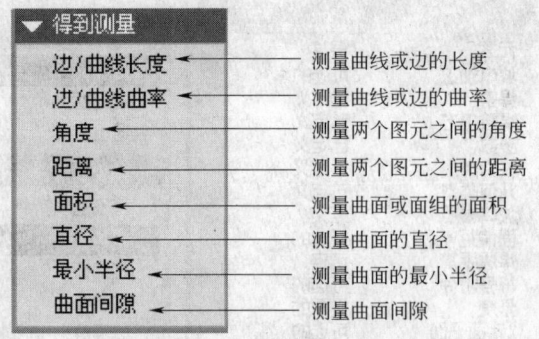

图 15-7　【得到测量】菜单

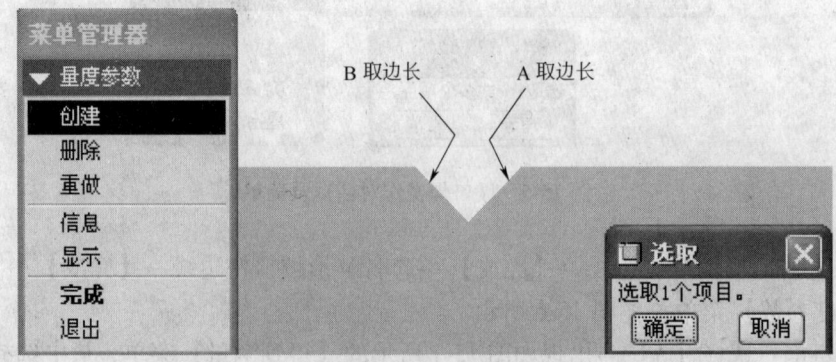

图 15-8　选取测量边长

（2）打开【编辑焊缝】对话框。在模型树中选"　　坡口焊 标识44"→单击右键→从出现的如图 15-10 所示的快捷菜单中选择【编辑参数】→出现【焊缝参数】对话框。

（3）添加用户自定义的参数。单击　，输入参数名称为 A，在值栏中输入 measure 作

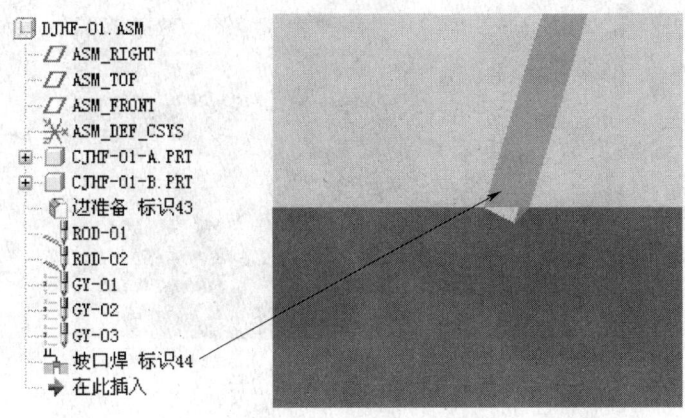

图 15-9   V 形坡口焊接

为参数值；再次单击➕，输入参数名称为 B，在值栏中输入 measure 作为参数值，如图
15-11 所示。

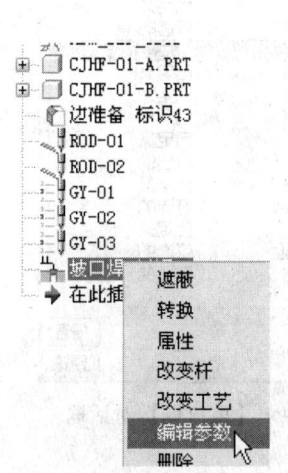

图 15-10   快捷菜单

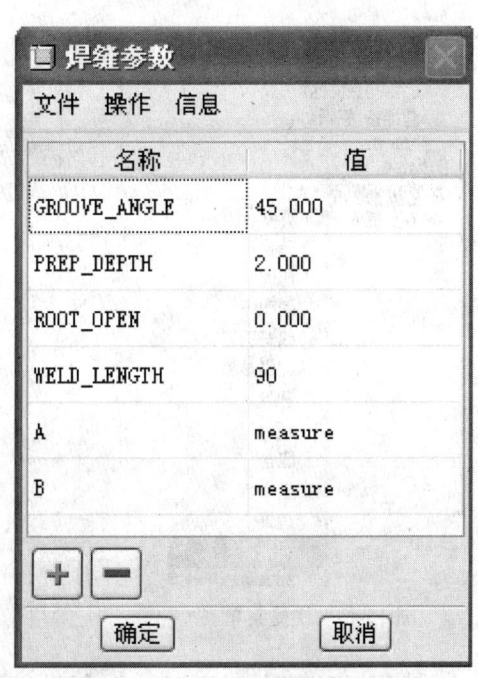

图 15-11   【焊缝参数】对话框

（4）量度。单击【焊缝参数】对话框中的【确定】，出现如图 15-6 所示的【量度参
数】菜单，选择【A】→出现如图 15-7 所示的【得到测量】菜单，从中选择【边/曲线长
度】→系统提示"选取一条要量度的曲线或边"，同时，菜单变为【量度参数】→按图
15-12 所示，选取 V 形坡口右侧斜边→选择【A】→选择【边/曲线长度】→按图 15-12 所
示，选取 V 形坡口右侧斜边→【完成】→【确定】，完成操作。

 ● 注意：上述实例的步骤（2），也可按图 13-5 所示操作。

例 15-3   在创建焊缝后，用方式二添加用户自定义的参数。

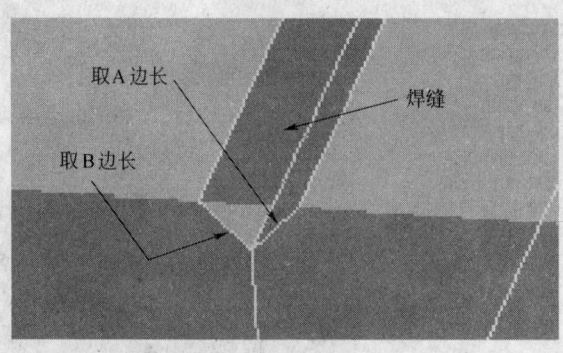

图 15-12　选取测量边长

（1）打开 V 形坡口焊文件 DJHF-01. ASM，如图 15-9 所示。

（2）打开【坡口焊】对话框。在模型树中选 "🔧 坡口焊 标识44" →单击右键→从出现的如图 15-13 所示的快捷菜单中选择【编辑定义】→出现【坡口焊】对话框，如图 15-14 所示。

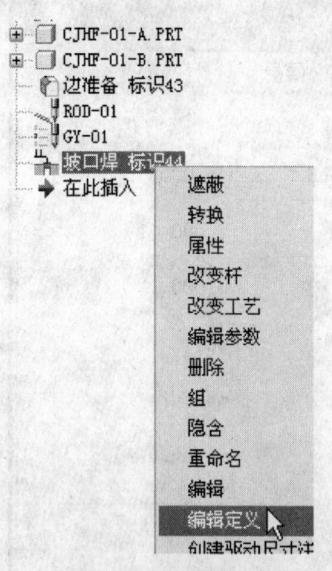

图 15-13　快捷菜单

图 15-14　【坡口焊】对话框

（3）打开【编辑焊缝】对话框。在【坡口焊】对话框中选择【参数】，单击【定义】图标→出现【焊缝参数】对话框。

（4）添加用户自定义的参数。单击➕，输入参数名称为 A，在值栏中输入 measure 作为参数值；再次单击➕，输入参数名称为 B，在值栏中输入 measure 作为参数值，如图 15-11 所示。

（5）量度。参照例 15-2 的步骤（4）可完成量度参数的选取。但本例采用另一选取方法：

单击【焊缝参数】对话框中的【确定】，出现如图 15-6 所示的【量度参数】菜单，选择【A】→出现如图 15-7 所示的【得到测量】菜单，从中选择【距离】→系统提示

"选取一顶点"，同时，菜单变为图 15-15 所示
→选取 V 形坡口最低点→选取 V 形坡口右边最
高点选择→选择【B】→选择【距离】→选取
V 形坡口最低点→选取 V 形坡口左边最高点选
择→【完成】→【确定】，完成操作。

15.2.2　编辑测量参数

添加了所需的测量参数后，如果想删除它
或要获取它的当前值，可通过【量度参数】菜
单来实现。

选取一道焊缝→右键单击并选择【编辑定
义】，在【焊缝类型】对话框中选取【量度】
→【定义】，出现如图 15-8 所示的【量度参数】
菜单。根据操作要求，从【量度参数】菜单中
选择相应的命令并按照提示完成编辑测量参数
的任务，最后单击【完成】。

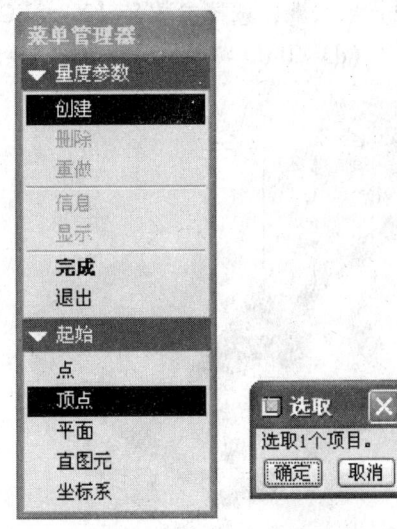

图 15-15　【量度参数】菜单的【起始】选项

- 注意：如果在此之前尚未定义测量参数，则【量度参数】菜单中只有【创建】命
令可用。此时，通过【创建】命令，可添加用户自定义的参数。

15.3　使用关系控制焊缝剖面

要计算出焊缝横截面面积，就需使用 X_ SECTION_ AREA（焊缝剖面面积）参数，
并输入平面面积计算关系式。

可指定一种关系，使系统随焊缝几何的改变自动重新计算 X_ SECTION_ AREA
参数。在为 X_ SECTION_ AREA 参数指定的关系中，可使用两种参数：一种是以符
号形式（如 d32）表示的模型尺寸或现有焊缝的有关尺寸（如焊脚尺寸）；另一种是
测量参数。

下面用实例说明，如何运用 X_ SECTION_ AREA 参数及关系，计算焊缝横截面面积。

例 15-4　查找焊接组件的相关结构特征尺寸符号，添加控制关系，计算并控制焊缝剖
面面积，再查看关系及焊缝剖面面积值的信息。

（1）打开焊缝组件文件 ZHIJIA. ASM。

（2）查看相关零件结构尺寸及其符号。

1）选择底板→单击右键→选择【激活】。

2）选择底板→单击右键→选择【编辑】，底板的尺寸显示出来。

3）单击【信息】菜单→【 切换尺寸(W) 】，底板的长度尺寸变换为尺寸代号 d3：0。
同理，可查出加强筋的尺寸代号 d0：6，如图 15-16 所示。

（3）使用关系控制焊缝剖面面积。

1）选取图 15-16 所示的焊缝，单击右键→选取【编辑参数】，出现此焊缝的【焊缝参
数】对话框。

2）单击 **+**，选择参数名【X_ SECTION_ AREA】→在值栏中输入控制焊缝剖面的关系式"（d3：0-d0：6）/2"，如图 15-17 所示→单击【确定】。

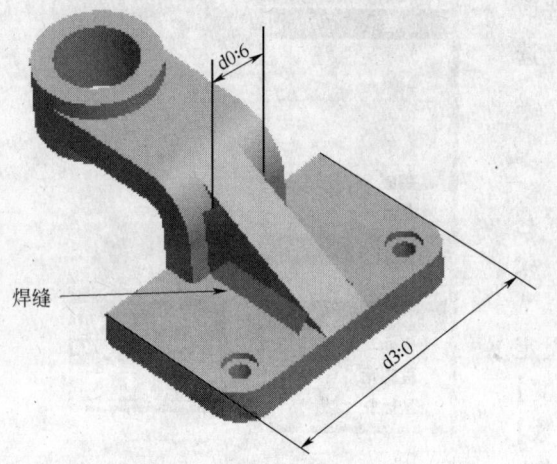

焊缝

图 15-16　底座元件尺寸代号

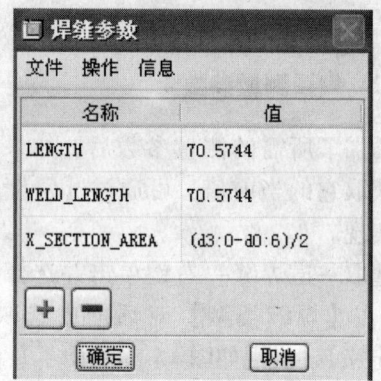

图 15-17　【焊缝参数】对话框

（4）查看相关信息。在模型树选中上述焊缝，单击右键→从快捷菜单中单击【信息】→【特征】命令，出现如图 15-18 所示的关系表。表中显示了控制焊缝剖面的关系及其特征关系、剖面面积值。

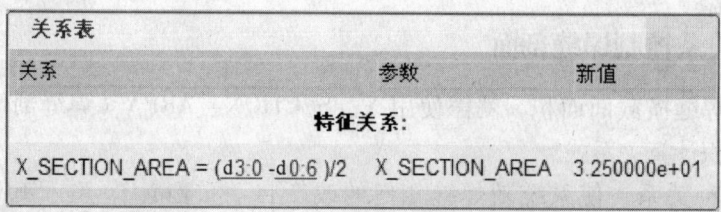

图 15-18　显示指定的焊缝特征关系信息

例 15-5　查找焊缝焊脚长的尺寸符号，添加控制关系，计算并控制焊缝剖面面积，再查看关系及焊缝剖面面积值的信息。

（1）打开焊缝组件文件 ZHIJIA. ASM。

（2）查看焊缝尺寸及其符号。选择要查看的焊缝→单击右键→选择【信息】→【特征】，出现如图 15-19 所示的焊脚特征尺寸及其符号信息。

（3）使用关系控制焊缝剖面面积。

1）再选取此焊缝，单击右键→选取【编辑参数】，出现此焊缝的【焊缝参数】对话框。

2）单击 **+**，选择参数名【X_ SECTION_ AREA】→在值栏中输入控制焊缝剖面的关系式"（d9^2）/2"，如图 15-20 所示→单击【确定】。

（4）查看相关信息。在模型树选中上述焊缝，单击右键→从快捷菜单中单击【信息】→【特征】命令，出现如图 15-21 所示的关系表。表中显示了控制焊缝剖面的关系及其特征关系、剖面面积值。

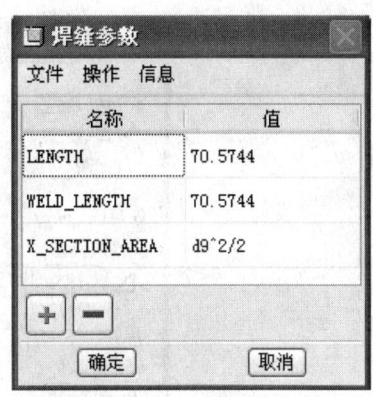

图 15-20　【焊缝参数】对话框

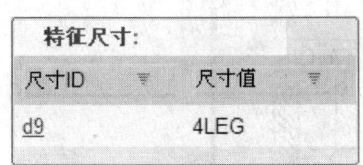

图 15-19　焊缝特征尺寸信息

例 15-6　使用 CALC_ X_ SECTION_ AREA 参数控制焊缝剖面面积。

关系表		
关系	参数	新值
特征关系：		
X_SECTION_AREA = D9 ^2/2	X_SECTION_AREA	8.000000e+00

图 15-21　显示指定的焊缝特征关系信息

　　本例介绍在定义焊缝时，在【焊缝定义】对话框中定义"剖面"平面。这会创建一个参数 CALC_ X_ SECTION_ AREA（是一个自动创建焊缝剖面面积计算公式的参数）。

　　创建关系 X_ SECTION_ AREA = CALC_ X_ SECTION_ AREA。系统求解此关系时，会给出剖面面积的更新值。

　　（1）打开焊缝组件文件 X_ SECTION_ AREA-03. ASM，如图 15-22 所示。

　　（2）进入焊接模块。

　　（3）定义焊缝。

　　1）单击焊接图标 🔧。

　　2）按图 15-23 所示，在【焊缝定义】对话框中设置等长角焊缝→单击【可选的和用户定义的参数】→单击 ➕（添加参数）→单击下拉列表框，选取参数 X_ SECTION_ AREA→在【值】栏中输入 1（保证值大于 0 就可以）→单击【确定】。

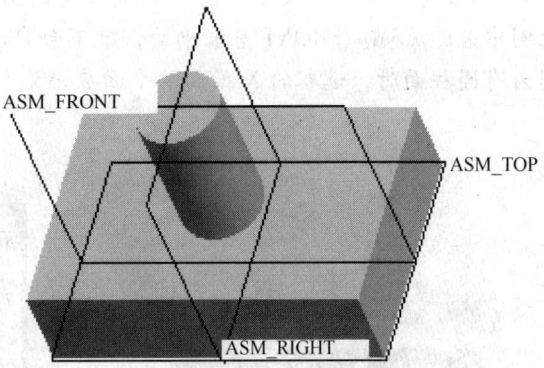

图 15-22　焊接件

　　● 注意：设置 X_ SECTION_ AREA 的参数是必需的步骤，具体数值是临时过渡值，只要大于零就可以了。

　　3）完成如图 15-24 所示的角焊缝。

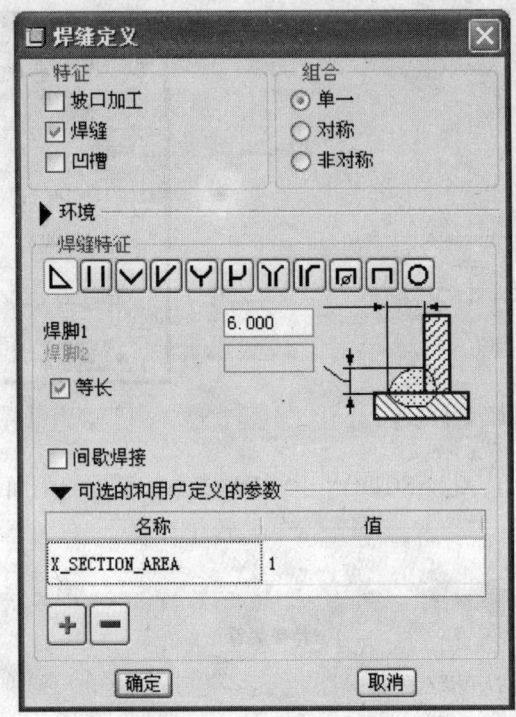

图 15-23　【焊缝定义】对话框

（4）给参数 X_ SECTION_ AREA 创建关系。

1）在【角焊】对话框中定义【X 截面平面】。

2）选取 X 截面的平面。依据"为计算剖截面面积创建或选取平面"的提示，在模型区选取 ASM_ RIGHT 基准平面，此时出现【确认】对话框，如图 15-25 所示。

● 注意：所选平面应符合"剖截面平面必须与焊接特征在其轨迹内相交"的条件。此例中若选 ASM_ FRONT 基准平面，就不会自动生成 CALC_ X_ SECTION_ AREA 参数，因为有圆柱面时，选取的 X 截面的平面应避免与圆柱的两个半圆柱曲面接缝重合。

图 15-24　角焊缝

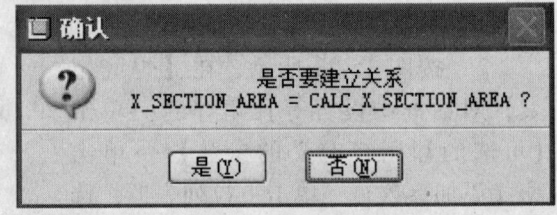

图 15-25　【确认】对话框

3）单击【是（Y）】→【确定】。

（5）查看焊缝剖面面积的计算关系。选取刚创建的角焊缝，右键单击，在弹出的快捷菜单中打开【焊缝参数】对话框，如图 15-26 所示。

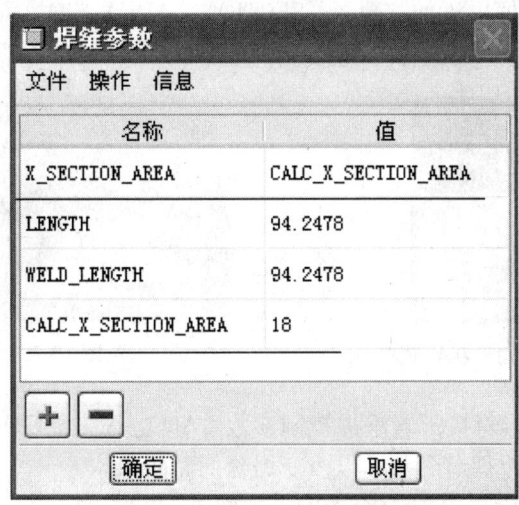

图 15-26 参数控制焊缝剖面面积

要修改焊缝控制参数以改变焊缝截面面积，必须选择具体焊缝特征之后。对于不同的焊缝，要根据焊缝特征，选取恰当的"元素"，修改焊缝截面参数。

例 15-7 对已有角焊缝焊脚由等边长改为不等边长，以改变焊缝剖面面积。

（1）打开有角焊缝的 ZHIJIA. ASM 文件，如图 15-27 所示。

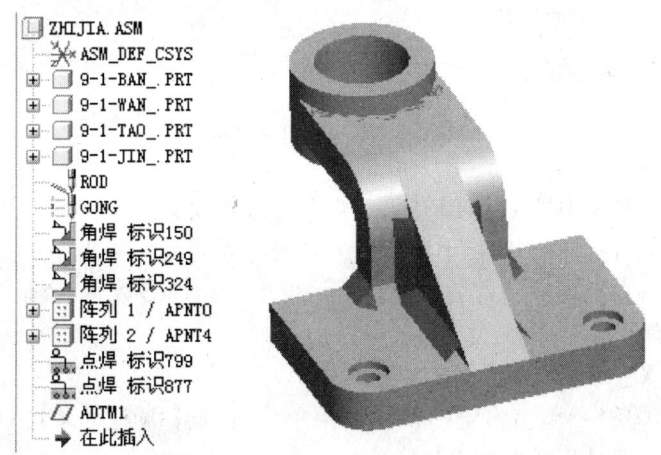

图 15-27 角焊缝

（2）修改角焊缝。选中角焊缝→单击右键→从快捷菜单中选取【编辑定义】→在出现的【角焊】对话框中，重定义"剖截面形状"，出现如图 15-28 所示的【剖截面形状】菜单→选择【 L1 x L2 】修改焊缝的焊脚长度参数，L1 = 3mm，L2 = 5mm。

（3）查看焊缝特征尺寸 ID。选取上述角焊缝→从快捷菜单中选【编辑】→显示出现两个焊脚尺寸→单击【信息】菜单 切换尺寸(W)→焊脚尺寸转变为尺寸 ID 代号，如图 15-29 所示焊脚尺寸。

（4）添加焊缝截面面积计算公式。选取上述角焊缝→从快捷菜单中选【焊缝参数】

→在【焊缝参数】对话框中添加参数 X_ SECTION_ AREA→输入面积计算公式 D58：3 *
D59：3/2→单击【确定】，完成操作（得：焊缝截面面积 3 * 5/2＝7.5mm）。

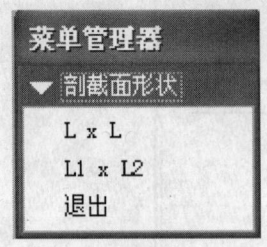

图 15-28　【剖截面形状】菜单

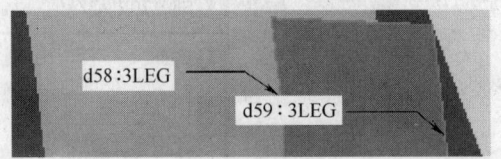

图 15-29　焊脚尺寸 ID

例 15-8　对已有 I 形对接焊缝添加控制参数 CALC_ X_ SECTION_ AREA，以控制焊
缝剖面面积，之后再修改焊缝参数，以改变焊缝剖面面积。

（1）打开对接焊缝文件 DJHF-06. ASM，如图 15-30 所示。

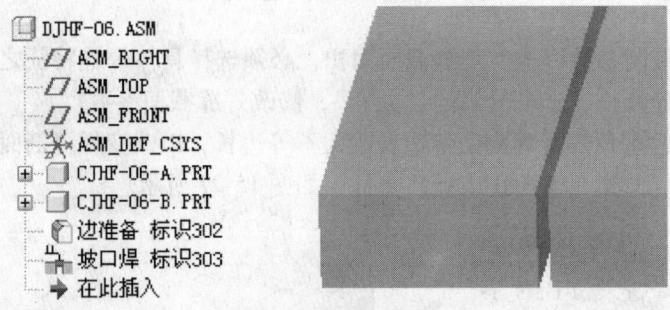

图 15-30　I 形对接焊缝

（2）创建基准平面 DTM1，与 I 形坡口焊缝垂直相交。

（3）添加参数 X_ SECTION_ AREA。选取坡口焊接缝→单击右键→从快捷菜单中选
取【焊缝参数】→在出现的【焊缝参数】对话框中，添加参数 X_ SECTION_ AREA→输
入初始值 1→【确定】。

（4）给参数 X_ SECTION_ AREA 创建关系。

1）选取坡口焊缝→单击右键→从快捷菜单中选取【编辑定义】→在打开的【坡口
焊】对话框中重定义【X 截面平面】。

2）选取 X 截面的平面。依据"为计算剖截面面积创建或选取平面"的提示，在模型
区选取基准平面 DTM1→【确定】。

（5）查看信息。在模型树选中上述焊缝，单击右键→从快捷菜单中单击【信息】→
【特征】命令，出现如图 15-31 所示的界面，显示控制焊缝剖面的关系及其特征关系、剖
面面积值。

（6）修改 I 形坡口焊缝。在模型树选中上述焊缝，单击右键→从快捷菜单中选取【编辑
定义】→在出现的【坡口焊】对话框中重定义"焊透距离"→修改熔深为 8mm→【确定】。

（7）再次查看信息。在模型树选中上述焊缝，单击右键→从快捷菜单中单击【信息】
→【特征】命令，出现如图 15-32 所示的界面，显示控制焊缝剖面的关系及其特征关系、

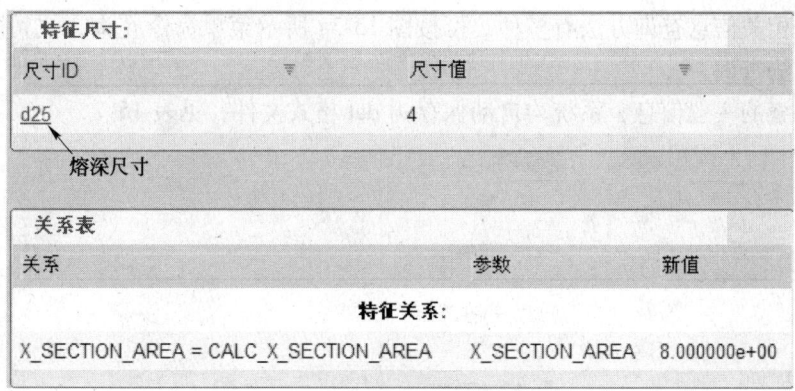

图 15-31 焊缝信息

剖面面积值。

● 注意:

（1）打开该焊缝的【焊缝参数】对话框，也可看到相关信息，如图 15-33 所示。

（2）修改了坡口尺寸，也可以改变坡口焊缝截面面积。要修改坡口，在模型树中选取"边准备"编辑坡口宽度参数。

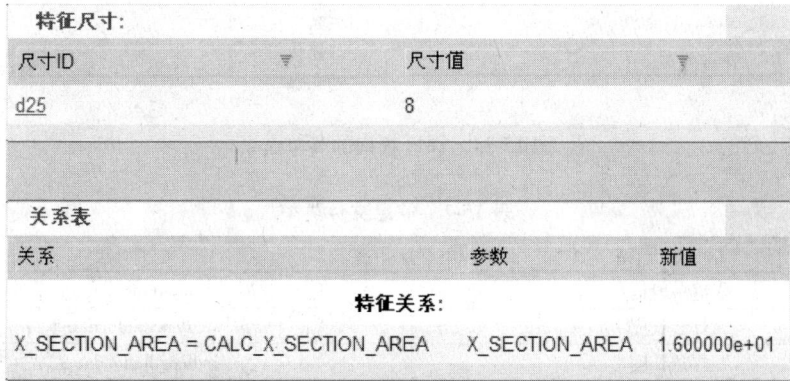

图 15-32 焊缝信息

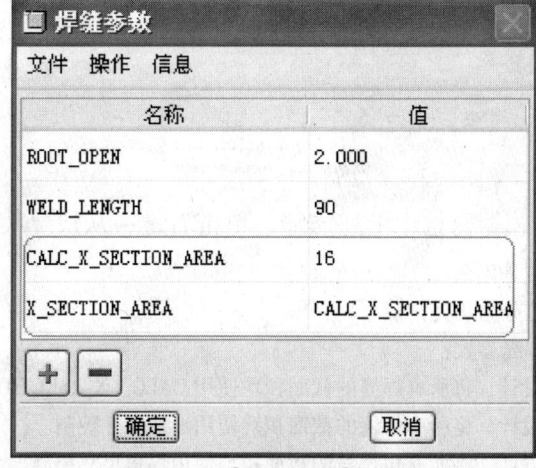

图 15-33 【焊缝参数】对话框

　　焊缝的相关信息查询方法有多种，可按图 15-34 所示菜单命令查询，也可如前面实例所介绍的方法查询。

　　有关焊缝的一般信息，系统均自动保存为 dat 格式文件，见表 15-1。

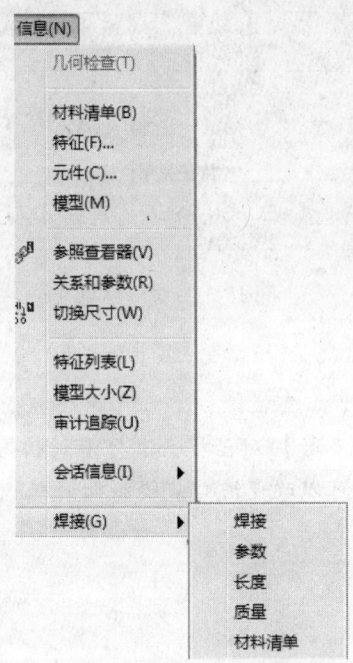

图 15-34　焊缝查询的菜单命令

表 15-1　信息文件类型

信 息 类 型	文 件 名
焊缝一般信息	weldinfo. dat
焊缝长度	weldlengthinfo. dat. #
焊条长度	rodlengthinfo. dat. #
焊缝质量	weldmassinfo. dat. #
焊条质量	rodmassinfo. dat. #
材料清单	weldbominfo. dat. #

习　　题

15-1　思考下列问题：
　　（1）焊缝参数的作用是什么？
　　（2）焊缝参数大致可分为几类？
　　（3）如何定义修改焊缝参数？
15-2　接续题 12-2 的焊接设计，将所有焊缝的截面积均使用 CALC_ X_ SECTION_ AREA 参数控制。
15-3　接续题 12-3 的焊接设计，将所有焊缝的截面积均使用坡口尺寸控制。
15-4　接续题 12-4 的焊接设计，将所有角焊缝的截面积均使用焊角尺寸控制。

16　生成焊接工程图

标准的 Pro/ENGINEER 焊接符号库提供了常用的 ANSI 和 ISO 标准焊接符号。库符号为缺省符号。可轻松定制和创建新的焊接符号以满足任何符号参照的需要。

Pro/ENGINEER 在绘图中放置焊接符号时，它仅识别存储在标准 Pro/ENGINEER 焊接符号库中的焊接符号名称。如果要创建一个新焊接符号，则必须用它来替代焊接符号库中的某个现有符号。通常，建议对现有焊接符号加以重定义。

定制焊接符号时，可执行以下任一或所有操作：

（1）添加任意多个可变文本的副本。

（2）改变可变文本的缺省值。

（3）添加和删除任意多个注释和图元，并将新建的注释和图元放置在任何组中（或根本不放在组中）。

（4）重定义现有注释和图元的修饰。

（5）移动"左引线"和"右引线"的原点位置，或添加其他引线类型。

（6）将参数添加到符号定义。

（7）通过改变配置文件的选项"weld_ symbol_ standard"的值，来确定是采用 ANSI 还是 ISO 焊缝符号标准标记焊接特征（参阅附表 6-2）。

在 ISO 中，支持以下焊缝符号：

1）无坡口 —— 角焊、塞焊、槽焊和点焊；

2）坡口 ——I 形坡口、斜坡口、V 形坡口、U 形坡口和 J 形坡口。

● 注意：对于斜坡口和 V 形坡口符号，焊接参数中，如果 root_ open（两个焊接元件间的钝边间隙的尺寸）的值大于零，则使用"尖"型符号；如果 prep_ depth（焊缝的坡口深度）小于材料厚度，则使用宽型符号；当 prep_ depth 的值大于材料厚度时，从模型中可以看出 V 形坡口形状变为 I 形了。

16.1　在绘图中显示现有焊缝的焊接符号

在绘图中显示现有焊缝的焊接符号的操作如下：

（1）在焊接绘图打开的状态下单击【视图】→【显示和拭除】。【显示和拭除】对话框打开。

（2）在【类型】下，单击 ⤴。

（3）在【显示方式】下，指定显示符号的位置。

1）【特征】：显示选定焊缝特征的符号。

2）【特征和视图】：在选定视图中显示选定焊缝的符号。

3）【零件】：在选定元件中显示所有符号。

4）【零件和视图】：在选定元件的选定视图中显示所有符号。

5）【视图】：在选定视图中显示所有符号。

6)【显示所有】：在绘图中显示所有符号。每个焊接符号只显示一次。

(4) 使用【选项】和【预览】选项卡，定义显示符号的时间和要显示的符号。设置完焊接符号显示标准后，焊接符号将出现在绘图中。

16.2　重定义焊接符号

● 注意：开始前，必须指明用户符号根目录，因为 Pro/ENGINEER 只允许将重定义的焊接符号保存在根目录或其子目录下，然后才可以通过系统符号库中的旧符号复制重定义的符号。

以下操作在焊接绘图打开的状态下进行。

要在绘图中放置现有符号调色板，可单击【插入】→【绘图符号】→【符号实例调色板】。【符号实例调色板】对话框打开。

(1) 从对话框中选取一个符号。

(2) 将该符号放置在绘图中。

(3) 必要时重复上述操作，然后单击【关闭】。

要创建或重定义现有焊缝符号，可单击【插入】→【绘图符号】→【定制】。【定制绘图符号】对话框打开。

(1) 定义或重定义该符号。

(2) 必要时重复上述操作，然后单击【确定】。

当重定义焊缝符号时，有下列限制：

(1) 存在于原定义中的所有组必须保留在新定义中。不能添加新组，或改变现有组的名称。

(2) 如果添加新的可变文本，或改变现有的部分可变文本的名称，那么新名称必须与原有的可变文本名称相同。

(3) 符号实例的高度类型必须与原始类型相同。

(4) 新焊缝符号中，必须存在"左引线"和"右引线"两种放置类型。

系统焊缝符号库位于"<安装目录>/symbols/library_ syms/weldsymlib"中。

要用一个重定义的符号替换一个标准符号，需进行如下操作：

(1) 将原始符号（系统提供的）从系统焊接库中移动到另一个目录，或对它重新命名。

(2) 将新的用户重定义的符号复制到系统焊接库中。

若仅在当前绘图中使用，则不必在磁盘中存储符号。但是，要想其他绘图或其他用户能够使用该符号，则必须将符号存储到磁盘中。保存操作需在焊接绘图打开的状态下进行：

(1) 单击【格式】→【符号库】。【符号库】菜单出现。

(2) 单击【写入】。出现【得到符号】菜单。

(3) 单击【名称】。【符号名称】菜单出现。

(4) 单击先前检索的符号的名称或单击 VIEW_ TEMPLATE_ SYMBOL，系统要求提供目录。

(5) 键入目标目录的名称（不同于该符号的根目录）并单击 ✔。焊接符号即可保存。

习　题

16-1　思考下列问题:

（1）标准的 Pro/ENGINEER 焊接符号库提供了哪些常用的标准焊接符号?

（2）定制焊接符号时，可执行哪些操作?

16-2　读懂图 16-1 所示料斗组件的焊接工程图，完成焊接工程图设计。料斗零部件尺寸参照附录 7 中的附图 7-24 所示。

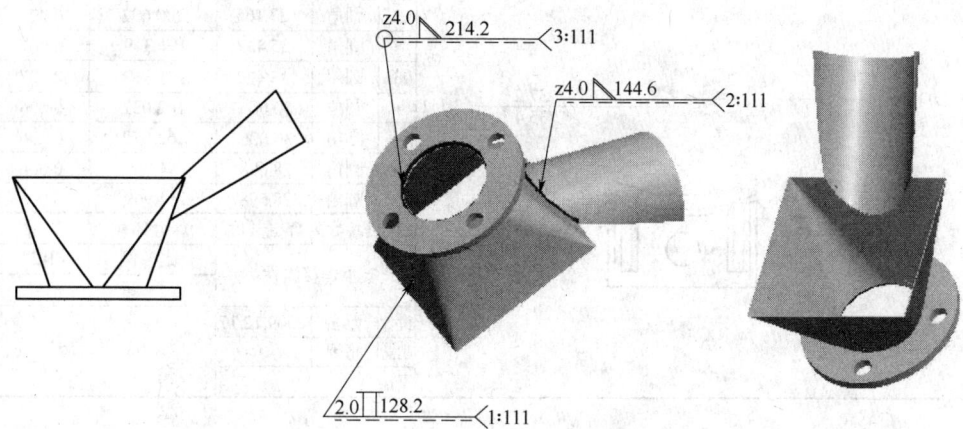

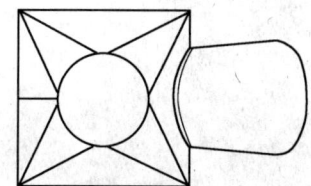

3	圆角	1803.909	ROD	0.157
2	圆角	734.827	ROD	0.072
1	凹槽	512.640	ROD	0.064
编号	焊缝类型	焊缝体积	焊条	耗时

图 16-1　料斗焊接工程图

16-3　读懂图 16-2 所示支承组件焊接工程图，完成焊接工程图设计。其中，支承组件中各零件的尺寸参照附录 7 中的附图 7-23 所示确定。

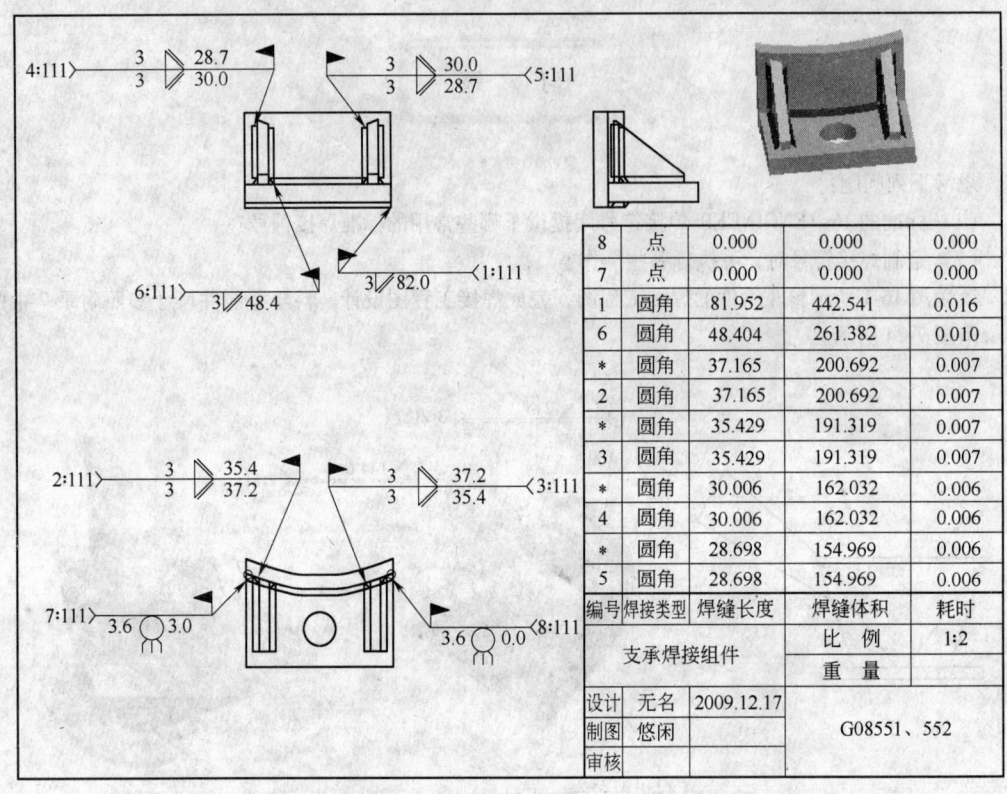

编号	焊接类型	焊缝长度	焊缝体积	耗时
8	点	0.000	0.000	0.000
7	点	0.000	0.000	0.000
1	圆角	81.952	442.541	0.016
6	圆角	48.404	261.382	0.010
*	圆角	37.165	200.692	0.007
2	圆角	37.165	200.692	0.007
*	圆角	35.429	191.319	0.007
3	圆角	35.429	191.319	0.007
*	圆角	30.006	162.032	0.006
4	圆角	30.006	162.032	0.006
*	圆角	28.698	154.969	0.006
5	圆角	28.698	154.969	0.006

支承焊接组件	比 例	1:2
	重 量	

设计	无名	2009.12.17	G08551、552
制图	悠闲		
审核			

图 16-2　支承组件焊接工程图

 **焊接设计综合实例**

本例采用弯曲支座装配模型进行焊接设计（按附录7中的附图7-10所示尺寸，创建装配文件 zhizuo. asm），所有元件的材料为铸铁。

（1）设置工作目录。

进入 Pro/E 系统，单击【文件】→【设置工作目录】→在【选取工作目录】对话框查找选取【焊接支座装配体】→单击【确定】，完成工作目录设置。

（2）进入装配文件。

单击菜单【文件】→【打开】→在【打开】对话框中选择文件名 zhizuo. asm→单击【打开】，如图 17-1（a）所示。

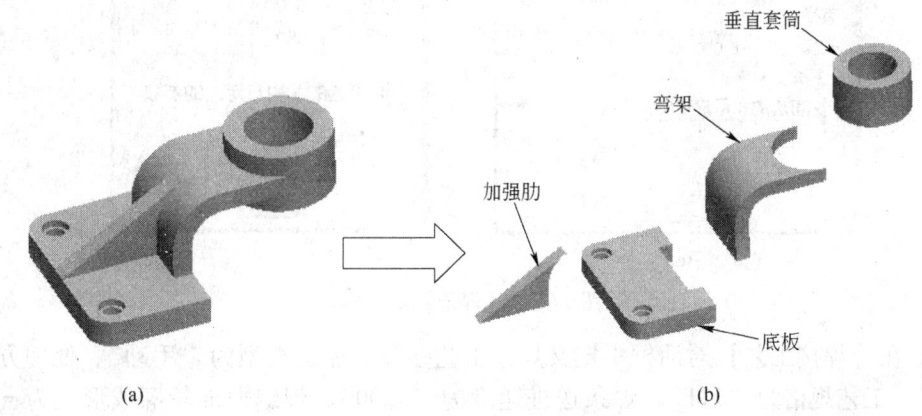

（a）　　　　　　　　　　　　　　　　　　（b）

图 17-1　弯曲支座装配

（a）装配图；（b）爆炸图

（3）进入焊接设计环境。

单击【应用程序】菜单→【焊接】。

（4）定义焊条参数。

1）单击【工具】菜单→【焊缝】→【焊条】。

2）在【焊条】对话框中定义和修改焊条。

①定义新焊条。单击✚→然后在【焊条参数】下输入焊条名称：ROD1，如图 17-2（a）所示→单击【完成】→出现【错误】对话框，提示"参数 DENSITY（密度）的值小于最小值 1e-09"，单击【确定】。

②完成其他参数定义。焊条材料为"铸铁焊条"、焊条规格号为"EZCQ"、密度为"0.0073"、直径为"5"、质量单位为"克"、长度为"450"。完成定义的焊条，如图 17-2（b）所示。

（5）定义焊接工艺。

1）单击菜单【工具】→【焊缝】→【工艺】。

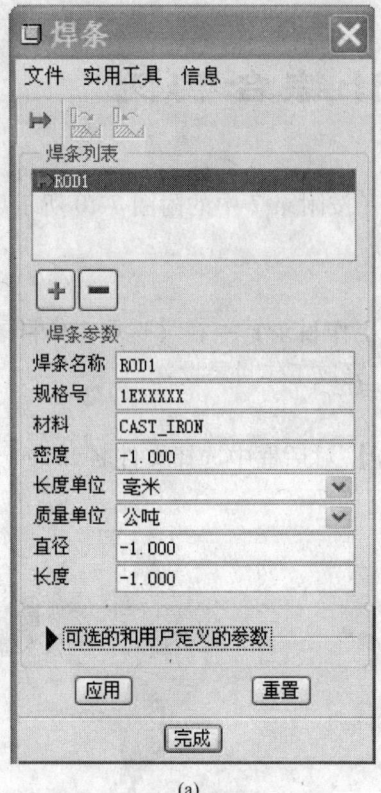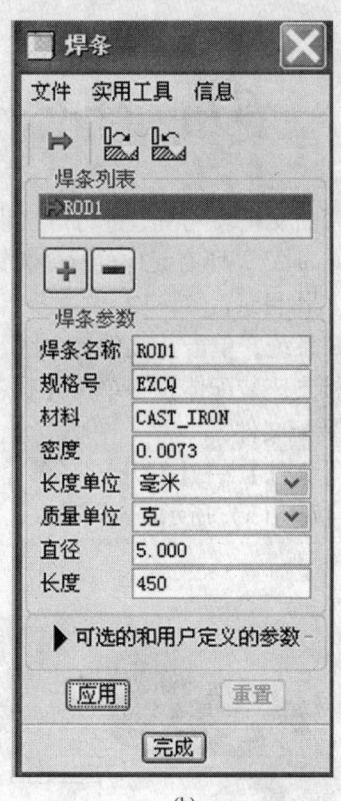

(a)　　　　　　　　　　(b)

图 17-2　【焊条】对话框

2）在【焊接工艺】对话框中定义焊接工艺参数。加工类型为"手动"、处理方式为"低氢"、工艺规格为"111"、焊条送进速度为"1200"、焊缝曲面轮廓或形状为▬（平整）、底焊选项为▢（保留底焊），其余采用默认参数，如图 17-3 所示。

3）单击【应用】→【实用工具】→【设为缺省值】。

4）单击【文件】→【保存】→【完成】，关闭【焊接工艺】对话框。

（6）定义焊缝参数。

● 注意：不同的焊缝形状，将有不同的焊缝参数，在此定义最常见的焊缝形式，在后面每个具体焊缝时将修改此焊缝参数。

1）单击菜单【工具】→【焊缝】→【参数】。

2）在【焊缝参数】对话框中单击➕按钮或选择菜单【添加】→【添加参数】→在【名称】列出现的下拉列表中，选择"ROOT_ OPEN"（两个焊接元件间的钝边间隙的尺寸）项，在右侧【值】栏中输入"2"。

用同样的方法，添加参数"LEG1"（角焊缝的第一焊脚的给定值），值"4"；"LEG2"（角焊缝的第二焊脚的给定值），值"4"，如图 17-4 所示。

3）选择【文件】→【保存】→【确定】，关闭【焊缝参数】对话框。

（7）焊接弯架与底座。

弯架插装在底座的侧开口槽中，弯架侧面与底座上表面垂直，采用角焊；底座底面与弯架底面、底座后面与弯架后面都保持平齐，采用坡口，弯架边线可作为焊缝参照焊。

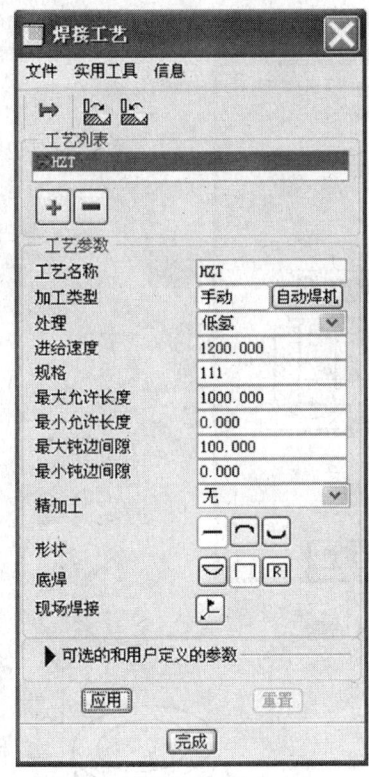

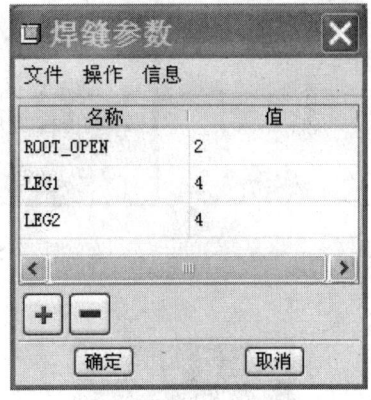

图 17-3　【焊接工艺】对话框　　　　　图 17-4　【焊缝参数】对话框

1）角焊焊接弯架。

①单击菜单【插入】→【焊缝】。

②在【焊缝定义】对话框的【特征】栏中勾选【焊缝】→在【焊缝特征】中单击
按钮，默认焊脚等长及焊脚长为"4"，其他选项采用默认，如图 17-5 所示→单击【确
定】按钮，完成定义。

③以无隐藏线方式显示模型。

④在图 17-6 所示的【参照选项】菜单中选择【曲面-曲面】→【添加】→按住 Ctrl
键，用鼠标左键选取弯架侧壁作为第一参照曲面→单击菜单中【完成参考】→再选择底座
上表面作为第二参照面→单击菜单中【完成参考】，如图 17-7 所示。

⑤如图 17-8 所示，在【PLACEMENT】（放置）菜单中依次选择【设置端点】、【连
续】→【完成】。

⑥如图 17-9（a）所示，图形中以红色小点表示出焊缝的起始点，同时出现【设置端
点】菜单，如图 17-10 所示→单击【下一个】，改变起始点，如图 17-9（b）所示→单击
【接受】。此时系统信息提示"用鼠标调整链端（键：L＝结束，M＝中止，R＝暂停/继
续）"。

⑦拖动鼠标，以调整起始点，鼠标放置在适当位置上单击→出现【端点/尺寸/类型】

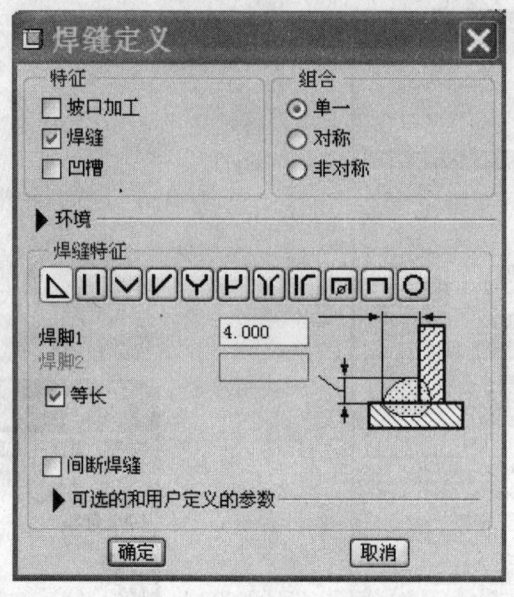

图 17-5　【焊缝定义】对话框

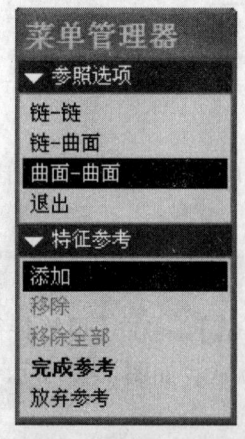

图 17-6　【参照选项】菜单

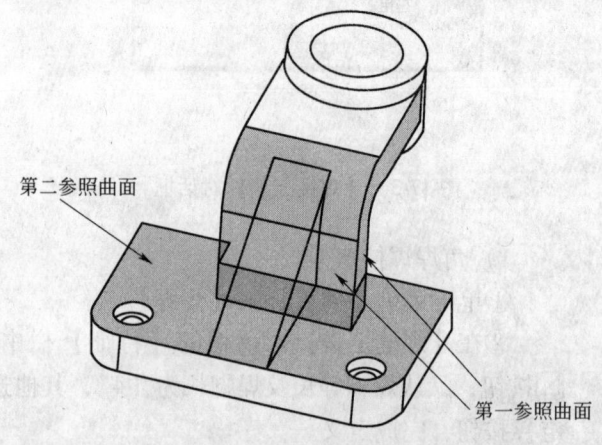

第二参照曲面

第一参照曲面

图 17-7　选取焊缝参照曲面

菜单，选取【偏距平面】，以确定新起始点的定义方法→单击加强筋右侧端面→输入偏距距离：0→回车→单击【完成】→如图 17-11 所示，模型中出现红色箭头，提示确定焊接的材料侧，单击【方向】菜单中的【正向】。

　　⑧在【角焊】对话框中显示出参数定义的结果，如图 17-12 所示，单击【确定】，再以着色方式显示模型，如图 17-13 所示。

　　⑨弯架另一侧角焊采用特征镜像即可（单击【应用程序】→【标准】，进行特征镜像，完成后再返回焊接环境）。

图 17-8　【放置】菜单

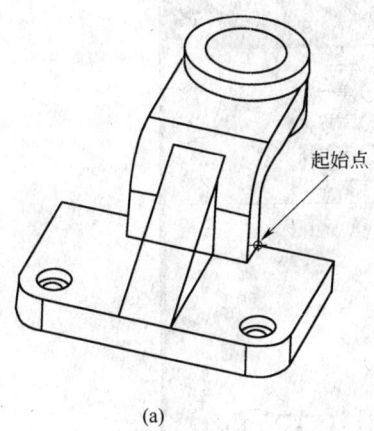

(a)

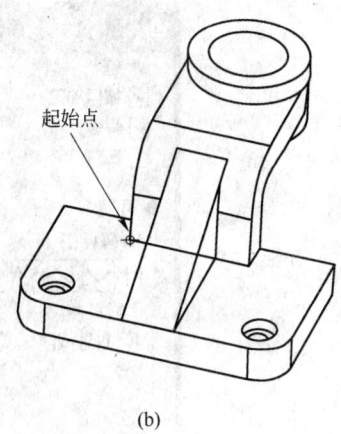

(b)

图 17-9 设置焊缝起始点

图 17-10 【设置端点】菜单

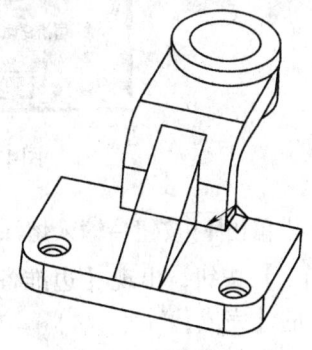

图 17-11 设置焊缝材料的方向

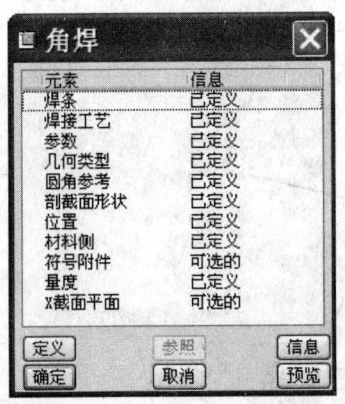

图 17-12 【角焊】对话框

图 17-13 添加了弯架右半部分的焊缝

● 注意：此步角焊缝也可采用"整个长度间歇"方式来避开斜筋（整个长度上取两段焊缝，间距等于筋厚度）。

2）坡口焊焊接弯架。

①单击菜单【插入】→【焊缝】。出现如图 17-14 所示的【焊缝定义】对话框。

②在【焊缝定义】对话框上，在【特征】栏中勾选【焊缝】、【坡口加工】→在【焊

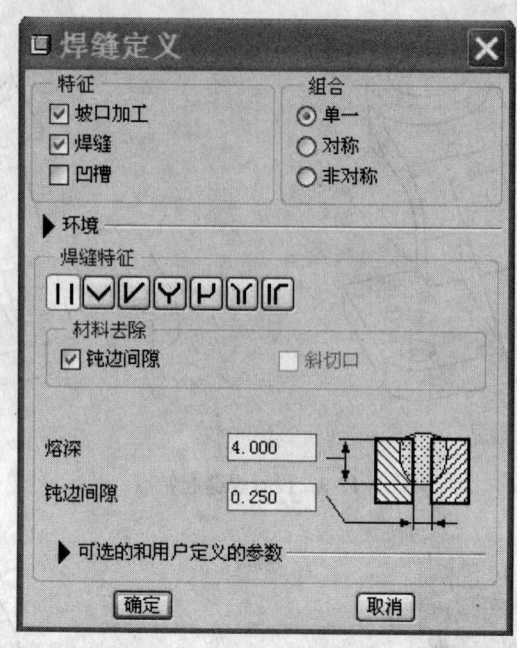

图 17-14　【焊缝定义】对话框

缝特征】中单击 ▯▯ 按钮→输入熔深为"4"、钝边间隙为"0.25"、其他选项采用默认→单击【确定】按钮，出现【边准备】对话框和【根开放类型】菜单→默认"单侧"，单击菜单中的【完成】。

　　③以无隐藏线方式显示模型。

　　④按住 Ctrl 键，选取底座开槽内侧三面为"钝边间隙和角度测量要偏距的连接曲面"，如图 17-15 所示→单击【选取】菜单中的【确定】→单击【边准备】对话框中的【确定】。单边 I 形坡口创建完成，如图 17-16 所示。

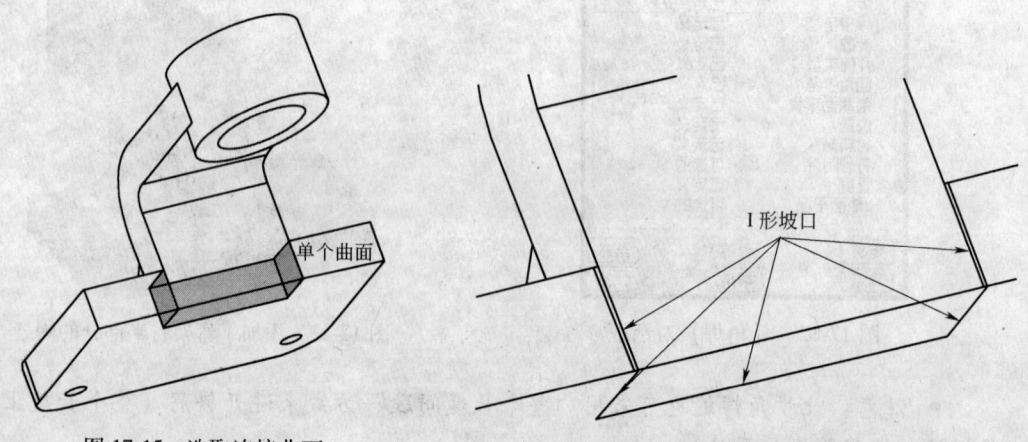

图 17-15　选取连接曲面　　　　　　图 17-16　在底座与弯架之间创建的 I 形坡口

　　⑤选择【参照选项】菜单中的【链-链】方式→在底座上选取 I 形坡口的边链→单击【参照选项】中的【完成】→在弯架上选取 I 形坡口的边链→单击【选取】菜单中的【确

定】,【参照选项】菜单中【修剪/延伸】命令变为可用。

⑥单击【修剪/延伸】→模型上突显出边链及其起始点,如图 17-17 所示→单击【选取】菜单中的【接受】→单击【裁剪/延拓】菜单中的【裁剪位置】→单击【裁剪位置】菜单中的【点】→单击图 17-17 所示的裁剪点。

⑦单击【修剪/延伸】→单击【选取】菜单中的【下一个】→【接受】→模型上突显出边链及其起始点,如图 17-18 所示→单击【裁剪/延拓】菜单中的【裁剪位置】→单击【裁剪位置】菜单中的【点】→单击图 17-18 所示的裁剪点。

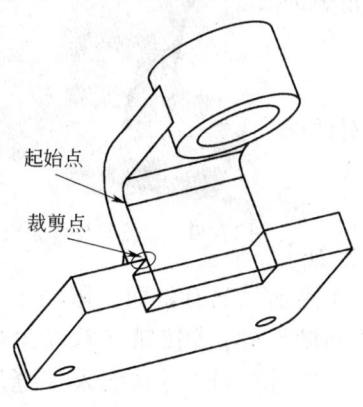

图 17-17　裁剪过长的边链(一)

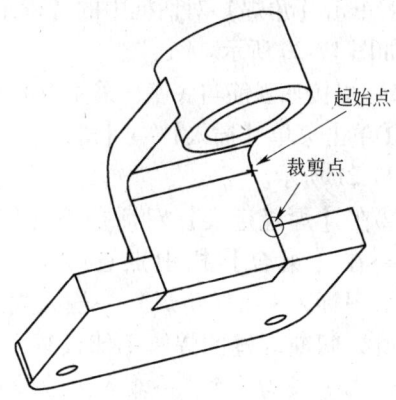

图 17-18　裁剪过长的边链(二)

⑧单击【参照选项】菜单中的【完成】。

⑨单击【方向】菜单上的【反向】→【正向】。

⑩单击【坡口焊】对话框中的【确定】,结果如图 17-19 所示。

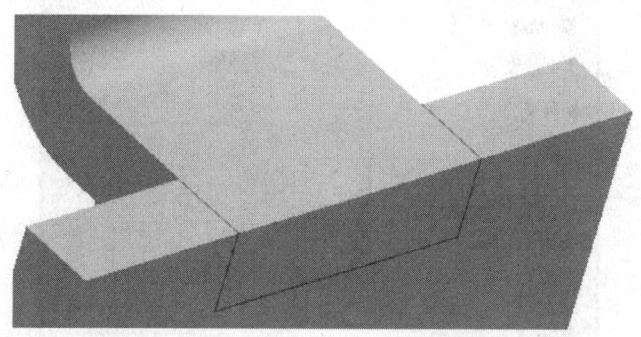

图 17-19　添 I 形加坡口焊焊接

(8) 焊接加强筋。

加强筋与底座和弯架相连均采用双面角焊,与底座间采用间断角焊。

1) 焊接加强筋与弯架,采用双面角焊。

①单击菜单【插入】→【焊缝】。

②在【焊缝定义】对话框上,在【特征】栏中勾选【焊缝】→在组合栏中选择【对称】→在【焊缝特征】中单击▷按钮(双面角焊)→输入焊脚等长为"4",其他选项采用默认→单击【确定】按钮。

③单击【参照选项】菜单中的【曲面-曲面】→【添加】。

④按住 Ctrl 键选取弯架上与加强筋相连接的表面→单击菜单中的【完成参考】。

⑤选取加强筋的一个侧面→单击菜单中的【完成参考】。

⑥单击【PLACEMENT】菜单中的【整个长度】→【连续】→【完成】。

⑦单击【方向】菜单上的【正向】。

⑧单击【角焊】对话框中的【确定】。

⑨重复步骤③~⑧，注意，选取加强筋的另一侧面。

⑩单击【角焊】对话框中的【确定】，完成双面角焊创建，如图 17-20 所示。

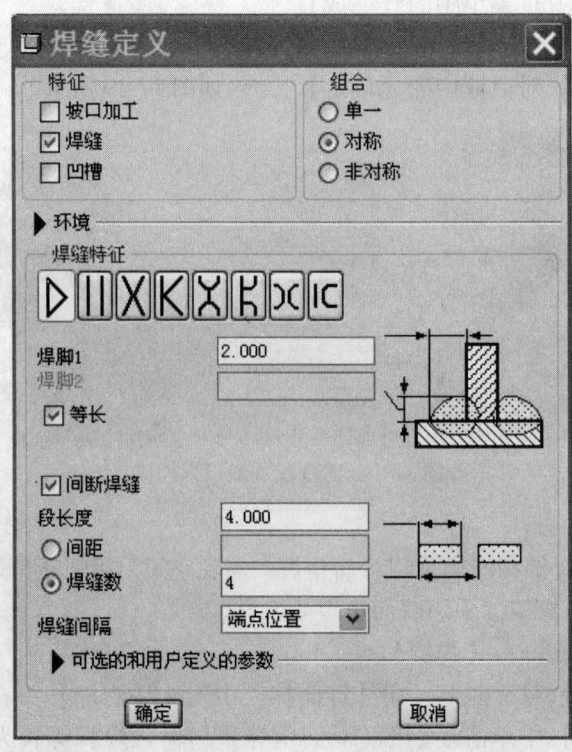

图 17-20　加强筋与弯架双面角焊

2）焊接加强筋与底座，采用双面间断角焊。

①单击菜单【插入】→【焊缝】。【焊缝定义】对话框如图 17-21 所示。

②在【焊缝定义】对话框的【特征】栏中勾选【焊缝】→在【组合】栏中点选【对称】→【焊缝特征】中单击图标▷（双面角焊）→输入焊脚等长为"2"（因加强筋有斜面，限制了焊脚长度，所以间断焊缝的焊脚不能设置太长）→勾选【间断焊缝】▷按钮（双面角焊）→输入焊脚等长为"4"→输入焊缝段长度为"4"、点选【焊缝数】，输入焊缝段数为"4"→选取【焊缝间隔】为"端点位置"方式标注焊缝→其他选项采用默认→单击【确定】。

图 17-21　双面间断角焊的【焊缝定义】对话框

③单击【参照选项】菜单中的【曲面-曲面】→【添加】。

④选取底座上表面→单击菜单中的【完成参考】。

⑤选取加强筋的一个侧面→单击菜单中的【完成参考】。

⑥单击【PLACEMENT】菜单中的【线性】→【整个长度】→【间隙】→【完成】。

⑦确认间断线段长度为"4",单击 ✔ 。

⑧单击【SPACING】菜单上的【在终点】→【焊接数】→【完成】。

⑨确认间歇焊接的数目为"4"→单击 ✔ 。

⑩单击【方向】菜单上的【正向】。

⑪单击【角焊】对话框中的【确定】。

⑫重复步骤③~⑩,注意,选取加强筋的另一侧面。

⑬单击【角焊】对话框中的【确定】。完成双面间断角焊焊接,如图 17-22 所示。

图 17-22 加强筋与底座双面间断角焊

(9)焊接垂直座孔。

在此垂直座孔的圆柱面与弯架的下表面采用环形角焊,与弯架的上表面采用点焊再阵列焊点。

1)焊接垂直座孔圆柱面与弯架下表面,采用环形角焊。

①单击菜单【插入】→【焊缝】。

②在【焊缝定义】对话框的【特征】栏中勾选【焊缝】→在【焊缝特征】中单击 🔲 按钮(单面角焊)→输入焊脚等长为"2",其他选项采用默认→单击【确定】按钮。

③单击【参照选项】菜单中的【曲面-曲面】→【添加】。

④选取底座下表面→单击菜单中的【完成参考】。

⑤选取垂直座孔的外圆柱面→单击菜单中的【完成参考】。

⑥单击【PLACEMENT】菜单中的【整个长度】→【连续】→【完成】。

⑦单击【方向】菜单上的【正向】。

⑧单击【角焊】对话框中的【确定】。完成角焊创建,如图 17-23 所示。

2)焊接垂直座孔圆柱面与弯架上表面,采用点焊。

①单击菜单【插入】→【焊缝】。

②如图 17-24 所示,在【焊缝定义】对话框上,在【特征】栏中勾选【焊缝】→在【焊缝特征】中单击 🔘 按钮(点焊)→输入剖面面积为"10"、熔深为"4",其他选项采

图 17-23　环形角焊

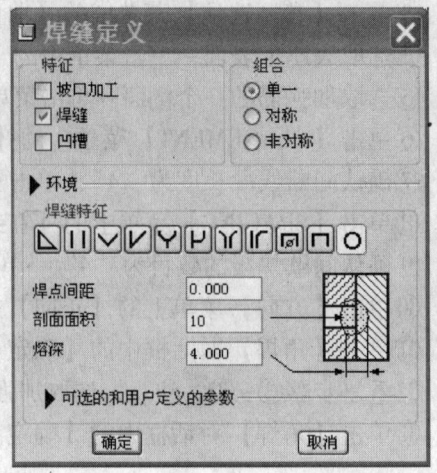

图 17-24　点焊的【焊缝定义】对话框

用默认→单击【确定】按钮。

③单击【点参照】菜单中的【添加】→【创建】。

④选取平面放置参考点。点选弯架上表面靠近垂直圆柱座孔处→单击【选取】菜单上的【确定】。

⑤选取两个参照,以确定参考点的准确位置。按住 Ctrl 键,选取弯架一侧面和起立面→输入"与参考的距离"为 7 和 38.5,此时,在模型树上出现基准点的标记→单击【完成】→【确定】,完成点焊创建。

⑥阵列点焊特征。以轴阵列,间隔角 22°,阵列个数 5,如图 17-25 所示。

● 注意:虽然焊缝特征可以阵列,但此列采取先阵列所有点,再完成点焊(同时选中所有点)的方式,会使工程图显示更精简、不乱。

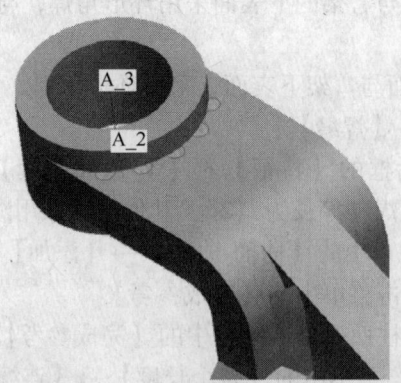

图 17-25　点焊及其阵列特征

(10) 修改焊条参数、工艺参数及焊缝参数。

此步骤将创建新的焊条、焊接工艺,再将其参数应用到指定的焊缝中(即改变焊缝原焊接工艺和更换焊条),以及给各焊缝添加新的焊缝参数。

1) 创建新焊条,应用到指定焊缝。

①单击【工具】菜单→【焊缝】→【焊条】。

②在打开的【焊条】对话框中用上述第（4）步介绍的方法创建两个新焊条"ROD2"、"ROD3"，如图17-26所示。

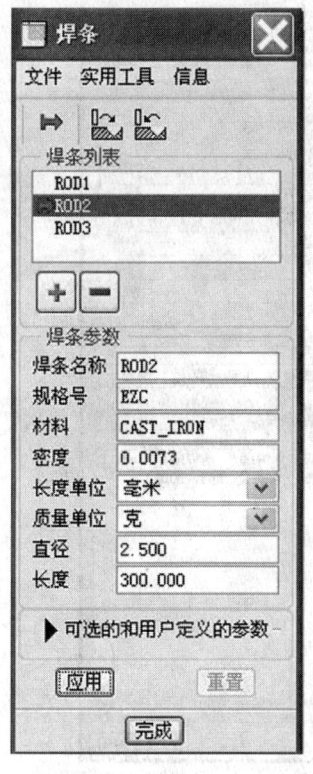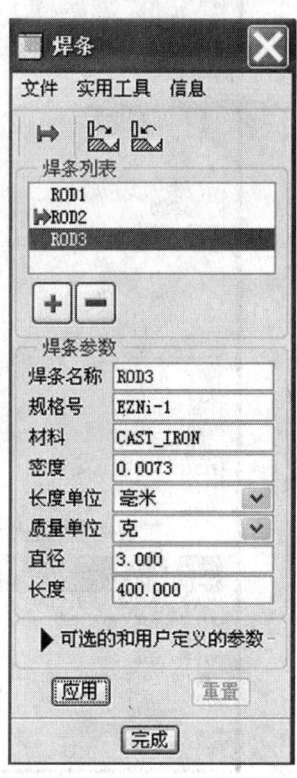

图17-26 【焊条】对话框：定义新焊条

③用焊条ROD2更新双面间断角焊焊缝。选中"ROD2"→单击【焊条】对话框上方的 按钮→按住Ctrl键，在打开的【搜索工具】对话框的"找到的13个项目"栏中选中要修改焊条参数的焊缝→移到"选定的2项目"栏中，如图17-27所示，单击【关闭】→单击【选取】菜单中的【确定】，完成焊缝的焊条更新操作。

同理，用焊条ROD3更新所有点焊焊缝。

2）创建新焊接工艺，应用到指定焊缝。

①单击【工具】菜单→【焊缝】→【工艺】。

②在打开的【焊接工艺】对话框中用上述第（5）步介绍的方法创建两个新焊接工艺：一是间断角焊"JDH"，另一是点焊"DJ"（工艺JDH的进给速度取1500，DJ的取2000）。

③用焊接工艺JDH更新双面间断角焊焊缝。选中"JDH"→单击【焊接工艺】对话框上方的 按钮→按住Ctrl键，在打开的【搜索工具】对话框的"找到的13个项目"栏中选中要修改焊接工艺参数的焊缝→移到"选定的2项目"栏中，单击【关闭】→单击【选取】菜单中的【确定】完成焊缝的焊接工艺更新操作。

同理，用焊接工艺DJ更新所有点焊焊缝。

3）为各焊缝添加新焊缝参数。

①查询各焊缝的参数符号。在模型树中右键单击"角焊 标识1452"→从快捷菜单中

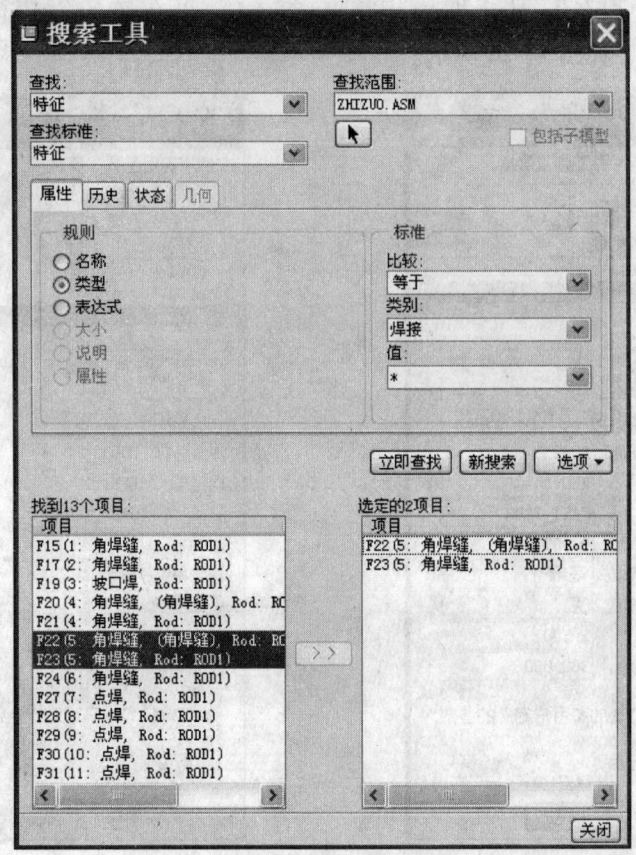

图 17-27　【搜索工具】对话框：选择要更改焊条信息的焊缝

点选【编辑】，可看到选定焊接特征的尺寸→单击【信息】菜单→【⬚切换尺寸】，选定焊接特征的尺寸切换为尺寸符号→记下尺寸符号。

　　②添加焊缝参数关系。在模型树中右键单击"角焊 标识 1452"→从快捷菜单中点选【编辑参数】。

　　③在打开的【编辑参数】对话框中单击添加参数图标➕→从列表中选中 X_ SECTION _ AREA→在右侧【值】栏中输入关系 "D54 * D54/2"→单击【文件】→【保存】→在打开的【保存】对话框中输入文件名称为 "JH1452"→【确定】→【确定】。

　　同理操作，为其他各焊缝添加新参数，或修改焊缝参数。请读者仿照前面操作自己完成其余焊缝参数的更新。

　　(11) 获取焊接信息。

　　可以获取所有焊缝的焊接信息，也可以获取单一焊缝的焊接信息。

　　如图 15-34 所示，单击【信息】菜单→【焊接】，可以检索到焊接、参数、长度、质量、材料清单等信息。

　　1) 焊接信息。

　　①单击【信息】菜单→【焊接】→【焊接】。

　　②从【搜索工具】对话框中选定要检索焊接信息的焊缝特征（如：坡口焊，Rod：

ROD1）→之后，单击【关闭】→单击【选取】菜单中的【确定】，如图 17-28 所示。

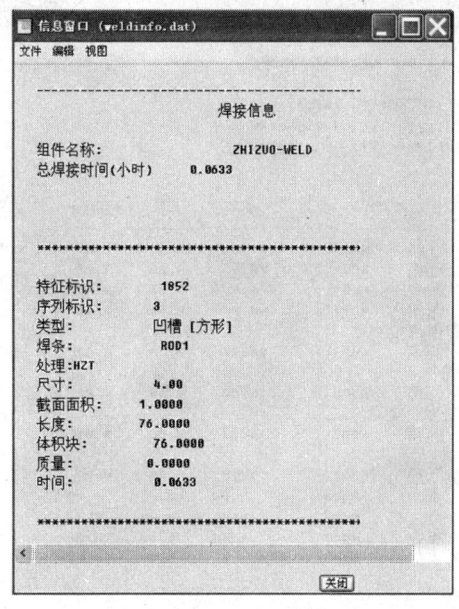

图 17-28　坡口焊焊接信息

2）参数信息。

①单击【信息】菜单→【焊接】→【参数】。

②从【搜索工具】对话框中选定要检索焊接信息的焊缝特征（如：坡口焊，Rod：
ROD1）→之后，单击【关闭】→单击【选取】菜单中的【确定】，如图 17-29 所示。

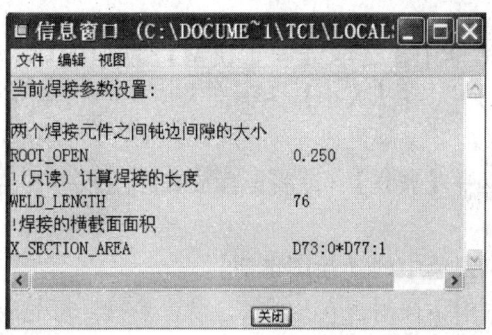

图 17-29　坡口焊焊接参数信息

图 17-30 所示为材料清单，其数据在焊接工程图中，通过在明细表中添加"重复区
域"方式显示出来。

其他信息，读者可自己练习检索。

（12）生成焊接工程图。

1）创建绘图文件。

①单击【文件】→【新建】。

②在【新建】对话框的【类型】中点选【绘图】→输入文件名称：ZHIZUO→去掉
【使用缺省模板】前的对号→单击【确定】。

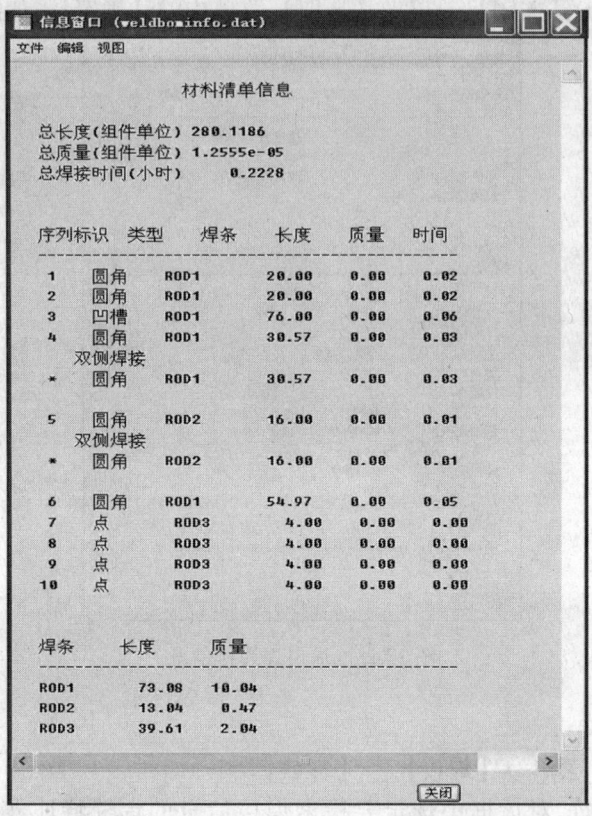

图 17-30　底座装配体焊接材料清单信息

③在【新制图】对话框中，选取【缺省模型】为 ZHIZUO. ASM→【指定模板】为
"空"→【方向】是"横向"→【大小】为标准大小 A3→【确定】。

2）设置绘图环境参数。

①单击【文件】菜单→【属性】（或将鼠标放在绘图区→右击鼠标→从快捷菜单中选
取【属性】）。

②单击【文件属性】菜单中的【绘图选项】。

③在【选项】对话框中，按附表 6-1 所示，设置参数。每完成一个参数的设置，一定
要单击下方【添加/更改】按钮。

④完成所有参数设置后，单击【应用】→【关闭】→【完成/返回】。

3）插入视图。

①单击【插入】→【绘图视图】→【一般】，出现【选取组合状态】对话框，默认
组合状态名称为"无组合状态"，并勾选【不要提示组合状态的显示】→单击【确定】。

②在绘图区适当的位置单击鼠标，出现焊接件及其【绘图视图】属性对话框→在
【类型】列表中选择【视图类型】→在【模型视图名】列表框中选择一视图方向作为主视
方向（在此选取"RIGHT"）→单击【应用】。

③在【类型】列表中选择【视图显示】→在【显示线型】的下拉列表框中选取
"无隐藏线"→在【相切边显示格式】的下拉列表框中选择"无"→在【面组隐藏线移

除】中点选"是"→单击【应用】→其余属性采用默认值,单击【关闭】,完成主视图放置。

④单击【插入】→【绘图视图】→【投影】→放置俯视图,并设置其属性。

⑤重复步骤④,完成左视图的放置及其属性设置。

4)标注焊缝尺寸。在放置主视图时,所有焊接尺寸符号均自动显示出来,调整所有焊缝尺寸符号,多余的删除,调整位置及放在适当的视图上标注,如图17-31所示。

如果不慎删除焊缝尺寸符号,也可采用【视图】→【显示及拭除】命令,打开【显示及拭除】对话框进行标注。

5)自动生成焊接参数明细表(采用表菜单中"重复区域"功能)。

①制作标题栏、明细栏。

Ⅰ单击【表】菜单→【插入】→【表】。

Ⅱ在【创建表】菜单中单击【升序】、【右对齐】、【按长度】、【选出点】。

Ⅲ在绘图区适当位置单击鼠标→输入所有各列的宽度值:12、26、28、24、20,每输入一个,单击一次回车→两次回车→输入所有各行的宽度值→两次回车,完成表创建(每行宽8,共创建8行就可以了)。

Ⅳ合并单元格。选中要合并的单元格(多个单元格合并,可以只选其中最远的两个单元格)→单击【表】菜单→【合并单元格】。

Ⅴ移动表格定位。

Ⅵ向单元格输入文本。双击要输入文本的单元格,在【注意属性】对话框中输入文本,并进行编辑→单击【确定】。重复此操作,完成所有文本输入。

②填写焊接明细。

Ⅰ单击【表】菜单→【重复区域】。

Ⅱ在【域表】菜单中单击【添加】→【简单】。

Ⅲ在图17-31所示工程图的明细栏中,单击文本"编号"的上一行最左单元格→再两次单击同一行的最右单元格。

Ⅳ单击【域表】菜单中的【完成】。

Ⅴ在步骤Ⅲ中所单击的一行上,双击最左单元格,出现【报告符号】对话框→在对话框中选择"weldasm…"、"weld…"、"seq_ id"。

● 注:有关【报告符号】对话框中各选项的含义,可参阅附录4以及附表6-5和附表6-6。

Ⅵ重复步骤Ⅴ,在第二个单元格双击,出现【报告符号】对话框→在对话框中选择"weldasm…"、"weld…"、"type"。

Ⅶ重复步骤Ⅴ,在第三个单元格双击,出现【报告符号】对话框→在对话框中选择"weldasm…"、"weld…"、"len"。

Ⅷ重复步骤Ⅴ,在第四个单元格双击,出现【报告符号】对话框→在对话框中选择"weldasm…"、"weld…"、"timeused"。

Ⅸ单击【表】菜单→【重复区域】→在【域表】菜单中单击【更新表】,则系统自动生成焊接信息报表,如图17-31所示(绘图中焊接符号是按ISO标准显示的)。

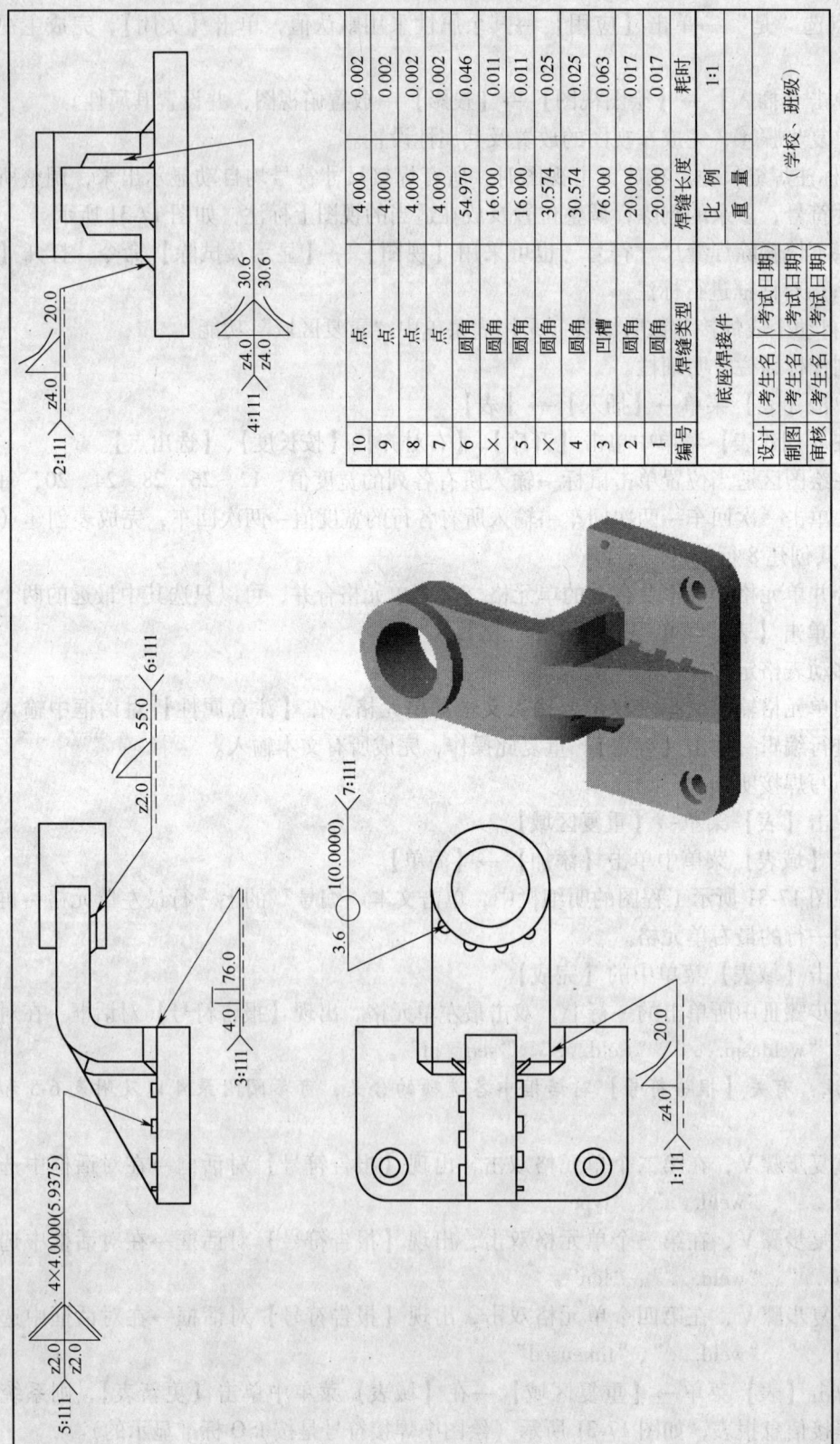

图 17-31　弯曲支座焊接工程图

编号	焊缝类型	焊缝长度	耗时
10	点	4.000	0.002
9	点	4.000	0.002
8	点	4.000	0.002
7	点	4.000	0.002
6	圆角	54.970	0.046
×	圆角	16.000	0.011
5	圆角	16.000	0.011
×	圆角	30.574	0.025
4	圆角	30.574	0.025
3	凹槽	76.000	0.063
2	圆角	20.000	0.017
1	圆角	20.000	0.017

底座焊接件

	比 例	1:1
	重 量	

（学校、班级）

设计	（考生名）	（考试日期）
制图	（考生名）	（考试日期）
审核	（考生名）	（考试日期）

习　题

17-1 对于如图 17-32 所示的分风管焊接件（各零件尺寸及装配关系参照附录 7 中的附图 7-25 所示），完成以下操作：
(1) 所有焊缝采用熔化极氩弧焊，使用直径 0.8mm 的焊丝。
(2) 测算出每条焊缝所需要的焊丝长度以及所有焊缝所需焊丝总长度。
(3) 预估出完成每条焊缝所需时间以及总焊接操作时间（焊接速度自定）。

操作提示：
(1) 分流筒体的建模，参照图 7-62 所示的尺寸。
(2) 所需焊丝长度，取决于所采用焊丝直径、焊缝截面积及焊缝长度；预估焊接操作时间，

图 17-32　分风管组件

取决于焊接设计中预计的焊接进给速度和焊缝长度。焊丝长度和焊接操作时间，是通过焊接工程图中 BOM 显示出来相关的焊接参数报表。

17-2 完成图 3-78 所示罐体组件的装配设计，并按下列要求完成罐体组件的焊接设计，并生成焊接工程图。
(1) 给前面罐体组件中所有设计的焊缝定义焊条、焊接工艺及焊缝参数：
　　焊条：J421，直径 3.2mm。
　　焊接工艺：手动电弧焊，焊接进给速度 1000mm/h，所有焊缝表面平整，采取现场焊接。
　　焊缝参数：所有角焊缝横截面积用焊脚长度控制；如有单边 V 形焊缝，截面积用"单边 V 形坡口直边长"作为测量参数来控制。
(2) 按上述条件，在焊接工程图中，计算完成此罐体的各焊缝长度和总焊缝长度，预计需要消耗焊条量？预计作业总时间需要多少小时？

17-3 采用图 12-80 所示的轴承座为原型，完成该组件的焊接工程图设计。假设所有零件材料均为 Q235，请读者结合所学的焊接专业课的相关知识，做到尽量合理地选择各焊缝的焊接特征、焊条、焊接工艺参数，并且相交焊缝处要加工凹槽，以避免出现重复焊接，造成焊接变形；同时，采用"焊缝测量参数"控制焊缝截面面积，并在焊接工程图中用表列出各焊缝所需焊条消耗量和所需工时的预算结果以及各焊缝的长度，如图 17-33 所示（图中分别给出了两种表达焊接符号图样）。

操作提示：
(1) 此题中圆柱侧凹槽加工部位的坐标系 Z 轴方向的确定，要注意观察调整至合理方向，否则凹槽效果达不到设计要求。
(2) 垂直相交圆柱的斜坡口焊缝，在加工坡口后，焊接前，把加工了坡口的轮廓投影到与之相垂直的圆柱面上，以作为焊接缝边线用。
(3) 测量焊缝控制参数时，运用学过的 Pro/E 基准特征及几何条件，进行辅助定位并找到计算焊缝截面面积的控制参数。
(4) 通过设置环境变量，实现在焊接工程图中分别采用美国标准（见图 17-33a）、国际标准（见图 17-33b）显示焊接符号。

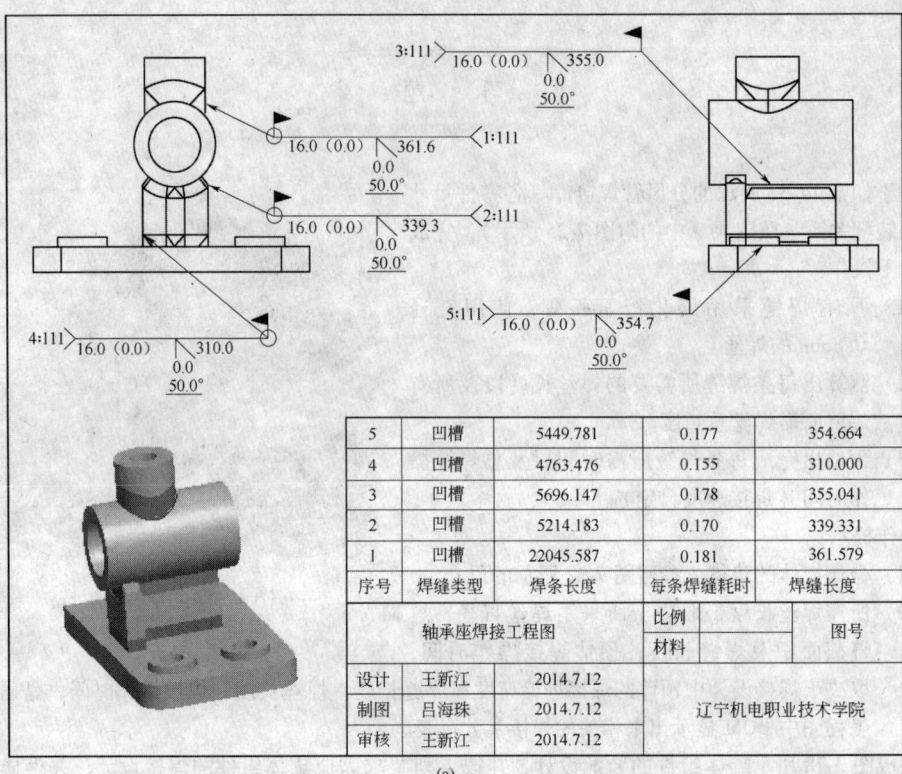

5	凹槽	5449.781	0.177	354.664
4	凹槽	4763.476	0.155	310.000
3	凹槽	5696.147	0.178	355.041
2	凹槽	5214.183	0.170	339.331
1	凹槽	22045.587	0.181	361.579
序号	焊缝类型	焊条长度	每条焊缝耗时	焊缝长度

轴承座焊接工程图	比例		图号	
	材料			
设计	王新江	2014.7.12	辽宁机电职业技术学院	
制图	吕海珠	2014.7.12		
审核	王新江	2014.7.12		

(a)

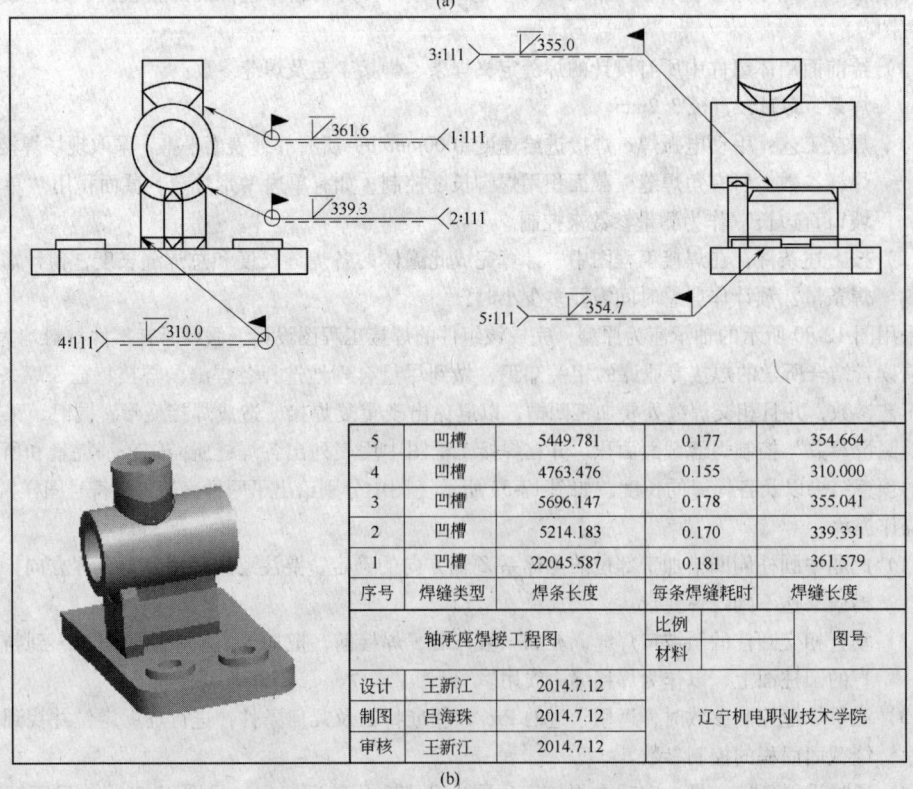

5	凹槽	5449.781	0.177	354.664
4	凹槽	4763.476	0.155	310.000
3	凹槽	5696.147	0.178	355.041
2	凹槽	5214.183	0.170	339.331
1	凹槽	22045.587	0.181	361.579
序号	焊缝类型	焊条长度	每条焊缝耗时	焊缝长度

轴承座焊接工程图	比例		图号	
	材料			
设计	王新江	2014.7.12	辽宁机电职业技术学院	
制图	吕海珠	2014.7.12		
审核	王新江	2014.7.12		

(b)

图 17-33　轴承座焊接工程图

(a) 以 ANSI 标准显示焊接符号；(b) 以 ISO 标准显示焊接符号

附　　录

附录 1　焊条代号

附表 1-1　碳钢焊条简明表

牌　号	GB 标准	AWS 标准	药皮类型	焊接电源	主　要　用　途
J350				DC+	专用于微碳纯铁氨合成塔内件的焊接，具有抗高温氢、氮、氨腐蚀能力，也可做要求抗裂而不要求等强度的焊接或过渡层
J421	E4313	E6013	钛型	AC、DC	焊接低碳钢结构，特别适于薄板小件及要求焊缝表面美观和光洁的盖面焊
J421Fe	E4313	E6013	钛型	AC、DC	焊接一般低碳钢结构，特别适用于薄板小件及短焊缝的间断焊和要求焊缝表面光洁的盖面焊
J421Fe16	E4324	E6024	钛型	AC、DC	用于一般低碳钢结构的平焊、平角焊
J421X	E4313	E6013	钛型	AC、DC	适用于焊接一般船用碳钢及镀锌钢板，尤其适用于薄板立向下焊及间断焊
J422	E4303		钛钙型	AC、DC	用于焊接较重要的低碳钢结构和强度等级低的低合金钢结构，如 Q235、09MnV、09Mn2 等
J422Fe	E4303		钛钙型	AC、DC	适用于较重要的低碳钢结构的焊接
J422Fe16	E4323		钛钙型	AC、DC	用于较重要的低碳钢结构的焊接
J501Fe15	E4024	E7024	钛型	AC、DC	用于碳钢和低合金结构的焊接，如 A、B、D 级钢，16Mn 等船舶、机车车辆及锅炉等结构的焊接
J501Fe18	E4024	E7024	钛型	AC、DC	用于碳钢和低合金结构的焊接，如 A、B、D 级钢，16Mn 等船舶、机车车辆及锅炉等结构的焊接
J502	E5003		钛钙型	AC、DC	主要用于 490MPa 抗拉强度等级的低合金钢结构的焊接，如建筑用螺纹钢及其他 16Mn 等结构钢的焊接

附表 1-2　铸铁焊条简明表

牌　号	GB 标准	AWS 标准	药皮类型	焊接电源	主　要　用　途
Z208	EZC	EC1	石墨型	AC、DC+	用于焊补灰口铸铁的缺陷
Z238	EZCQ		石墨型	AC、DC+	用于焊补球墨铸铁件
Z308	EZNi-1	ENi-C1	石墨型	AC、DC+	用于铸铁薄件及加工面的补焊，如发动机座、机床导轨、齿轮座等重要灰口铸铁件
J503	E5001		钛铁矿型	AC、DC	适用于低合金钢的焊接，如 16Mn 等
J505	E5011		纤维素型	AC、DC+	适于碳钢、低合金钢结构的立向下焊接及角接，如 16Mn、15MnVN 等

附录 2　焊接及相关工艺方法代号（摘自 GB/T 5185—2005）

每种工艺方法可通过代号加以识别，焊接及相关工艺方法一般采用三位数代号表示。其中，第一位数代号表示工艺方法大类，第二位数代号表示工艺方法分类，第三位数代号表示某种工艺方法。

焊接及相关工艺方法代号如下：

1　电弧焊

101	金属电弧焊
11	无气体保护的电弧焊
111	焊条电弧焊
112	重力焊
114	药芯焊丝电弧焊
12	埋弧焊
121	单丝埋弧焊
122	带极埋弧焊
123	多丝埋弧焊
124	添加金属粉末的埋弧焊
125	药芯焊丝埋弧焊
13	熔化极气体保护电弧焊
131	熔化极惰性气体保护电弧焊（MIG）
135	熔化极非惰性气体保护电弧焊（MAG）
136	非惰性气体保护的药芯焊丝电弧焊
137	非惰性气体保护的熔化极电弧焊
14	非熔化极气体保护电弧焊
141	钨极惰性气体保护电弧焊（TIG）
15	等离子弧焊
151	等离子 MIG 焊
152	等离子粉末堆焊
18	其他电弧焊方法
185	磁激弧对焊

2　电阻焊

21	点焊
211	单面点焊
212	双面点焊
22	缝焊
221	搭接缝焊
222	压平缝焊
225	薄膜对接缝焊
226	加带缝焊
23	凸焊
231	单面凸焊
232	双面凸焊
24	闪光焊
241	预热闪光焊
242	列预热闪光焊
25	电阻对焊
29	其他电阻焊方法
291	高频电阻焊

3　气焊

31	氧气焊
311	氧乙炔焊
312	氧丙烷焊
313	氢氧焊

4　压力焊

41　超声波焊

42　摩擦焊

44　高机械能焊

441　爆炸焊

45　扩散焊

47　气压焊

48　冷压焊

5　高能束焊

51　电子束焊

511　真空电子束焊

512　非真空电子束焊

52　激光焊

521　固体激光焊接

522　气体激光焊

7　其他焊接方法

71　铝热焊

72　电渣焊

73　气电立焊

74　感应焊

741　感应对焊

742　感应缝焊

75　光辐射焊

753　红外线焊

77　冲击电阻焊

78　螺柱焊

782　电阻螺柱焊

783　带瓷箍或保护气体的电弧螺柱焊

784　短路电弧螺柱焊

785　电容放电螺柱焊

786　带点火嘴的电容放电螺柱焊

787　带易熔颈箍的电弧螺柱焊

788　摩擦螺柱焊

8　切割和气刨

81　火焰切割

82　电弧切割

821　空气电弧切割

822　氧电弧切割

83　等离子弧切割

84　激光切割

86　火焰气刨

87　电弧气刨

871　空气电弧气刨

872　氧电弧气刨

88　等离子气刨

9　硬钎焊、软钎焊、钎接焊

91　硬钎焊

911　红外线硬钎焊

912　火焰硬钎焊

913　炉中硬钎焊

914　浸渍硬钎焊

915　盐浴硬钎焊

916　感应硬钎焊

918　电阻硬钎焊

919　扩散硬钎焊

924　真空硬钎焊

93　其他硬钎焊

94　软钎焊

941　红外线软钎焊

942　火焰软钎焊

943　炉中软钎焊

附录3 焊缝的标注

（1）焊缝的结构形式用焊缝代号来表示。焊缝代号主要由基本符号、辅助符号、补充符号、指引线和焊缝尺寸等组成。焊缝代号用来说明焊缝横截面的形状、尺寸，线宽为标注字符高度的1/10，如字高为3.5mm，则符号线宽为0.35mm。辅助符号见附表3-1，它是表示焊缝表面形状的符号，如凸起或凹下等。

附表3-1 焊缝的辅助符号

名 称	示 意 图	符 号	说 明
平面符号		——	焊缝表面平齐（一般通过加工）
凹面符号		⌣	焊缝表面凹陷
凸面符号		⌢	焊缝表面凸起

补充符号见附表3-2，它是表示焊缝的范围特征的符号。

附表3-2 焊缝补充符号

名 称	示 意 图	符 号	说 明
带垫板符号		▭	表明焊缝底部有垫板
三面焊缝符号		⊏	表示三面带有焊缝
周围焊缝符号		○	表示四周有焊缝
现场焊接符号		▶	表示在现场进行焊接

（2）标注。标注时，箭头线对于焊缝的位置一般没有特殊的要求。当箭头线直接指向焊缝时，可以指向焊缝的正面或反面。但当标注单边V形焊缝、带钝边的单边V形焊缝、带钝边的单边J形焊缝时，箭头线应当指向有坡口的一侧的工件，如附图3-1所示。

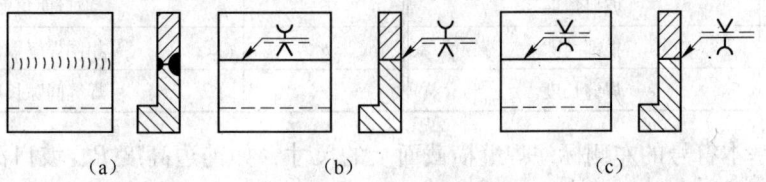

(a)   (b)   (c)

附图3-1 基本符号相对基准线的位置（U、V形组合焊缝）

（3）基准线的虚线也可以画在基准线实线的上方，如附图 3-1（c）所示 V 形焊缝在视图中不可见的一侧，标在上下都一样，但一定是在符号中有虚线的一侧。

（4）当箭头线直接指向焊缝时，基本符号应标注在实线侧，如附图 3-1 中的 U 形焊缝符号和附图 3-2 中上方的角焊缝符号。当箭头线指向焊缝的另一侧时，基本符号应标注在基准线的虚线侧，如附图 3-1（c）所示的 V 形焊缝的标注以及附图 3-2 中下方的角焊缝。

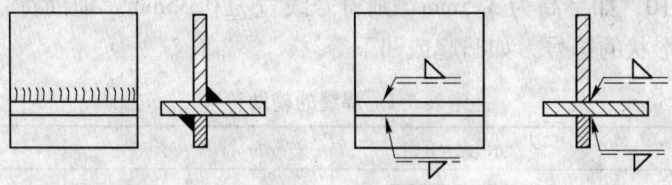

附图 3-2　基本符号相对基准线的位置（双角焊缝）

（5）标注对称和双面焊缝时，基准线中的虚线可省略，如附图 3-3 和附图 3-4 所示。

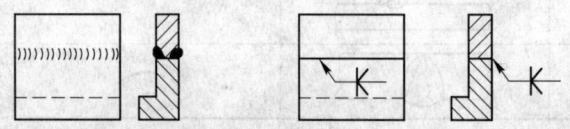

附图 3-3　双面焊缝（单边 V 形焊缝）

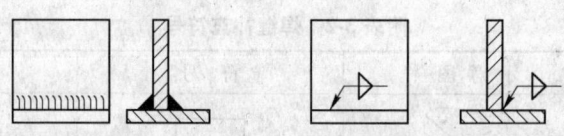

附图 3-4　对称焊缝（角焊缝）标注

（6）在不致引起误解的情况下，当箭头线指向焊缝，而另一侧又无焊缝要求时，允许省略基准线的虚线。

（7）焊缝尺寸符号。焊缝尺寸符号及含义见附表 3-3 和附图 3-5。

附表 3-3　焊缝尺寸符号及含义

符　号	含　义	符　号	含　义
P	钝边高度	H	坡口深度
K	焊角高度	h	焊缝的余高
S	焊缝有效高度	R	U 形焊接的根部直径
c	焊缝宽度	d	熔核直径
α	坡口角度	β	坡口面角度
b	根部间隙	n	相同焊缝数量
l	焊缝长度	e	焊缝间隙长度

在焊缝基本符号的左侧标注焊缝横截面上的尺寸，如钝边高度 P、坡口深度 H、焊角高度 K 等。当焊缝的左侧没有任何标注又无其他说明时，说明对接焊缝要完全焊透。

在焊缝基本符号的右侧标注焊缝长度方向的尺寸，如焊缝段数 n、焊缝长 l、焊缝间隙 e。当基本符号右侧无任何标注又无其他说明时，表明焊缝在整个工件长度方向上是连

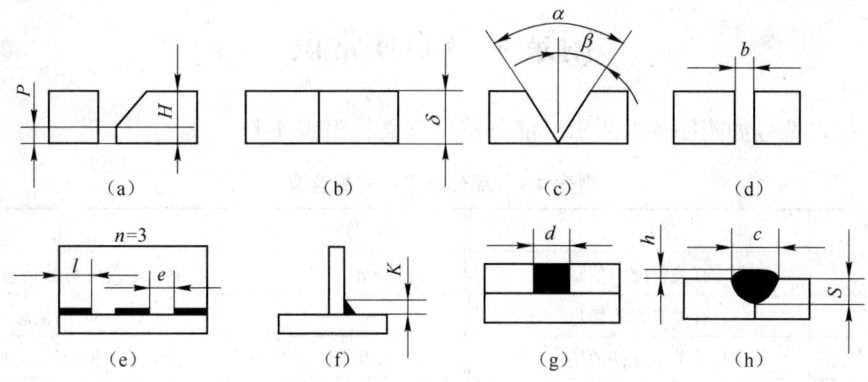

附图 3-5　焊接尺寸符号及意义

续的。

在焊缝基本符号的上侧或下侧，标注坡口角度 α、坡口面角度 β 和根部间隙 b。

在指引线的尾部标注相同焊缝的数量 n 和焊接方法。

焊缝符号标注示例见附表 3-4。

附表 3-4　焊缝标注示例

标 注 示 例	说　　明
6 V⁷⁰° ⟨111	V 形焊缝，坡口角度 70°，焊缝有效高度 6mm
4 (角焊缝符号，带圆旗)	角焊缝，焊角高度 4mm，在现场沿工件周围焊接
5 (三面焊接符号)	角焊缝，焊角高度 5mm，三面焊接
5 □ 8×(10)	槽焊缝，槽宽（或直径）5mm，共 8 个焊缝，间距 10mm
5 ▷ 12×80(10)	断续双面角焊缝，焊角高度 5mm，共 12 段焊缝，每段 80mm，间隔 10mm
5 ▽	在箭头所指的另一侧焊接，连续角焊缝，焊缝高度 5mm

附录4　BOM常识

（1）报告符号如附图4-1所示，部分符号含义见附表4-1。

附表4-1　部分报告符号的含义

符　号	含　义	符　号	含　义
asm	有关装配的信息	harn	有关电缆的参数信息
fam	有关族表的信息	lay	有关 layout 的信息
mbr	有关单个元件的信息	mdl	有关单个模型的信息
mfg	有关 mfg 的信息	prs	有关 prs 的信息
rpt	有关重复区域的信息	weldasm	有关焊接装配的信息
dgm	有关布线图的信息		

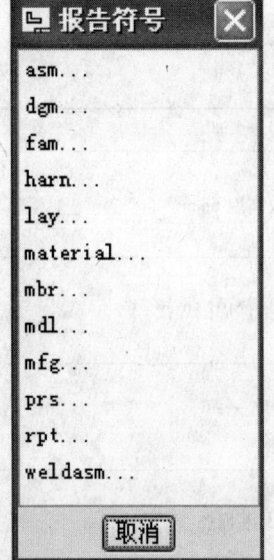
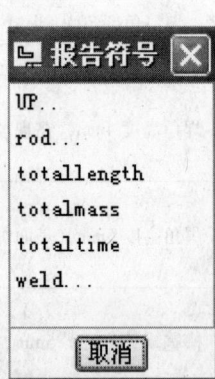
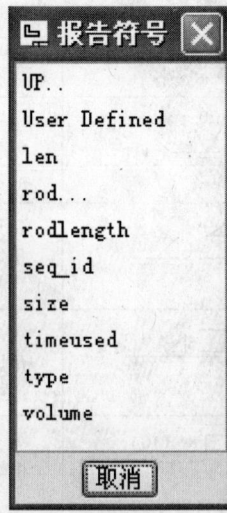

附图4-1　【报告符号】列表

（2）报告符号中最常用的组合参数含义见附表4-2。

附表4-2　报告符号中常用的组合参数含义

符　号	含　义	符　号	含　义
asm. mbr. Name	装配中的成员名称	asm. mbr. Name	装配中的成员类型（assembly 或 part）
asm. mbr.（user. defined）	装配中的成员用户定义参数	rpt. rel.（user. defined）	报表关系中的用户自定义参数
rpt. Index	报表中的索引	rpt. Qty	报表中的成员数量
rpt. Level	报表中的成员所处的装配等级	fam. inst. Name	族表的实例名
fam. inst. param. Name	族表实例的参数名	fam. inst. part. value	族表的实例参数名

（3）焊接 BOM 表中常用组合参数的含义见附表 4-3。

附表 4-3　焊接 BOM 表中常用组合参数的含义

符　号	含　义	符　号	含　义
weldasm. weld. len	焊缝长度	weldasm. weld. rod	指定焊缝中所使用的焊条的有关信息
weldasm. weld. rodlength	指定焊缝消耗焊条长度	weldasm. weld. seq_ id	焊缝序号
weldasm. weld. size	角焊缝焊脚长度	weldasm. weld. timeused	完成指定焊缝所消耗的时间
weldasm. weld. type	焊缝类型	weldasm. weld. volume	指定焊缝的体积
weldasm. rod. . .	焊条有关信息	weldasm. totallength	焊缝总长度
weldasm. totalmass	焊缝总质量	weldasm. totaltime	焊缝总消耗时间

附录 5　折弯线注释

折弯线注释描述有关折弯类型、折弯方向和折弯角度的基本信息。在设计中，系统会为每个折弯自动创建折弯线注释，如∠↑90°。因为注释是参数化的，并与折弯对齐，因此用户可很容易地提供绘图尺寸和折弯注释，制造商从而可对其进行折弯机械编程、定位冲孔位置和创建尺寸检查文档。

折弯线注释的说明见附表 5-1。

附表 5-1　折弯线注释的说明

折弯线注释元素		说　　明	缺 省 符 号
折弯类型	印贴	内侧折弯半径不大于十倍的钣金件厚度	∠
	滚动	内侧折弯半径大于十倍的钣金件厚度	∩
折弯方向	向上	"内侧半径"在钣金件的驱动曲面上	↑
	向下	"内侧半径"在钣金件的偏移曲面上	↓
折弯角度		Pro/E 测量折弯的内侧角度，折弯角度根据在 ang_ units 配置选项中设置的格式来显示	45°

可将折弯线注释添加到绘图，而且折弯线注释还出现在所创建的任何平整状态实例中。

可定制在设计中使用的显示顺序和折弯线注释符号。可通过设置 smt_ bend_ notes_ order 配置选项改变注释元素的顺序。通过修改符号源文件，可定制缺省的折弯线注释符号，或创建自己的符号。

为了显示折弯线注释，在活动零件设计中的最后特征必须为"平整形态"特征，并且必须符合以下条件：

（1）必须启用"折弯注释"（"视图"＞"钣金件注释"＞"折弯注释"）。

（2）必须启用"3D 注释"（"工具"＞"环境"）。

（3）必须选中"注释"，以便在模型树中显示（"设置"＞"树过滤器"）。

（4）smt_ bend_ notes_ dflt_ display（配置选项）设置为 yes。注意：折弯线注释的缺省值为 yes。要想看不到折弯线注释，需要将配置选项设置为 no。

附录6　焊接设计常用的环境参数表

附表6-1　工程图常用选项设置

选　项	缺省值	设定值	说　明
axis_line_offset	0.1000	3	设置直轴线延伸出其相关特征的缺省距离
axis_interior_clipping	no*		是否可以修剪轴线
circle_axis_offset	0.1000	3	设置圆周十字叉丝轴延伸超出圆边的缺省距离
crossec_arrow_length		字高	剖切符号箭头长度
crossec_arrow_width		<字高/2	剖切符号箭头宽度
def_xhatch_break_margin_size	0.150000		设置剖面线和文本之间的缺省偏移距离；使用绘图单位
dim_leader_length	0.500000	10	当导引箭头在尺寸界线外时，设置尺寸导引线的长度
draft_scale	1	取"视图生成比例"	确定绘图上的绘制尺寸相对于绘制实际长度的值
draw_ang_units	ang_deg		确定绘图中角度尺寸的显示，"ang_deg"表示小数度，"ang_min"表示度与小数分，"ang_sec"表示度、分和小数秒
draw_arrow_length	0.187500	字高	箭头的长度
draw_arrow_style	closed	filled	箭头的样式
draw_arrow_width	0.062500	<字高/2	箭头的宽度
drawing_text_height	0.156250	2.5	设置绘图中所有文本的缺省文本高度
drawing_units	inch	mm	绘图参数的单位
half_view_line	solid*	symmetry-iso	半视图切割线样式
hlr_for_threads	yes	yes	控制螺纹的显示，"yes"表示螺纹显示符合ISO标准
projection_type	hird_angle*	first_angle	确定创建投影视图的方法
remove_cosms_from_xsecs	total	all	控制剖视中基准曲线、螺纹、修饰特征图元和修饰剖面线
Show_total_unfold_seam	yes*	no	确定全部展开横截面视图中的接缝（切割平面的边）是否显示
text_orientation	horizontal	parallel	控制尺寸文件的方向，"parallel"表示平等于导引行，"parallel_diam_horiz"与"parallel"相同，但是直径尺寸水平显示
thread_standard	std_ansi	std_iso	螺纹横截面显示设置
tol_display	no*	yes	是否显示尺寸公差
tol_mold	limint	nominale	默认公差显示格式

续附表 6-1

选　项	缺省值	设定值	说　明
witness_ line_ delta	0. 12500	3	设置尺寸界线在尺寸导引箭头上的延伸量
witness_ line_ offset	0. 062500	0	设置尺寸线与标注尺寸的对象之间的偏距

注：带有"＊"号的值为系统默认的缺省值。

附表 6-2　与焊接有关的配置选项

选　项	值	说　明
add_ weld_ mp	yes/no	在计算质量属性时，确定是否在计算中计入焊缝，注意：除非指定焊缝剖面参照，否则轻焊缝质量属性的计算结果将是一个近似值，yes 为计算质量属性时计入焊缝，no 为计算质量属性时不计入焊缝
pro_ weld_ params_ dir		当需要焊接参数文件时，可用来指定搜索目录
show_ sym_ of_ suppressed_ weld	no＊/yes	显示隐含焊缝的符号
weld_ ask_ xsec_ refs	yes/no	设置创建焊缝特征时剖面参照提示的显示，yes 为创建焊缝特征时提示剖面参照，no 为创建焊缝特征时系统不提示您提供剖面参照
weld_ color	0. 000000 0. 000000 0. 000000＊	指定创建的焊缝的显示颜色，在 0~100 的范围内的三个小数值，指定合成颜色中，红、绿和蓝色（按此顺序）所占的百分比，例如，0 0 49 指定了中间蓝色
weld_ dec_ places	3＊	设置焊接参数中显示的缺省小数位数（0~10）
weld_ edge_ prep_ driven_ by	part＊/ ssembly	确定是在零件级还是组件级创建坡口加工特征，并确定坡口加工的级，part 为局部定义零件的参照，assembly 为所有零件级特征使用一组公共参照
weld_ edge_ prep_ groove_ angle	45. 0＊	指定斜切口坡口加工的初始缺省角度
weld_ edge_ prep_ groove_ depth	0. 25＊	指定坡口加工凹槽深度的初始缺省值
weld_ edge_ prep_ instance	yes/no	控制是否为坡口加工创建族表实例，yes 为创建接收坡口加工的元件实例（零件、组件和子组件），no 为不创建接收坡口加工的元件实例（零件、组件和子组件）；注意：如果 weld_ edge_ prep_ instance 设置为 yes，weld_ edge_ prep_ visibility 设置为 instance，且实例组件在任何窗口中都未激活，则会打开一个新窗口，可以在该窗口内添加坡口加工特征，其中已经设置了缺省选项，因此可观察坡口加工特征的应用；根据需要，"坡口加工"特征可存在于零件，也可存在于组件级，请指定是否要使这些特征成为族表实例
weld_ edge_ prep_ name_ suffix	_ noep＊	指定坡口加工期间将要创建的实例的后缀名，零件名加上扩展名即为实例名
weld_ edge_ prep_ root_ open	0. 25＊	指定钝边间隙坡口加工的初始缺省值

续附表 6-2

选　项	值	说　明
weld_ edge_ prep_ visibility	generic/ instance	请在配置选项 weld_ edge_ prep_ instance 设置为 yes 时设置坡口加工特征的可见性，generic 为坡口加工特征在类属模型中恢复而在实例中隐含，instance 为坡口加工特征在类属模型中隐含而在实例中恢复；注意：如果 weld_ edge_ prep_ instance 设置为 yes，weld_ edge_ prep_ visibility 设置为 instance，且实例组件在任何窗口中都未激活，则会打开一个新窗口，可以在该窗口内添加其他的坡口加工特征，其中已经设置了缺省选项，因此可观察"坡口加工"特征的应用；根据需要，"坡口加工"特征可存在于零件，也可存在于组件级，请指定是否要使这些特征成为族表实例
weld_ geom_ type_ default	solid*/light	在"焊缝定义"对话框中设置缺省几何类型
weld_ light_ xsec	no*/yes	确定是否显示轻、重量焊接 x 截面
weld_ notch_ corner_ radius	0.1*	指定焊接凹槽拐角半径的初始缺省值，焊缝凹槽拐角半径的初始缺省值为 0.1in 或 2mm
weld_ notch_ height	0.400000*	指定焊接凹槽高度缺省的初始值
weld_ notch_ radius	0.50000*	指定焊接凹槽半径的初始缺省值
weld_ notch_ width	0.500000*	指定焊接凹槽宽度的缺省初始值
weld_ symbol_ standard	Ansi*/iso	指定焊接用户界面的标准
weld_ symbol_ standard	std_ ansi*/ std_ iso	选择 ANSI 标准或 ISO 标准，以确定在绘图中焊接符号显示标准

注：带有"＊"号的值为系统默认的缺省值。

附表 6-3　焊条参数

参 数 名 称	值	定　义
DIAMETER	-1.000*	焊条直径
LENGTH	-1.000*	焊条长度
DENSITY	-1.000*	焊条材料的密度
SPECIFICATION_ NUMBER	字符串 1EXXXXX*	焊条的规格号
MATERIAL	字符串 CAST_ IRON*	焊条的材料
LENGTH_ UNITS	英寸* 英尺 毫米 厘米 米	焊条的长度单位

参 数 名 称	值	定　　义
MASS_ UNITS	盎司 镑 * 吨 克 千克 公吨	焊条的质量单位
USER_ DEFINED	字符串	用户定义的参数可添加到参数列表中

注：1. 缺省参数值后面带有星号（ * ）；

　　2. 必须用针对用户的正值替代任一负的缺省参数值。

附表 6-4　一般焊缝参数

参 数 名 称	值	定　　义
FEEDRATE	值-1.000	焊机的进给速度（单位为"组件单位/小时"）
FINISH	CHIP GRIND HAMMER MACHINE ROLL UNSPECIFIED	焊缝精加工工艺
GROOVE_ ANGLE	值 0.000	焊接元件间的坡口焊的角度
LEG1	值 0.000	角焊缝的第一焊脚的给定值
LEG2	值 0.000	角焊缝的第二焊脚的给定值
LENGTH	值	（只读）焊条轨迹计算长度
MACH_ TYPE	MANUAL ROBOTIC	焊缝的加工类型
MAX_ ALLOWED_ LENGTH	值 1000	焊缝的最大允许长度
MAX_ ROOT_ OPENING	值 100	最大钝边间隙
MIN_ ALLOWED_ LENGTH	值 0	焊缝的最小允许长度
MIN_ ROOT_ OPENING	值 0	最小钝边间隙
PLUG_ SIZE	值 0.000	塞焊的大小
PREP_ DEPTH	值 0.000	焊缝的坡口深度
ROOT_ OPEN	值 0.000	两个焊接元件间的钝边间隙的尺寸
ROOT_ PENETRATION	值 0	根部焊透的深度
SPECIFICATION_ NUMBER	字符串 1EXXXXX	焊缝规格号
SPOT_ PITCH	值 0.000	点焊的间距
TREATMENT	NONE LOW_ HYDROGEN PRE_ HEATING POST_ HEATING	焊缝处理

参　数　名　称	值	定　义
USER_ DEFINED	字符串	用户定义的参数，可添加到参数列表中
WELD_ LENGTH	值	（只读）实际焊道计算长度
X_ SECTION_ AREA	值-1.000	焊缝的剖面面积

附表 6-5　Pro/REPORT 表示例

焊接序列	焊缝类型	焊条名称	焊缝长度
weldasm. weld. seq_ id	weldasm. weld. type	weldasm. weld. rod. name	weldasm. weld. len

附表 6-6　Pro/REPORT 中可用的焊缝参数

参　数　名　称	定　义
&weldasm. weld. seq_ id	列出焊接序列 ID
&weldasm. weld. type	列出焊接序列类型（如角焊缝、坡口等）
&weldasm. weld. len	列出焊缝长度（以组件单位）
&weldasm. weld. size	根据焊缝类型，以组件单位列出焊缝大小： 角焊缝：L 或 $L_1 \times L_2$ 坡口：熔深 + 根部熔深 塞焊/槽焊：深度 + 根部熔深 点焊：直径
&weldasm. weld. volume	列出焊缝体积（以组件单位）
&weldasm. weld. rodlength	列出焊缝所用焊条的长度（以焊条单位）
&weldasm. weld. timeused	列出焊完一条焊缝所用的时间（小时）
&weldasm. weld. User-defined	用户定义的焊缝参数，User-defined 为参数名称
&weldasm. weld. rod. name	列出焊缝使用的焊条名称
&weldasm. rod. name	列出焊条名称
&weldasm. rod. totallength	列出组件中焊条的总长度
&weldasm. rod. totalmass	列出组件中焊条的总质量
&weldasm. rod. User-defined	用户定义的焊条参数，User-defined 为参数名称
&weldasm. totallength	列出组件中所有焊缝的总长度（以组件单位）
&weldasm. totalmass	列出组件中所使用的焊条总质量（按焊条单位）
&weldasm. totaltime	列出组件中的总焊接时间（小时数）

注：要从绘图中访问焊接报告参数；在报告表中，双击所需的重复区域单元格，【报告符号】对话框打开。

附录7　部分零部件图

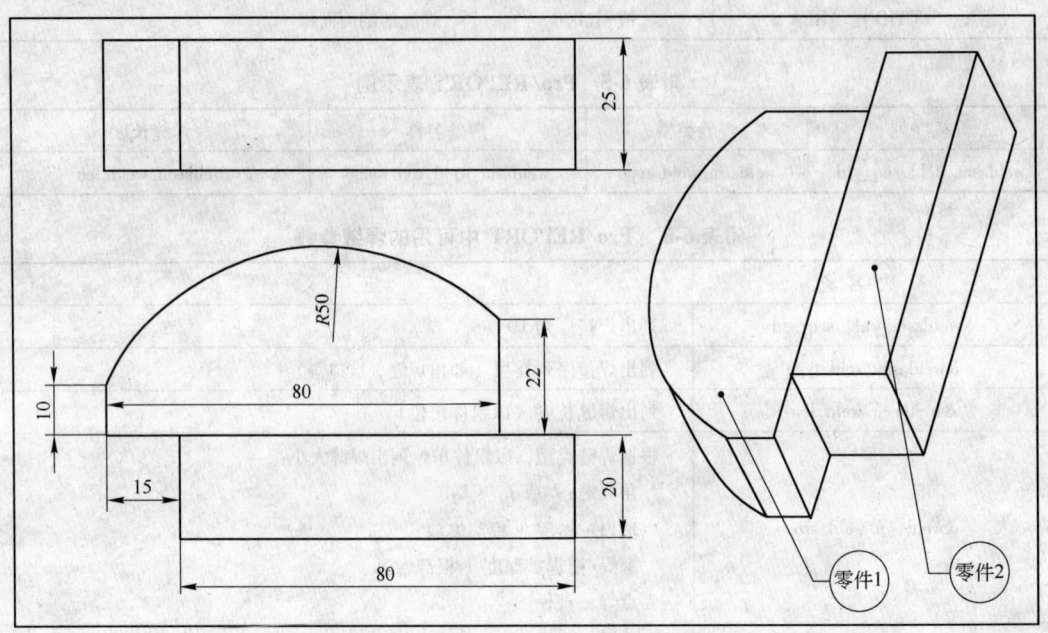

附图 7-1　焊缝练习装配图（一）

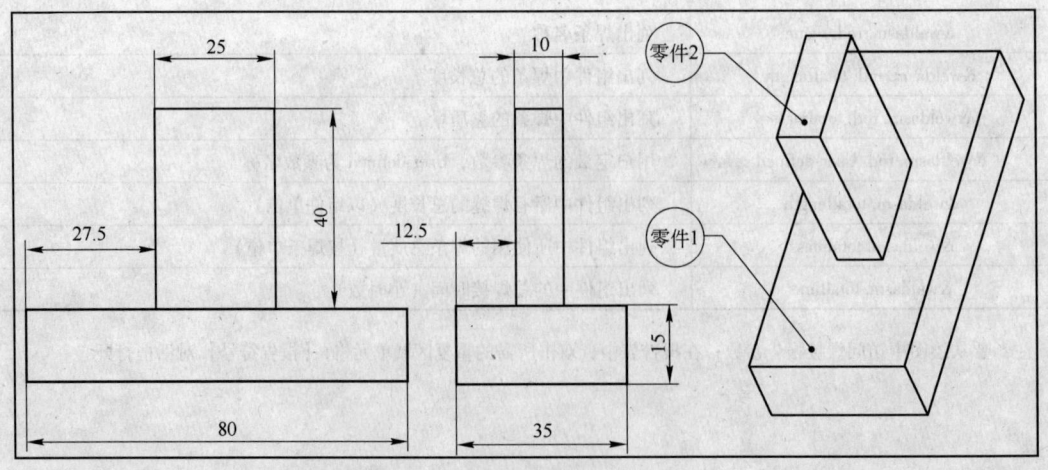

附图 7-2　焊缝练习装配图（二）

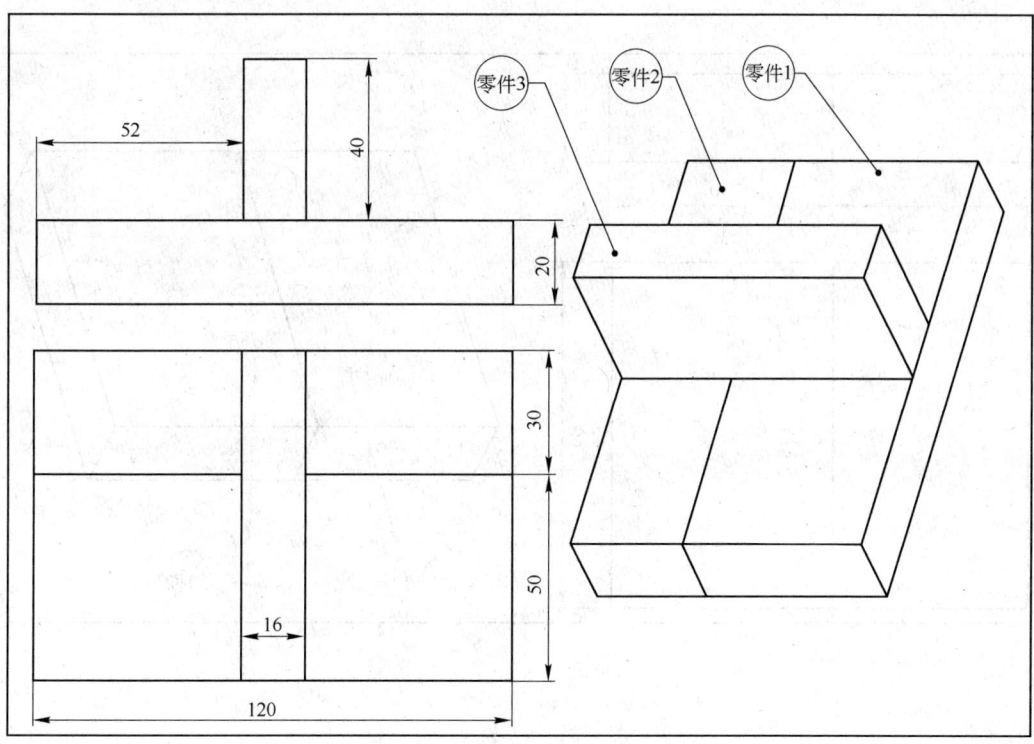

附图 7-3　焊缝练习装配图（三）

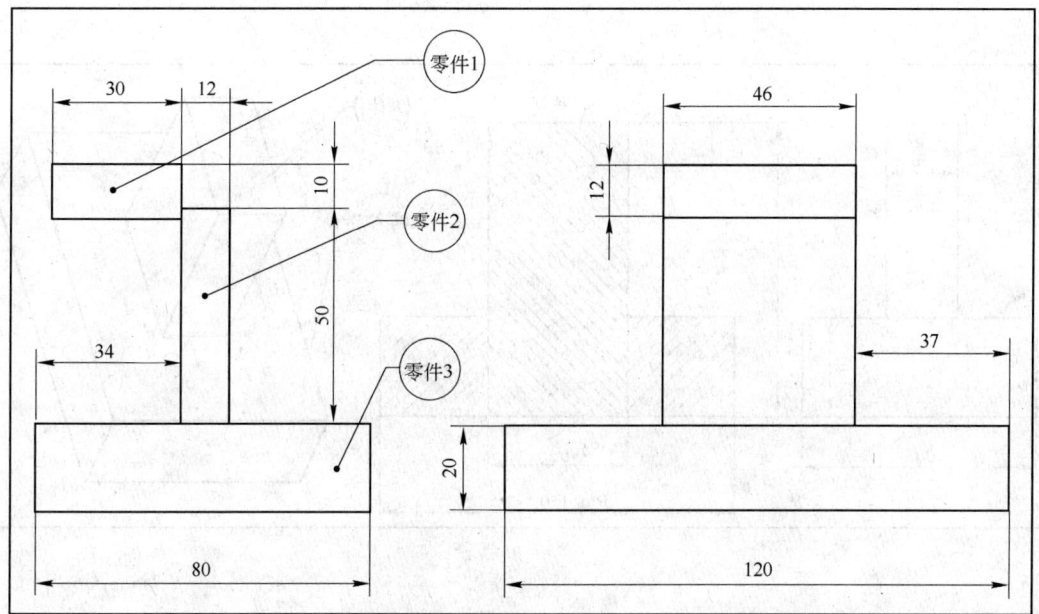

附图 7-4　焊缝练习装配图（四）

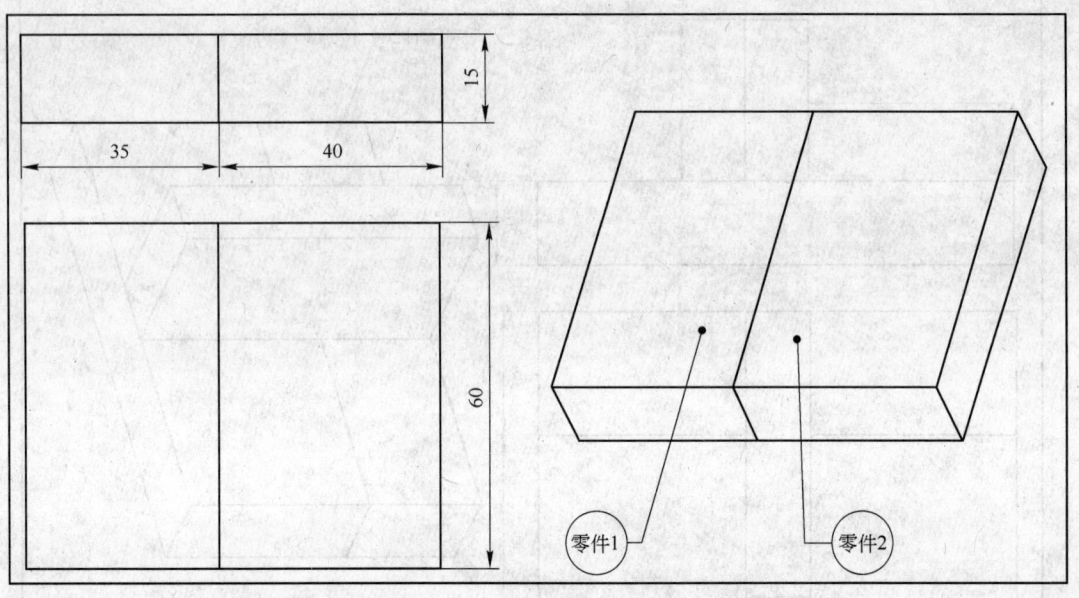

附图 7-5　焊缝练习装配图（五）

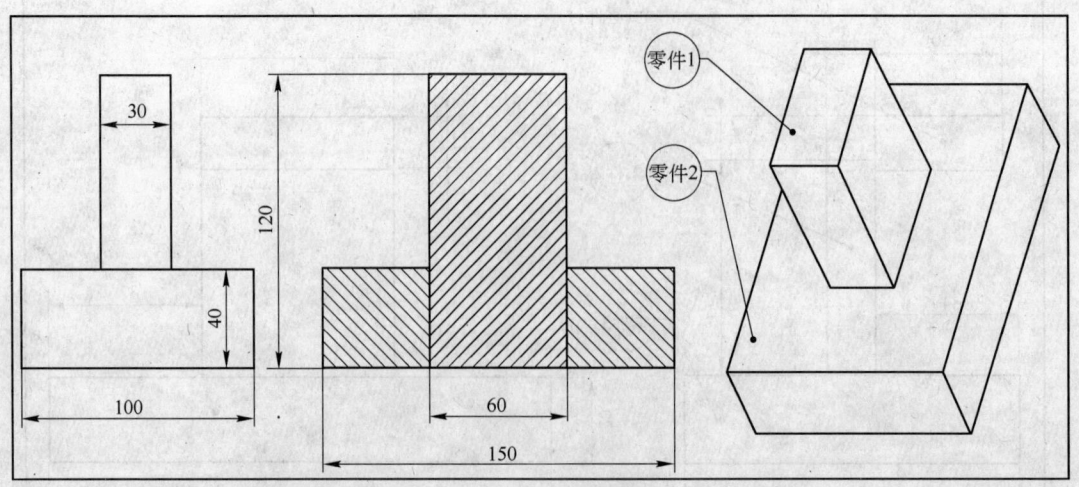

附图 7-6　焊缝练习装配图（六）

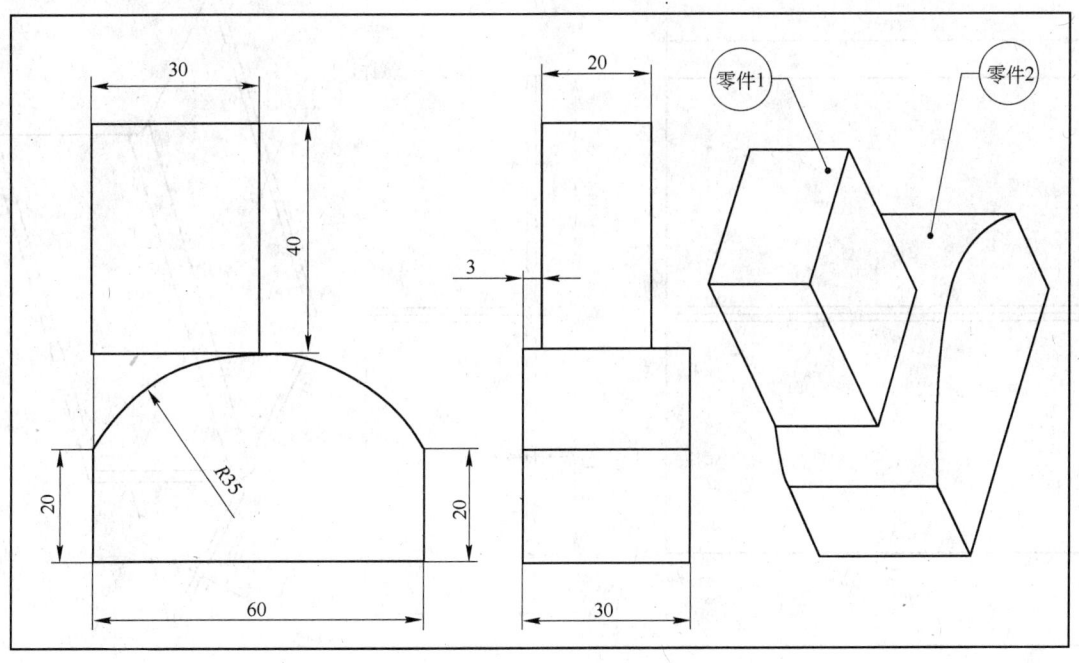

附图 7-7　焊缝练习装配图（七）

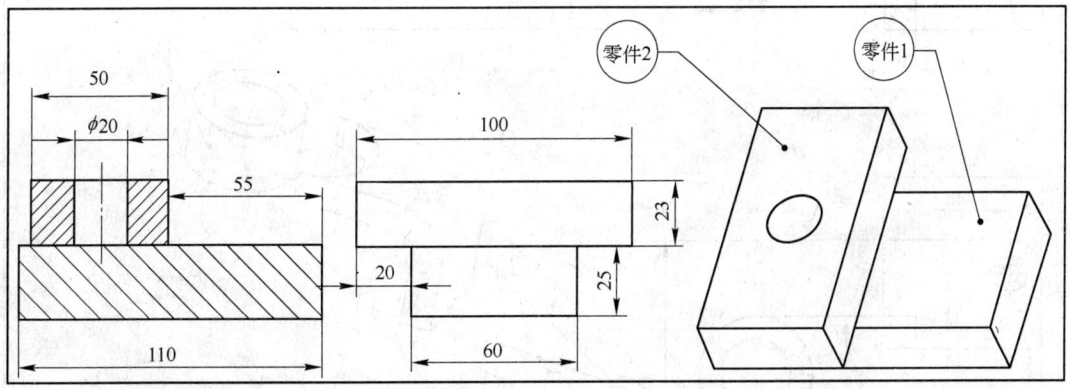

附图 7-8　焊缝练习装配图（八）

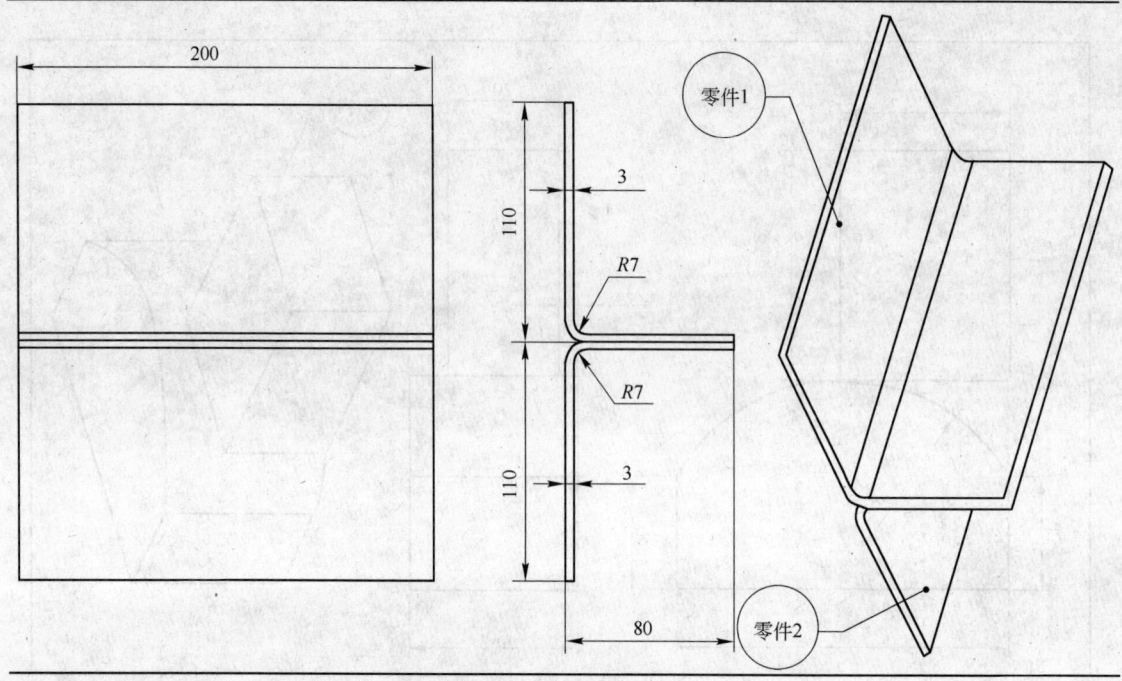

附图 7-9　焊缝练习装配图（九）

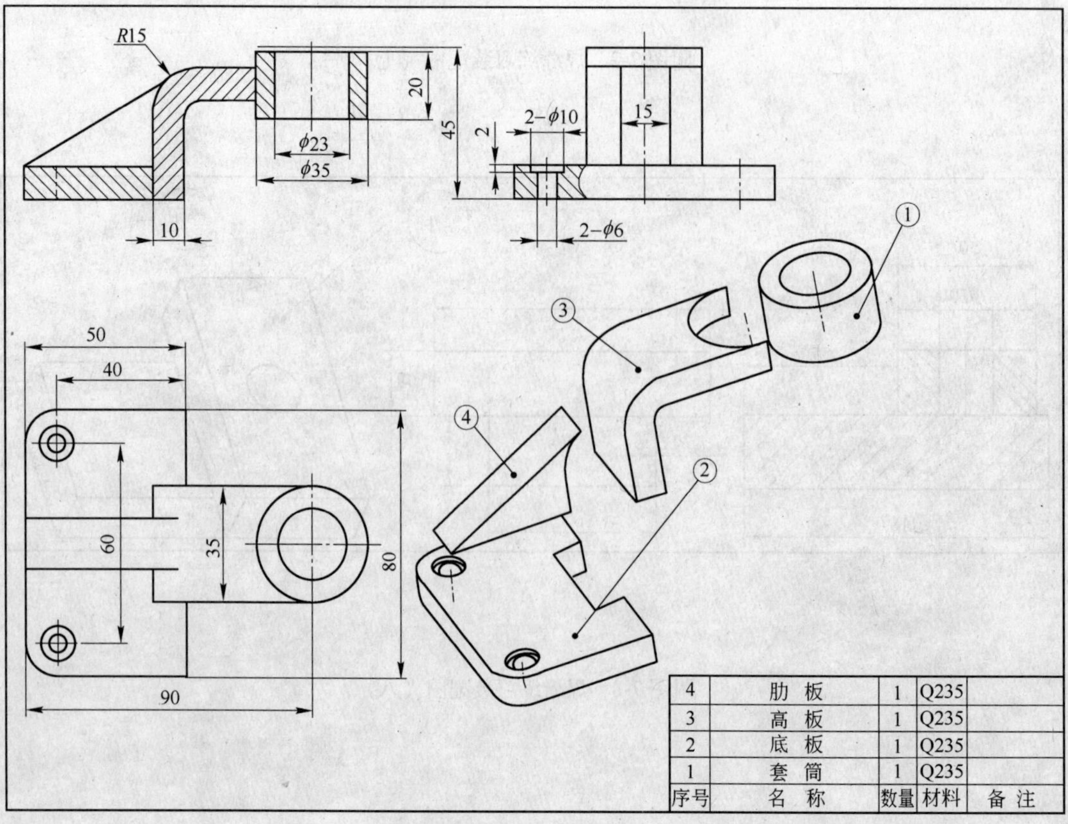

4	肋　板	1	Q235	
3	高　板	1	Q235	
2	底　板	1	Q235	
1	套　筒	1	Q235	
序号	名　称	数量	材料	备注

附图 7-10　焊缝练习装配图（十）

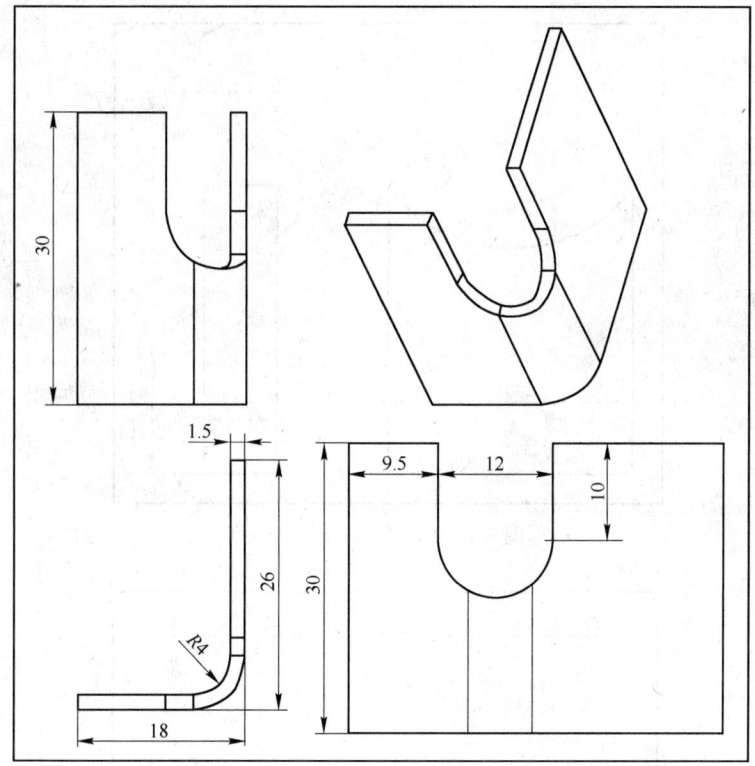

附图 7-11　分离壁

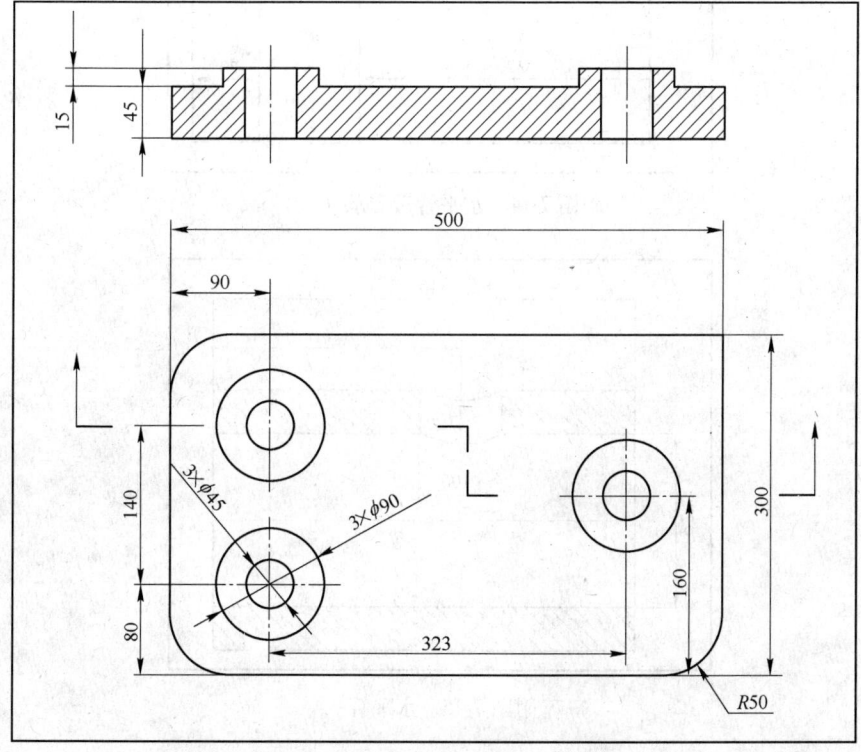

附图 7-12　座板

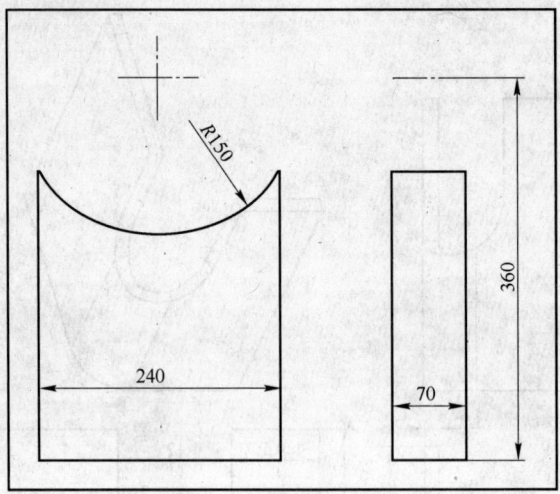

附图 7-13　水平管后支承（一）

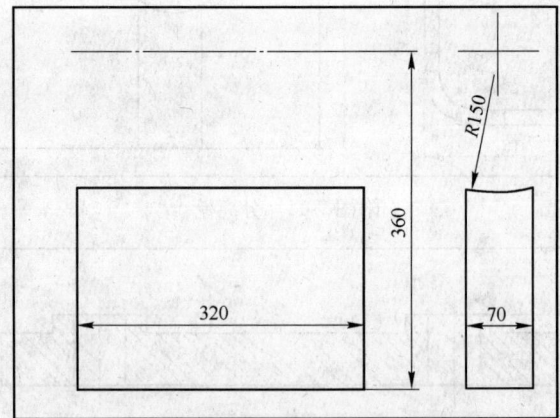

附图 7-14　水平管后支承（二）

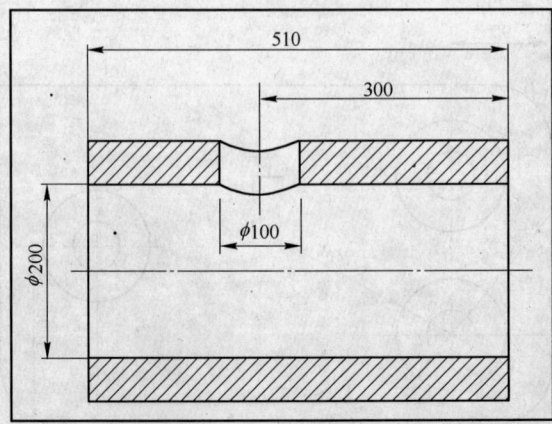

附图 7-15　水平管

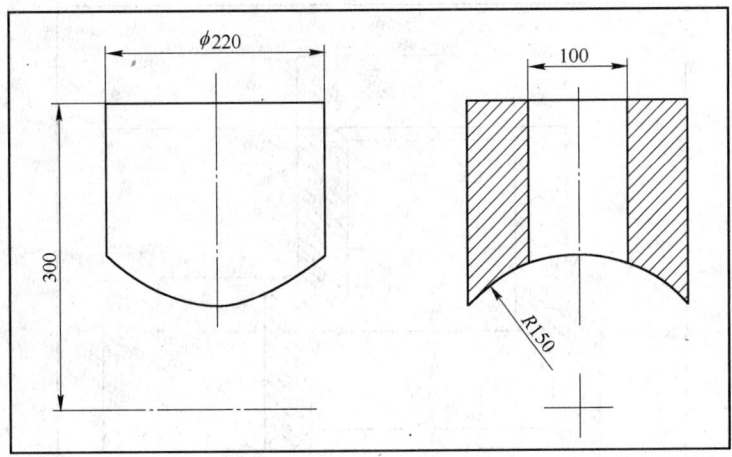

附图 7-16　立管

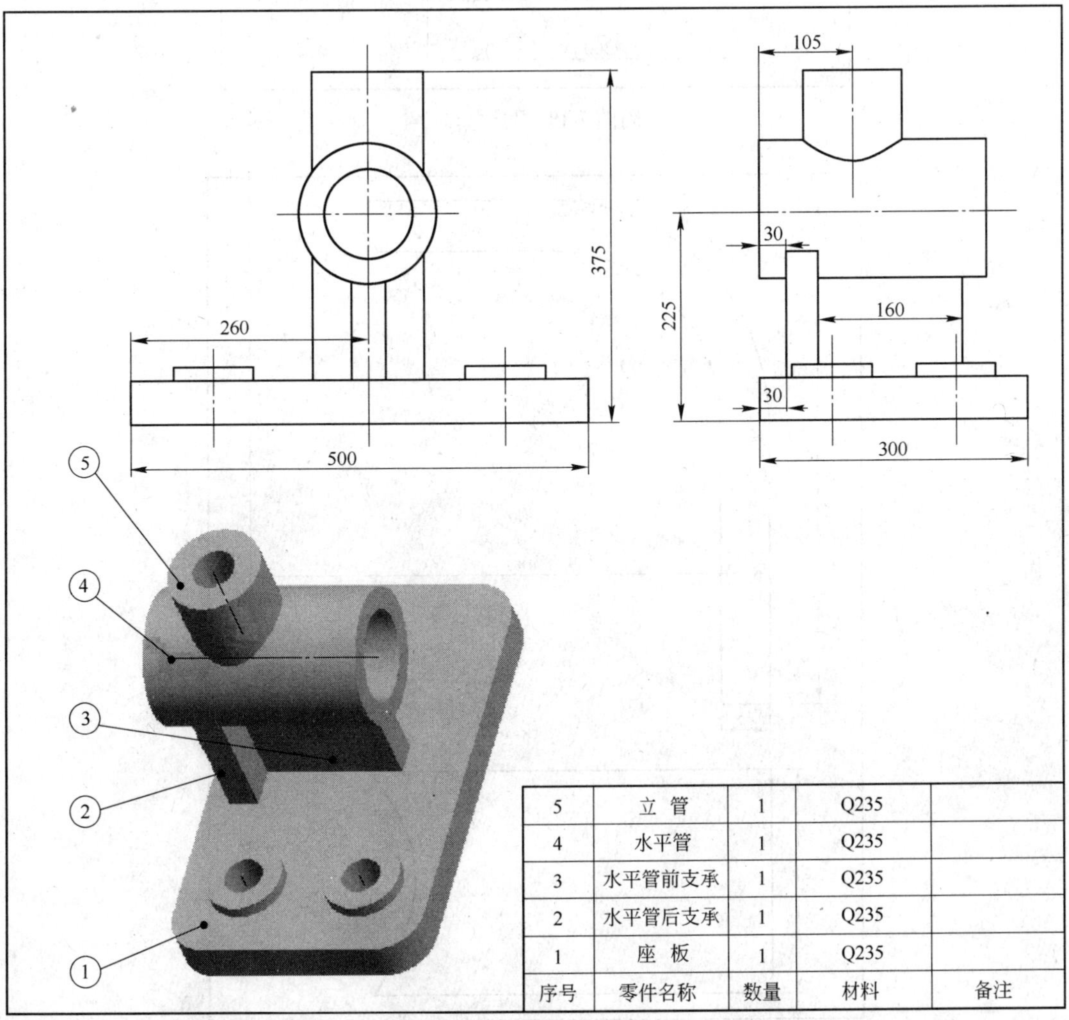

5	立　管	1	Q235	
4	水平管	1	Q235	
3	水平管前支承	1	Q235	
2	水平管后支承	1	Q235	
1	座　板	1	Q235	
序号	零件名称	数量	材料	备注

附图 7-17　轴承座

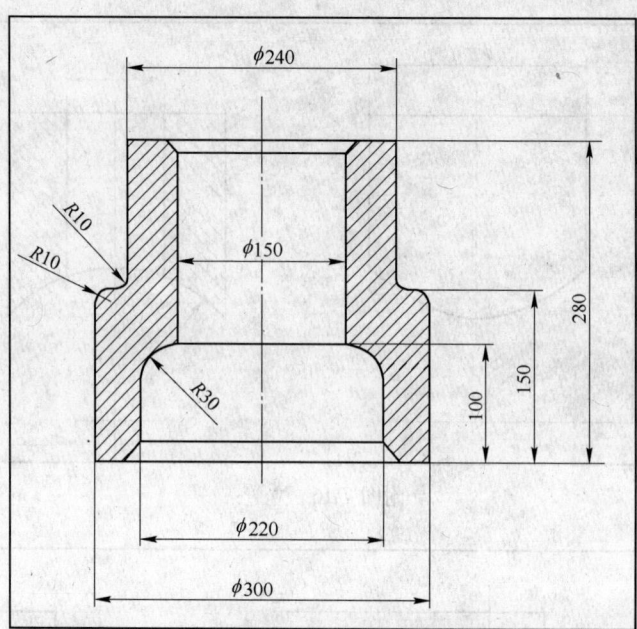

附图 7-18　圆柱套筒

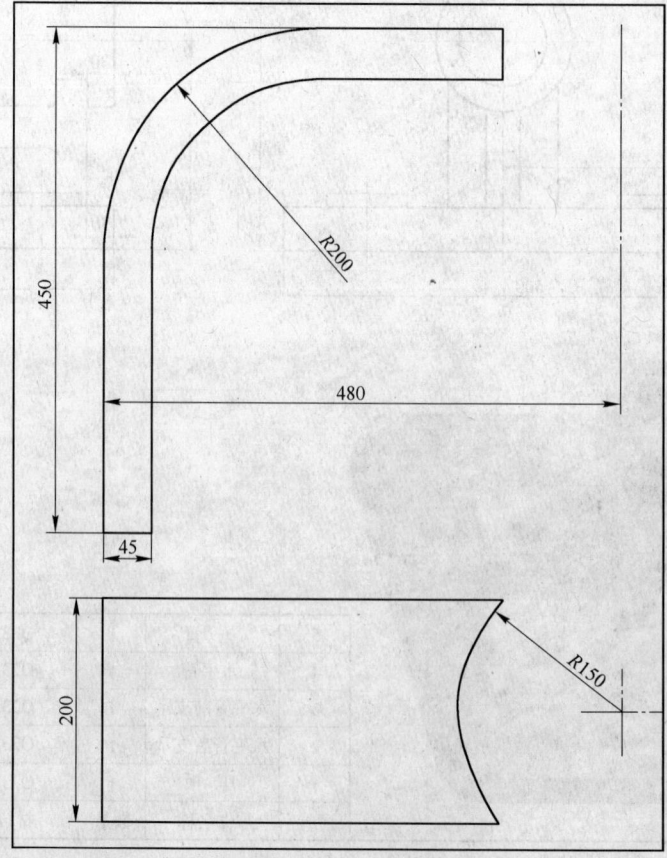

附图 7-19　外侧弯板

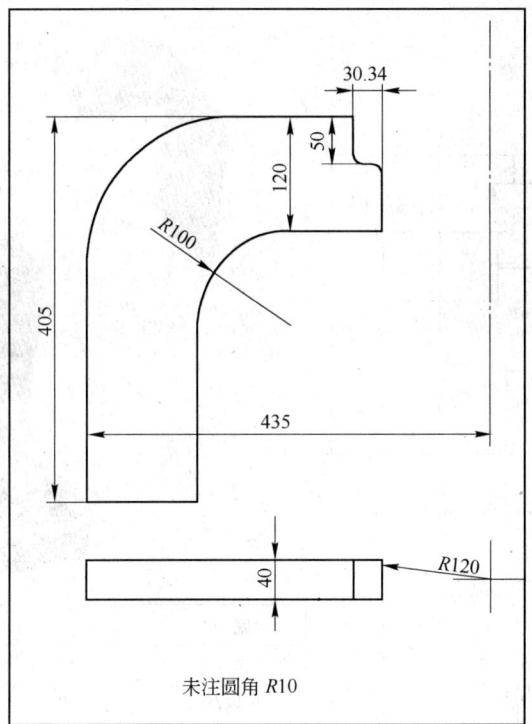

未注圆角 R10

附图 7-20　内侧弯板

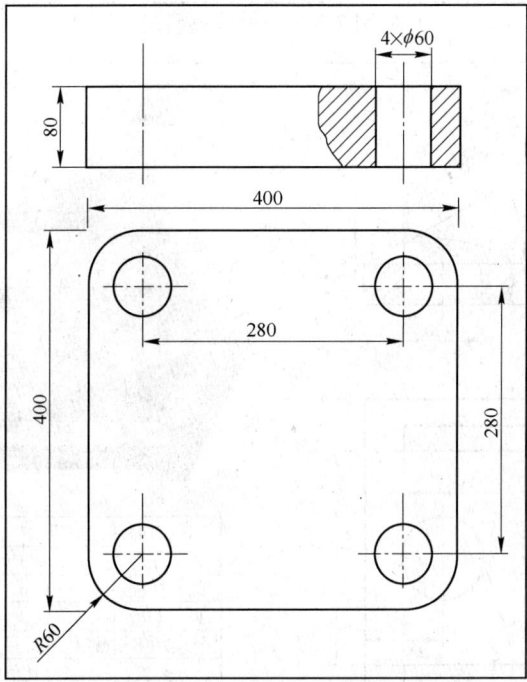

附图 7-21　底板

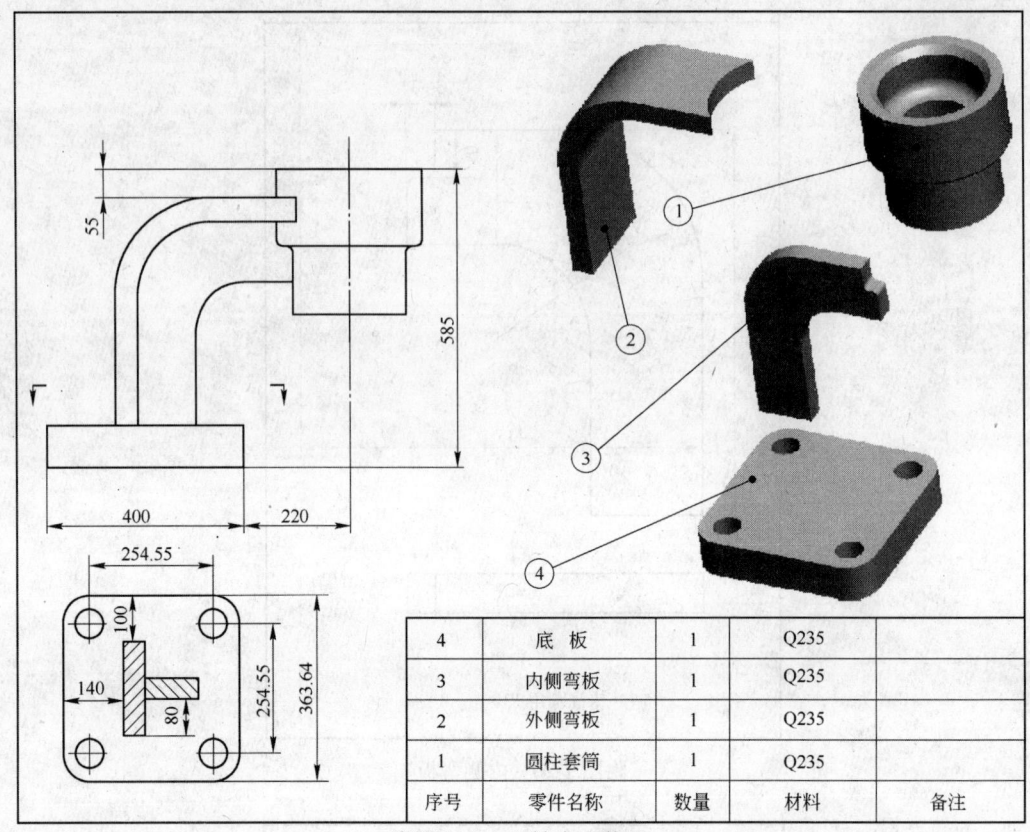

4	底　板	1	Q235	
3	内侧弯板	1	Q235	
2	外侧弯板	1	Q235	
1	圆柱套筒	1	Q235	
序号	零件名称	数量	材料	备注

附图 7-22　立轴支座装配

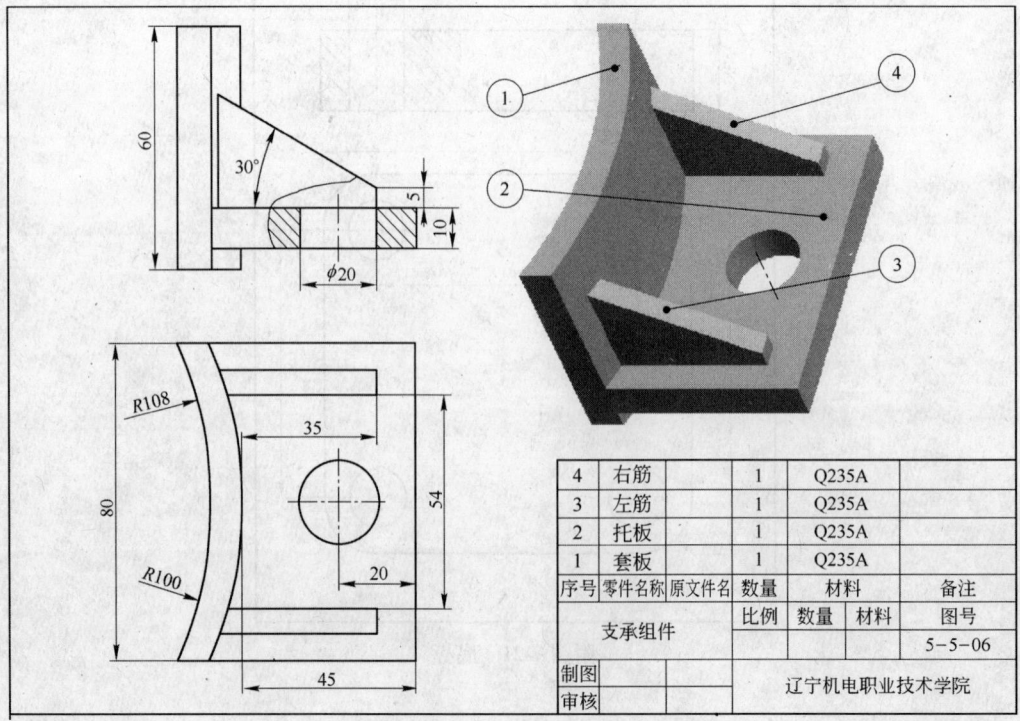

4	右筋		1	Q235A		
3	左筋		1	Q235A		
2	托板		1	Q235A		
1	套板		1	Q235A		
序号	零件名称	原文件名	数量	材料		备注
支承组件			比例	数量	材料	图号
						5-5-06
制图			辽宁机电职业技术学院			
审核						

附图 7-23　支承组件装配图

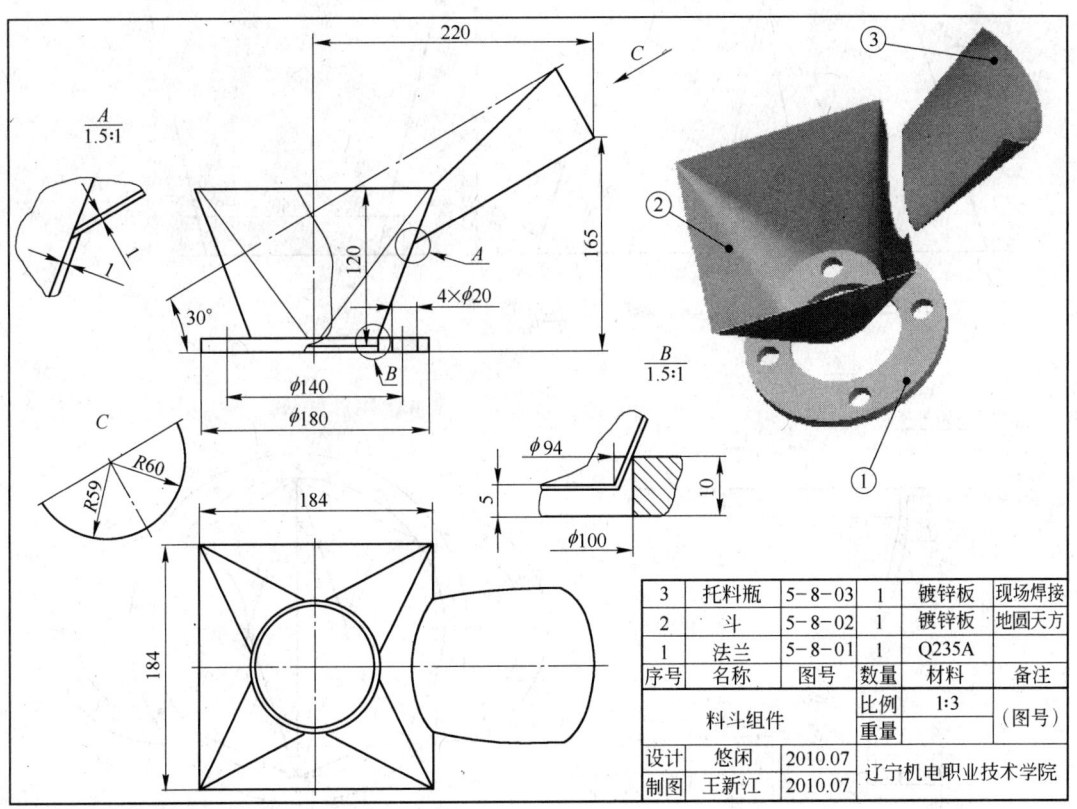

3	托料瓶	5-8-03	1	镀锌板	现场焊接
2	斗	5-8-02	1	镀锌板	地圆天方
1	法兰	5-8-01	1	Q235A	
序号	名称	图号	数量	材料	备注

料斗组件		比例	1:3	（图号）
		重量		

设计	悠闲	2010.07	辽宁机电职业技术学院
制图	王新江	2010.07	

附图 7-24　料斗装配图

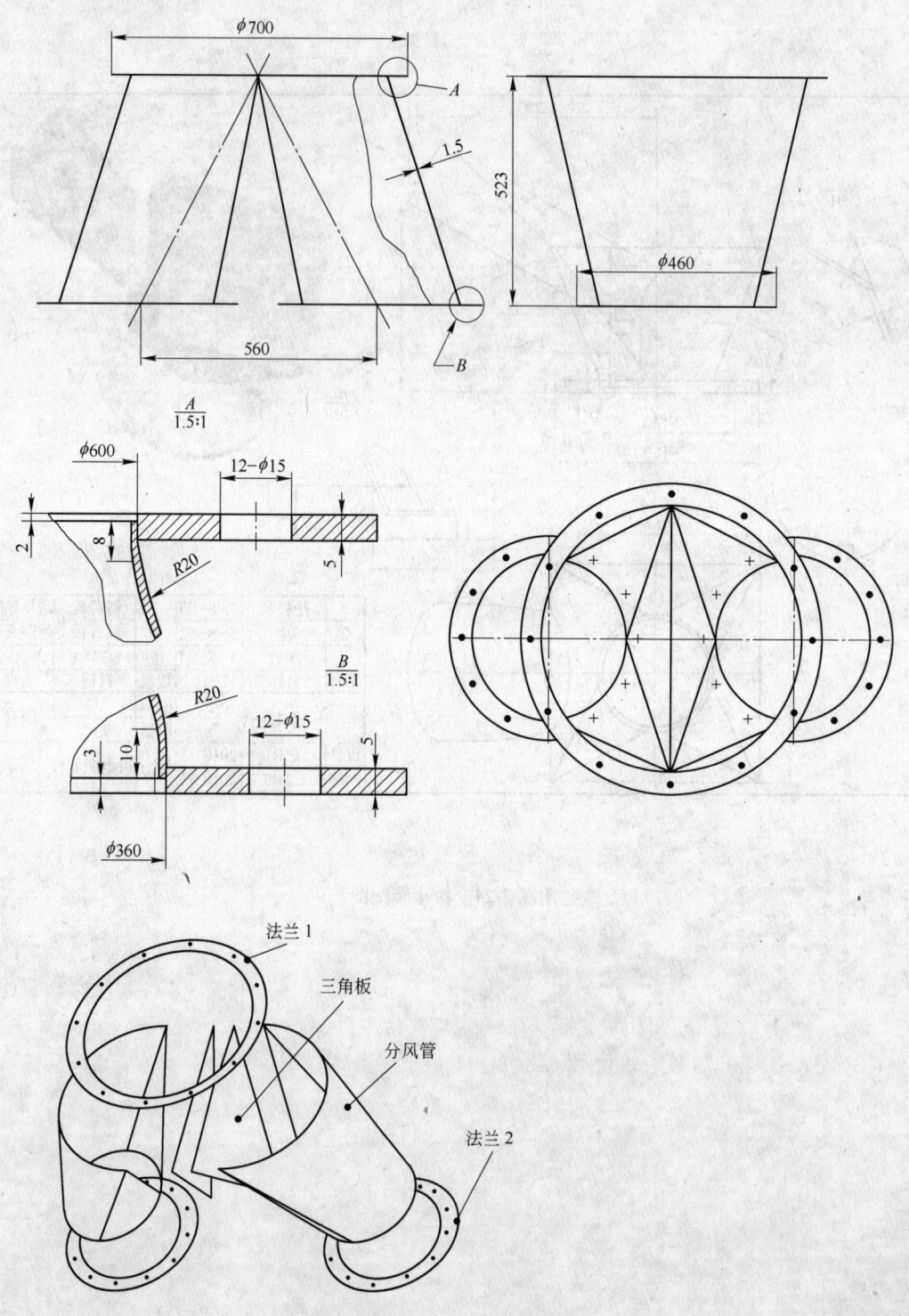

附图 7-25　分风管装配

参 考 文 献

[1] 詹友刚. Pro/ENGINEER 中文野火版 2.0 钣金设计教程 [M]. 北京：机械工业出版社，2006.

[2] 李翔鹏. Pro/ENGINEER Wildfire 3.0 钣金设计 [M]. 北京：中国铁道出版社，2006.

[3] 于波. Pro/ENGINEER Wildfire 2.0 钣金设计白金手册 [M]. 北京：中国电力出版社，2002.

[4] 徐浩. Pro/ENGINEER Wildfire 2.0 中文版　通用模块设计　工程实践及范例 [M]. 西安：西安电子科技大学出版社，2005.

冶金工业出版社部分图书推荐

书　名	作　者	定价（元）
机械制图（高职高专教材）	阎　霞	30.00
机械制图习题集（高职高专教材）	阎　霞	29.00
冶金通用机械与冶炼设备（第2版）（高职高专国规教材）	王庆春	56.00
机械设备维修基础（高职高专教材）	闫嘉琪	28.00
采掘机械（高职高专教材）	苑忠国	38.00
金属热处理生产技术（高职高专教材）	张文莉	35.00
机械工程控制基础（高职高专教材）	刘玉山	23.00
数控技术及应用（高职高专教材）	胡运林	32.00
机械制造工艺与实施（高职高专教材）	胡运林	39.00
矿山提升与运输（高职高专教材）	陈国山	39.00
工程力学（高职高专教材）	战忠秋	28.00
工程材料及热处理（高职高专教材）	孙　刚	29.00
轧钢机械设备维护（高职高专教材）	袁建璐	28.00
型钢轧制（高职高专教材）	陈　涛	25.00
冷轧带钢生产与实训（高职高专教材）	李秀敏	30.00
参数检测与自动控制（职业技术学院教材）	李登超	39.00
轧钢工理论培训教材（行业培训教材）	任蜀焱	49.00
机械设计基础（高等学校教材）	王健民	40.00
起重运输机械（高等学校教材）	纪　宏	35.00
控制工程基础（高等学校教材）	王晓梅	24.00
自动检测和过程控制（第4版）（本科国规教材）	刘玉长	50.00
机械优化设计方法（第4版）（本科教材）	陈立周	42.00
机械电子工程实验教程（本科教材）	宋伟刚	29.00
金属压力加工原理及工艺实验教程（本科教材）	魏立群	28.00
金属材料工程实习实训教程（本科教材）	范培耕	33.00
机械工程材料（本科教材）	王廷和	22.00
材料科学基础（本科教材）	王亚男	33.00
机械设计基础（本科教材）	侯长来	42.00
机械设计基础课程设计（本科教材）	侯长来	30.00
轧钢厂设计原理（本科教材）	阳　辉	46.00
Auto CAD 2010 基础教程	孔繁臣	27.00